阅读成就思想……

Read to Achieve

情绪之书

让你痛苦的不是别人，而是你的想法

Passion and Reason
Making Sense of Our Emotions

[美] 理查德·S. 拉扎勒斯（Richard S.Lazarus）
伯尼斯·N. 拉扎勒斯（Bernice N.Lazarus）◎著

陈霆 ◎译　张晶 ◎审译

中国人民大学出版社
·北京·

图书在版编目（ＣＩＰ）数据

情绪之书 ：让你痛苦的不是别人，而是你的想法 /
（美）理查德·S.拉扎勒斯（Richard S. Lazarus），
（美）伯尼斯·N.拉扎勒斯（Bernice N. Lazarus）著 ；
陈霓译. -- 北京 ：中国人民大学出版社，2023.8
书名原文: Passion and Reason: Making Sense of
Our Emotions
ISBN 978-7-300-31952-0

Ⅰ．①情… Ⅱ．①理… ②伯… ③陈… Ⅲ．①情绪—
研究 Ⅳ．①B842.6

中国国家版本馆CIP数据核字(2023)第130237号

情绪之书：让你痛苦的不是别人，而是你的想法

［美］ 理查德·S.拉扎勒斯（Richard S.Lazarus）
伯尼斯·N.拉扎勒斯（Bernice N.Lazarus） 著

陈霓 译

张晶 审译

QINGXU ZHI SHU : RANG NI TONGKU DE BUSHI BIEREN, ERSHI NIDE XIANGFA

出版发行	中国人民大学出版社	
社 址	北京中关村大街 31 号	**邮政编码** 100080
电 话	010-62511242（总编室）	010-62511770（质管部）
	010-82501766（邮购部）	010-62514148（门市部）
	010-62511173（发行公司）	010-62515275（盗版举报）
网 址	http://www.crup.com.cn	
经 销	新华书店	
印 刷	天津中印联印务有限公司	
开 本	720 mm×1000 mm 1/16	**版 次** 2023 年 8 月第 1 版
印 张	19.75 插页 1	**印 次** 2025 年 9 月第 4 次印刷
字 数	300 000	**定 价** 89.00 元

谨以此书献给我们亲爱的家人——我们的儿子大卫·拉扎勒斯、他的妻子玛丽和他们的孩子杰西卡、亚当，以及我们的女儿南希、她的丈夫瑞克·荷理德和他们的孩子梅亚、阿瓦罗斯。希望他们的生活充盈着这些积极的情绪——幸福、骄傲和爱。

译者序

　　本书的第 2 章有一则关于愤怒的案例故事，妻子知道丈夫工作方面的压力以后，她的想法就发生了改变，情绪也发生了改变，她对丈夫的愤怒消失了。读到这里，我想起孩子小时候挑选绿色毛毛虫鞋子的事。我女儿三四岁在挑她的第一双毛毛虫鞋子时，竟毫不犹豫地选了鲜艳的草绿色，我问她为什么不要她喜欢的蓝色，或者小姑娘都喜欢的粉色，她认真地说"毛毛虫鞋子就要绿色的"。我当时没多追问，但心里这个疑惑一直没解开，直到有一天收拾清理她看过的绘本，我忽然明白了。孩子小时候通过看绘本知道毛毛虫都是绿色的，就认为毛毛虫鞋子也应该是绿色的。等到她穿了毛毛虫鞋子，也看到其他小朋友毛毛虫鞋子的颜色，才知道原来毛毛虫鞋子不一定必须是毛毛虫的颜色，后来她再挑毛毛虫鞋子就不再坚持选绿色了。孩子积累更多的知识后，认知发生改变，想法就会发生改变，也就不再执着于原来的想法了。根据拉扎勒斯在书里的观点，让你痛苦的不是别人，而是你的想法。当你拥有了更多的信息和更丰富的知识，就为重新评估提供了条件。而重新评估个人意义可以改变情绪本身，是一种较好的应对情绪的方式。

　　如果你想了解有关情绪的知识，更好地与情绪相处，不妨从拉扎勒斯这本《情绪之书：让你痛苦的不是别人，而是你的想法》开始。

　　《情绪之书：让你痛苦的不是别人，而是你的想法》是解读情绪的密钥。理查德·拉扎勒斯是以情绪研究著名的美国心理学家。拉扎勒斯有很多关于情绪的论著，他和妻子合著的这本书应该是最适合大众阅读的了。全书首先用五章对五种情绪分别进行描绘，其次用四章剖析情绪的本质、发生机制和内在逻辑，最后用三章就情绪与压力、健康和失意的关系进行现实层面的解析。这三个层面如同 3D 打印机，勾勒出情绪的立体塑像。在拉扎勒斯夫妇的笔下，情绪这个看不见但又一直伴随和护卫人类进化和发展的小精灵呼之欲出。

本书是美好人生的指南。拉扎勒斯在前言里希望儿孙们的生活充盈着这些积极的情绪——幸福、骄傲和爱。我翻译这本书的时候正是新冠疫情期间。作为一名新手妈妈，疫情让我有了更多的机会跟孩子共处一室，手头的这本书是我按图索骥的最好工具，帮我解读了诸多类似毛毛虫鞋的故事，在恍然大悟中惊异于孩子的成长。工作之余的碎片时间里，拉扎勒斯的文字一点一点地拂过心灵，有关情绪的知识不仅让我看见了自己情绪的来龙去脉，还看见了孩子的情绪，看见了孩子了解和掌控自己情绪的努力。这些都让我在与孩子相处的时候越来越能保持冷静的头脑，也让孩子逐渐收获了一个懂她的、快乐的妈妈。

感谢两位作者；感谢中国人民大学心理系张晶副教授在我翻译过程中给予的心理学专业指点；感谢人大出版社张亚捷编辑的编加与帮助；感谢我的朋友刘亚力女士和我就本书进行的讨论；译稿在业余时间完成，占用了本应陪伴家人的时间，感谢我的母亲、丈夫和女儿的爱与支持。

期望读者更多地了解情绪、理解情绪。译文如有不足之处恳请指正。

愿积极的情绪充盈着我们的生活，陪伴我们走向更美好的未来。

我们写这本书有以下几个原因。

其一，很少有人为普通读者写过情绪方面的书，这令人遗憾，因为情绪是心理学非常重要的主题，大多数人天生就对它非常感兴趣。我们的书要做的事情具有独特性。现有的大多数商业书籍一般聚焦于某种情绪，如愤怒、羞耻、嫉羡，但这些书并没有提供对情绪或每种主要情绪的全面分析。因此，公众极为关注一个如此丰富的主题，但却缺乏兼具可读性和权威性的著述。

其二，杂志、报纸等往往为了迁就读者而过于简化对心理压力、应对方式和情绪的处理，读者几乎无法从中学到什么。我们坚信，这本书既可以写得非常有趣、好读，又能对我们的情绪体验予以专业细致的分析。我们相信，不用晦涩难懂的术语和过于学术化的表述就能做到这一点。

其三，情绪领域的研究在过去 10 年左右蓬勃发展起来，涉及心理学、社会学和生物学的理论和研究。理查德最近在撰写一篇有关情绪的学术报告，在此过程中，他认为，如果换一种可读性更强的方式呈现这个主题，那么公众肯定会产生极大的兴趣。伯尼斯很早就在思考，既然这一主题可能如此吸引人，我们为什么不为普通读者写一本书呢？问题在于我们需要以一种能吸引聪明读者（他们对学术术语没有多少耐心）的方式呈现这一基本主题。

其四，我们认为，这样的读者应该得到比那种不足取信的内容更好的读物。尽管他们会对一篇晦涩难懂的学术论文感到不耐烦，但我们认为，那种对复杂问题进行模式化处理的自助式风格的内容，并不能真正帮助我们聪明的读者。我们试图提供一种平衡的方法。正如我们希望本书所揭示的那样，即使需求再迫切，认识自我和改变自我也不容易实现。

书中有许多小故事，它们是关于与情绪困扰抗争的简短案例研究，同时书中也提供了关于如何理解和应对情绪的权威描述。这些临床案例来自很多人，其中一些是理查德的患者，还有一些是我们共同的熟人，我们更改了他们的真实姓名，以保护其隐私。

本书虽然并非一本实操手册，但我们阐述了如何解读自己和亲人的情绪背后的原因，以及如何更有效地管理这些情绪。这些分析出自理查德的情绪理论方法，只不过尚未被系统地运用于非专业人士的情绪治疗中。

我们在此要感谢许多人，他们的努力提高了本书的可读性和准确性。其中最重要的一位朋友是特德·史密斯（Ted Smith），他并非心理学家，但他仔细阅读了每一页手稿，提出了编辑和修改建议。牛津大学出版社的编辑琼·博塞特（Joan Bossert）在我们写作的每个阶段都提出了很好的建议。

目录

第二部分 如何理解情绪

第三部分　实践意义

世上万事本无善恶，

就看你怎么想。

——《哈姆雷特》

Passion
and
Reason
Making Sense
of Our
Emotions

第 1 章
导言

在地球上的所有生物中，人类是最情绪化的。我们的言语、动作（手势、身体动作和姿势）以及面部表情常常因情绪而变化。我们会表达愤怒、焦虑、恐惧、羞耻、喜悦、爱和悲伤，以及其他可能在社交中更微妙的情绪，如内疚、嫉羡、嫉妒、骄傲、解脱、希望、感激和同情。发生在我们身上的每件重要事情都会唤起我们的情绪。

为什么会这样？从出生到死亡，我们都在努力应付客观环境和社会环境强加给我们的复杂需求。我们经历的诸多情绪反映了我们为了生存必须努力解决的各种身体问题和社会问题。

关于情绪，有许多没有事实根据的观点，我们将在本书中尽量澄清。其中的一个误区认为，情绪是非理性的，无须思考和推理。事实上，情绪和智力是相辅相成的，这就是为什么人类这种具有高度智能的生物也是非常情绪化的动物。

另一个关于情绪的误区是情绪会阻碍我们适应。虽然情绪经常给我们带来麻烦，但它们是我们在这个世界上生存处事的重要工具。它们帮助我们成功地度过一生，从而在我们这个物种身上实现进化。我们非凡的头脑能够感知微妙、抽象和复杂的个人意义，我们必须决定自己能否在这些情况下安全，能否利用在这些情况下出现的机会。在这个"适者生存"的世界中，我们努力适应生活的最后结果都与情绪密切相关。

情绪对我们生活中的成功与失败至关重要，这也许就是媒体向来喜欢炒作情绪的原因，大量肥皂剧受到大众的追捧就是证明。除了肥皂剧之外，电视脱口秀将"情绪"推到了大众娱乐的顶峰，这些节目旨在向坐在家里迷恋窥视的观众展示嘉宾和演播室观众的情绪困扰。

我们都看到过这样的节目。电视脱口秀主持人诱使一切准备就绪的嘉宾展露他们预设的情绪故事，并自由地评论这些过程。还有一位永远在场的心理"专家"，评价某些嘉宾的个人失败，同情或抚慰那些命运不济者，并建议他们改变态度或采取新的行动方案。演播室观众和那些打电话进来参加节目的人也会附和。

嘉宾们愤愤地对彼此、亲戚、配偶、孩子和朋友进行攻击。他们讲述关于受虐和所谓的成瘾以及抑郁的悲情故事，痛哭流泪，忏悔自己对他人做过的亏心事，表露对个人关系的焦虑，并将自己描绘成一个低自尊的人，据说这是当今几乎所有人类问题的根源。事实上，对于观众和参与者来说，这种拥有庞大下午观众群的节目几乎已经滥于施虐受虐。在所有这些电视节目中，情绪展示似乎占据着中心地位。

为什么我们中有这么多人愿意参与对节目嘉宾来说常常是一种羞辱的体验？答案并不明确。也许人们希冀寻求公众的关注，以获得某种名人的地位，或者天真地以为他们可能通过这种方式解决自己的一些情绪问题。我们中的一些人喜欢围观也许是因为，当看到别人暴露出来的痛苦时，我们会对自己幸免于或超越了生活中最严重的灾难感到宽慰。也许，我们也希望了解自己的情绪以及我们要打交道的其他人的情绪，或者我们觉得需要知道自己能否处理某些问题。

但我们说某人"情绪化"是什么意思呢？虽然这通常带有一种贬低性，表明此人不知何故失去了控制，变得不理智，但我们也知道，此人被什么事情深深触动了。也许我们会发现自己也有类似的经历。我们多多少少通过欣赏自己的情绪以及靠自己设身处地理解他人的能力来理解他人的情绪。当我们共情他人的困境时，我们会感到同情；当他人遇到好运时，我们会分享他们的喜悦。

事实上，每当我们经历一种情绪，就说明发生了对于我们个人很重要的事情。

这些事情可能被看作有害的、有危险的或有益的。根据我们感受到的特定情绪的不同，反应通常表现为心理和生理上的紊乱，随之而来的是对情绪事件采取的行动。

有两个相互关联的主题在本书之后的内容中会相互呼应。第一个主题是情绪是个人意义的产物，而个人意义又取决于对我们至关重要的那些事情，以及我们看待自己和世界的观念。正是我们为生活中的事件和情况所赋予的意义，使我们感到愤怒、焦虑、内疚、快乐、自豪、爱，等等。理解自己或他人的情绪就是理解人们如何解读日常事件在他们生活中的重要性，以及这些事件如何影响他们的个人幸福。

理解焦虑等情绪的一种方法是认识到我们生活在一个令人困惑的世界中，而要在这样的世界里充满活力、活得自如，我们就需要一个路线图，或者说，一个告诉我们如何定位自己的路线图。人类是动物世界里唯一能辨识自己的命运并感知过去、现在和未来的生物。我们给生命构建意义的目的是创造秩序，否则就会出现混乱。当这些意义受到威胁时，我们会感到焦虑；当这些意义给予我们启迪时，我们会感到幸福。

并非所有人都能意识到这种意义建构的过程。尽管我们可以更早地进行人生回顾，弄清楚我们是如何度过人生的、有何成就、将走向何处，但往往只有老年人才进行这样的回顾。意识到这一点是多么奇怪的事情啊，我们花了大半辈子的时间来经营自己独特的个人身份———一套定义我们是谁以及我们人生目标的观念，而现在我们的生命即将终结。如果我们相信自己会继续活在另一个世界，比如天堂，可能就会有所帮助。但是，我们生命的最终结局（无论宗教是否对此有明确的说法）仍然是我们生活中的主要问题之一。生与死的问题——我们是谁，我们是什么，将来怎么样——是人类焦虑和情绪生活的主要来源。因此，我们给日常事件赋予的意义对我们的情绪健康至关重要。

第二个主题——每一种情绪都有一个我们能轻松识别的独特的戏剧性情节，在本书中将贯穿始终。情节定义了我们对发生在我们身上的事情及其对我们个人幸福的意义的理解。例如，我们可能会发现自己处于这样一种情况：我们的行为方式没有实现自己的个人理想，在这个情节中，我们感到羞愧；在另一个情节中，我们取得了别人尊崇的成就，我们的自我或社会重要性会增强，我们会感到自豪。凡此种种，每一种情绪都是如此。故事情节揭示了我们赋予某个事件的个人意义，而这接下来又会激发特定的情绪。

然而，与作家在舞台上或电影中构建的故事或戏剧情节不同，情绪的情节及其个人意义是由生活在情绪戏剧中的人自己构建的。即使在相同的情况下，我们构建的情节也可能因人而异。我们生活的情绪模式本质上就像每个人的签名，它将我们作为具有个人目标和信念的独特个体区分开来。我们都知道，有些人会更容易愤怒、焦虑、内疚或骄傲，他们为生活中的事件构建了自己的个人意义。

虽然我们实际上并没有直接创造我们的情绪（尽管有些演员可以假装出来，或者他们在所扮演的角色中可能会真正感受到这些情绪），但许多心理学家现在都同意，在我们构建的所有情绪反应中有很大一部分是想法和意义。情绪绝不等于不理性，而是有其自身的逻辑，这个逻辑的基础是我们在生活情境中所构建的意义。

戏剧实际上很好地展示了情绪运作的模式。毫无疑问，人们观看戏剧或歌剧、看电影或读小说时会身临其境，感同身受，因为这些故事都是关于生活中熟悉的情境的，会唤起强烈的情绪。如果剧作家能够提炼出对观众真正重要的生活主题，演员表演到位，那么戏剧或电影就是真实的、生动的、深刻的，故事就超越了单纯的智力游戏，就承载了观众体验到的与自己生活相关的个人意义。

本书涉及的 15 种情绪包括愤怒、嫉羡、嫉妒、焦虑、内疚、羞耻、解脱、希望、悲伤、快乐、骄傲、爱、感激、同情，以及由审美体验引发的情绪。除了最后一种，每种情绪都有其独一无二的戏剧情节，传达了个体赋予体验的个人意义。对于每一种情绪，故事情节会展开，各自发展，揭示着我们看待情境的方式。如果我们想了解一种情绪是如何产生的，我们就必须研究它与其他情绪不同的故事情节。例如，为什么是愤怒而不是羞耻或内疚？如果我们知道情节，我们就可以预测当事人感受到的情绪。如果我们知道一个人所经历的情绪，我们就能了解故事情节。本书以理论为基础，论述情绪在我们日常生活中运作的基本规则，探讨了各种情绪的戏剧情节。

如果你拿起了这本书，那么你很可能已经对困扰自己或爱人的情绪产生了兴趣。也许你想了解为什么自己这么容易发脾气，或者为什么自己在一段显然是成功的关系中也如此善妒，又或者自己为什么总是那么焦虑。这类问题难以穷尽，我们希望本书能为你提供一些启示。

例如，我们知道，人发怒是因为他将发生在他身上的事情理解为不公正的被轻视。每个人都会时不时地经历这样的被轻视，然后勃然大怒。但是，如果你经常容易生气，也许是因为你特别容易觉得受到轻视。虽然你可能并没有察觉，但你恐怕已经对自己的能力打了问号。这种怀疑可能会促使你寻求他人的赞赏，一旦有迹象表明你没有得到这样的对待，你的个人自尊就会受到挑战，从而引发愤怒情绪。情绪反应的常用模式表明了我们为情境赋予个人意义的模式，而这种模式可能并不恰当。

还有，我们知道嫉妒情绪源于担心自己会失去另一个人的爱。因此，如果你的婚姻美满，却还经常嫉妒配偶所关注的他人，那么你可能需要检查一下你所赋予这些事情的意义。如果你的伴侣的确喜欢跟他人调情，那么你的嫉妒就是一种自然反应。但如果不是这样，那么你的这种反应有可能是因为你觉得自己不如别人值得爱，所以害怕伴侣对自己失去兴趣。

如果关注自己的情绪，我们就能更加了解自己。不言而喻，如果我们了解自己的情绪，我们就可能对其有所控制，尤其是那些让我们感到痛苦、影响我们工作或扰乱我们社会关系的情绪。我们还可以更好地处理人际关系，根据朝夕相处的配偶、孩子、父母和其他人的需要调整我们的回应。我们对情绪的有效控制需要知识和理解。

我们需要认识到，如果受到冒犯就实施报复，这只会更加激怒对方，于事无补，即使我们深爱对方。只有知道愤怒是如何被唤起的、如何被控制的、人们为什么会生气，我们才能有效地应对愤怒。我们必须明白为什么自己难以应对焦虑、内疚或羞耻，才能在将来更好地与这些情绪相处。对于每一种情绪，我们必须了解个人意义是如何塑造我们的感受的。

我们也需要理解，在人们遇到麻烦的时候，无论我们如何试图说服他们不必感到愤怒、焦虑、内疚、羞耻、悲伤、嫉羡或嫉妒，都不会有多大帮助。他们以前被劝解过很多次，但他们仍然会有这样的感觉。如果想要提供帮助和支持，更有效的办法是弄清他们赋予事件的个人意义，正是个人意义引发了他们的情绪。

最后，如果我们理解自己情绪背后的个人意义，我们就能够更好地接纳自己的情绪、控制情绪，避免其干扰我们与所爱之人的关系，更好地经营我们的人生。这就是本书的基本目标。

每本书都指引着某段旅程。因此，你需要知道目的地和将要讨论的主题。我们在这里列出一个带注释的目录，它相当于本次旅程的行程安排。

我们首先从第 2 章至第 6 章开始，每章都会讨论几种情绪，这些情绪虽然各不相同但有些共同点，因而可以被归为一类。对于每种情绪的讨论都是从该情绪的一个案例研究开始。这些案例实际上都是真人真事，只是改换了名字，删除了可能透露某些信息的细节。主人公要么是理查德曾经治疗过的临床患者，要么就是我们共同的熟人。在这五章中，你将看到每一种情绪都在起作用。

第 2 章题为"坏情绪：愤怒、嫉羡和嫉妒"，我们对这些心理状态进行了描述和说明。坏情绪，尤其是愤怒，会制造极大的人际关系问题和社会问题，不仅会威胁我们与他人的工作关系，也会威胁我们作为个人和亚文化、族群或国家的成员的存在。如果我们没有学会很好地管理这些情绪，我们的世界将不断遭受个人暴力、战争、种族灭绝和社会衰败的折磨，这些悲剧在整个人类历史上反复发生，似乎不可避免。

第 3 章题为"有关存在的情绪：焦虑–恐惧、内疚和羞耻"，我们探讨了一组与个人和集体意义有关的情绪，这些意义构成了我们生活的根本——我们是谁，以及我们对生与死的信念。我们称之为"有关存在的情绪"，其中"存在"指的是我们作为人的存在，因为它们揭示了我们的世界观和我们看待生活的方式的核心。本章讨论的情绪是普遍的、强大的、令人不安的心理状态，对我们的日常社会生活都有重大影响，无论影响好坏。确切地说，它们构成了我们日常生活的大部分内容。

第 4 章题为"不利的生活条件引发的情绪：解脱、希望、悲伤和抑郁"。解脱出现在消极局面得以避免或结束的时候。我们希望不要出现负面结果，但又担心它会出现。当我们必须接受无法挽回的损失时，我们会感到悲伤或沮丧。

第 5 章题为"有利的生活条件引发的情绪：快乐、骄傲和爱"，展示了我们的情绪生活积极、令人振奋的一面。这些情绪保护我们远离忧郁和厌世，减轻我们的痛苦，提高我们日常生活的质量。因此，它们与负面情绪具有同等的重要性。

第 6 章题为"共情情绪：感激、同情和其他由审美体验引发的情绪"。当我们收到一份不计回报的礼物时，我们会感激；当另一个人遭遇不幸时，我们会同情。为什么我们会对戏剧、音乐、艺术、自然事件和宗教体验做出情绪反应？这是我们力图解释的一个很有意思而且重要的问题。这些情绪，尤其是同情，以及戏剧和艺术所激发的情绪，都基于我们对他人共情的能力。它们代表着生活中更为友善和温和的一面。

在第 7 章"情绪的本质"中，我们利用第 2 章至第 6 章中对情绪的具体描述和分析，归纳概念性内容，以便你理解任何一种情绪的唤起原理。本章讨论了情绪的六个基本要素：个人目标的达成情况、自己或自我、评价、个人意义、激发以及行为倾向。

第 8 章的标题是"应对与情绪的自我管理"，这一章讨论我们是如何管理情绪状况的，因其在影响我们生活方式方面的特殊重要性而被单独列为一章。它也可以被认为是情绪的第七个基本要素。本章详细介绍了我们最常用的情绪管理策略以及应对方法。

在描述了每种情绪以及情绪唤起和控制的普遍原则之后，还有许多有趣的问题有待解决，即我们情绪的起源和影响，以及如何管理情绪。这些问题构成了第 9 章至第 13 章的内容。

在第 9 章"生物因素和文化如何影响我们的情绪生活"中，我们考察了情绪的生理和文化起源。我们的情绪部分源于我们的生物遗传，这是人类在进化过程中获得的，反映了我们作为一个物种的特征。但是，情绪也受到伴随我们成长的文化的影响。我们将探究生理和文化如何共同创造了成熟的情绪倾向。

第 10 章"情绪的逻辑"论述了情绪对理性或判断的依赖。生活在欧洲和美国的人们长期以来相信情绪是独立于理性的，他们认为情绪和理性必然是对立的。情绪被贬为人类身上的原始动物性"牙齿和爪子"的一种表现形式，而理性被认为是崇高的人类专有领域。

然而，我们要论述的是，如果我们知道个体的个人情况，我们就能理解其情绪是对发生在他们身上的事情的合理和可以预测的反应。事实上，说得严重点，情绪遵循着一种不变的逻辑，即使我们患有精神疾病，这种逻辑也难以改变。

从表面上看，情绪似乎是高度流动的、易变的、不可预测和非理性的。但是，当我们深入挖掘时，我们会看到它们是如何自成体系的，我们会发现，所谓个人意义不是我们作为观察者赋予这些事件的意义，而是经历情绪的人所构建的。要想理解一个人为什么会经历任何特定的情绪，我们就必须了解故事情节及其包含的个人意义。

一段时间以来，给当下贴上"压力时代"的标签已经成为一种时尚。第 11 章"压力与情绪"探讨了压力的含义及其与情绪的关系。

我们对压力和情绪感兴趣的主要原因之一是我们坚信这些不安的状态会影响健康，引发疾病。所以，第 12 章"情绪与健康"讨论了我们对这种复杂关系的理解。

第 13 章"当应对情绪问题失败时"陈述了这样一个事实：我们的情绪可能失控，并对我们的生活造成严重损害。幸运的是，受到困扰的人可以寻求心理治疗，并且可以选择不同的治疗流派。本章综述了目前在情绪困扰和功能障碍的临床治疗中采用的主要理论和策略。

最后，第 14 章"结语"汇总了本书提到的主要经验教训，进而将它们与理解甚至管理和控制我们自己和他人情绪的实际任务联系了起来。

Passion
and
Reason
Making Sense of Our Emotions

第一部分
情绪画像

Passion
and
Reason
Making Sense
of Our
Emotions

第 2 章
坏情绪：愤怒、嫉羡和嫉妒

　　愤怒、嫉羡和嫉妒是最强大、最具社会破坏性的坏情绪。我们不妨从这三种情绪开始。这些情绪之所以被称为坏情绪，是因为它们在某种程度上有一个共同点，那就是企图伤害他人或自己，这可能会给个人、社区和整个社会带来各种各样的问题。

　　愤怒是我们社会生活的一个主要特征，它有强大的社会关系塑造能力，而且往往会引发其他不好的情绪。因此我们有意选择从愤怒开始有关情绪的讨论，给予它最大的关注。

愤　怒

　　了解愤怒的最好方法就是在愤怒的实际发生过程中来观察它。愤怒很容易发生在夫妻或者任何必须一起生活或工作的人们身上。下面让我们来看看发生在一个家庭中的一次争吵，它有效地呈现了我们比较熟悉的愤怒事件，并且提供了一个视角来观察争吵通常引发的其他情绪。

一开始，夫妻俩在准备早餐并打算出门上班。妻子平常会做鲜榨橙汁给丈夫喝，这天早上她却给丈夫倒了一杯冷冻果汁。

丈夫大声问她为什么变样了。妻子不耐烦地回答她得早点上班，如果他想要鲜榨果汁，就应该自己动手。丈夫也不高兴了，有点生气，没有回答她。妻子说："嗯，看来是发火了。就知道发火，一点都不体谅我，我讨厌干这干那的，而你就像个被宠坏了的孩子。"丈夫的怒火现在也起来了："不对，是你不体谅我。"他起身离开饭桌，骂了一声走出去。

妻子被惹恼了，她跟着丈夫走进卧室，指责他昨晚从下班回家就一直沉默寡言。她的意思是他们一直无法和睦相处。妻子现在对丈夫说话尖刻起来，说了一些人身攻击的话，平时争吵时她也曾说过这些话。双方的怒火升级。"见鬼去吧！"丈夫恨恨地喊道。"你也见鬼去吧！"妻子给予了同样的反击。

丈夫穿上外套准备上班时忧心忡忡，不由自主地提到昨天上班时得知自己将被降薪，而许多同事已经被解雇了。听到丈夫这样的坦白，妻子的行为随即从攻击转变为试图弥补。她向丈夫伸出手来不让他离开，并为自己的失态道歉。

愤怒顿时消散了。妻子为自己说的话感到内疚，诉说她对丈夫的工作和经济困境感到的焦虑。丈夫坐下来说他也一样担忧，他的怒火也大为消减。妻子拥抱了丈夫，丈夫也以同样的方式回应。妻子问丈夫为什么昨晚没把这事告诉她，他只是耸耸肩。尽管丈夫不像妻子那么直白，而且在这次冲突中受伤更多，但两人似乎都松了一口气，甚至萌生怜爱。他们开始讨论该如何应对工作危机，不过因为要上班了所以不得不暂停，他们相约晚上再好好谈。

心理分析

从心理学上看，发生了什么？从表面上看，这个激怒夫妻俩的争吵事件，似乎是妻子没有像平常那样榨橙汁。这看似微不足道的小事搅起了滔天大浪。不过，我们可以将事件回溯到前一天晚上，丈夫沉默的行为出于某种原因得罪了妻子。妻子的怨恨使她采取了报复措施，在第二天早上用不榨橙汁的行为来惩罚丈夫。丈夫接下来的质疑在妻子看来是在挑衅，不管怎样，妻子都将昨晚发生的事情作为她攻击的理由。她一直在等一个充分的理由向他发难。

为什么妻子对丈夫前一晚的沉默不满？妻子在丈夫提出橙汁问题后拿前一晚的事为自己辩护。是什么让丈夫的沉默成为一种挑衅？有什么个人意义导致了妻子的愤怒？

记住，妻子指责丈夫的沉默，其实是这段婚姻中的烦恼根源。而丈夫的冷漠此前已经多次发生。妻子将丈夫前一天晚上的沉默当成一种侮辱，因为对她来说，这意味着丈夫对自己漠不关心。

从前一天晚上起，妻子就闷闷不乐。她想发作，但需要一个比较合适的理由。她不给丈夫榨果汁，理由就来了，她希望他上钩。当丈夫似乎在抱怨——需要听到他的语音和语调来确认这是抱怨，她则以愤怒的回应来修复其受伤的自我。她的攻击也冒犯了丈夫，于是互相攻击开始，互相伤害的程度也升级了。

在任何情绪中都有一个普遍的原则，那就是一定有一个目标在激发某种情绪。愤怒的目标就是维护一个人的自我。妻子最重要的目标就是修复她的自我，这个自我在前一天晚上因其丈夫在心理上的退缩而受到很大的伤害，而且这样的情况也不是第一次发生了。而丈夫的自我同样被妻子对于橙汁问题的过度反应所伤害，这就是引发他的愤怒情绪的个人意义。

可能也有隐藏的动机进一步助燃妻子的怒火。一方面，隐藏在她修复受伤自我这个目标后面的是另一个更大的目标，那就是从丈夫那儿得到更多的爱、尊重和关注。同时，也许妻子也不满丈夫没有做她认为是他分内的家务，从而暗暗对为他榨橙汁这件事情而烦恼。橙汁成了其他东西的象征。

妻子认为丈夫在争吵发生的前一天晚上的沉默贬低了她，但她一直把怒火压到了第二天早上。另一个有着不同个人成长经历和婚姻经历的女人在这种情况下可能不会认为自己受到了伤害，也可能会想到打破丈夫的沉默。

当妻子第二天早晨向丈夫发难时，丈夫显然感受到了挑衅，所以他立即判断妻子的行为是恶意的。另一个有着不同性格和婚姻史的男人可能会忽略这种挑衅，或找理由原谅，或回避这种挑衅。这两个已婚伴侣的反应取决于他们如何评估另一半说的话或做的事。当这个评估的结果是遭到贬损人格的侮辱时，报复将紧随其后，因为他们需要修复受伤的自我。

如果夫妻中的任何一方更关心另一个的目标——保持关系，而不是修复受伤的自我，或者如果他们没有感觉到伤害，愤怒就不会发生，即使发生也会比较温和，足够让挑衅被忽略。

妻子拒绝榨橙汁可能被认为是毫无逻辑的。然而，当她赋予丈夫的行为以特定的个人意义时，她的愤怒就有了逻辑依据。这个意义的根源在于她看重丈夫的爱、关心、关注以及自己未得到满足的需求。妻子希望与丈夫有更多的交流，所以她几乎不可避免地会经历情绪困扰。由于她的个性，以及她没有猜到丈夫正面临工作危机，她对正在发生的事情的解读引发了愤怒。在所有这一切中，个人意义是被激起的愤怒的核心。

从丈夫的角度看，他对妻子第二天早上的攻击感到愤怒也是可以理解的。丈夫深受工作的困扰而且没能理解妻子的需求，他很难不做出那样的反应，尽管他也可能抑制住自己不对这种无端攻击加以报复。丈夫即使明白妻子为什么发难也无法改变他的判断逻辑，他还是会认为自己受到了妻子毫无理由的贬损。

我们还要了解婚姻生活中争吵的快速变化。激烈的愤怒转化为一系列不同的情绪——在妻子方面是内疚，随后是共同的焦虑和爱。当丈夫告诉妻子降薪和可能失业的消息的那一刻，妻子立刻转变，对丈夫采取了截然不同的行为方式。这里应该发生了两件事。

首先，当丈夫谈到他的工作问题时，妻子很快重新评价了丈夫前一天晚上的沉默，那是对工作问题的反应而不是对自己的侮辱。其实如果妻子能更宽容地解读丈夫前一天晚上的沉默，她之前就不会觉得那是对她的侮辱。不过，妻子显然太需要爱、尊重和关注了，所以她的脆弱令她难以做出这么温和的评估。或许恰恰是太多的需求让她变得脆弱。

然而现在，妻子很容易同情丈夫的困境，这让她认识到自己对丈夫的攻击有些过分。妻子感到内疚，因为她在那种情况下似乎无可厚非的反应显然误伤了丈夫。对妻子来说，重新评估意味着这次冲突的个人意义突然从丈夫对自己的贬损变成了自己在道义上的过失，而情绪也相应地从愤怒转为内疚。

其次，丈夫面临降薪和失业危机也是对妻子和婚姻经济状况的威胁。这个新的信息及其相关的新含义让妻子体验到焦虑的情绪。现在夫妻双方处于共同的困境之下，必须齐心协力来应对。尽管受到伤害的感觉可能只是暂时得到压制，但仍有残留，还有可能在未来的某个时候浮出水面，但修复受伤自我的需求目前不再是头号任务了。

丈夫也是一样的情况。他通过对当下情况进行更宽容的重新评估，可能找到了可信的理由以原谅妻子的攻击。事实上，当他出门上班的时候，他坦承了自己降薪和失业的危机，这可以被看作应对这次情绪风波的第一个成功的策略。这个策略恐怕在此之前也非常有用。

意识到他们共同面临的问题后，他们立刻停止了痛苦的争吵，因为妻子开始对他们共同的困境进行（重新）评估。所以在她道歉并出于内疚和焦虑表示关爱后，爱的情绪走到了前面。不管怎样，夫妻俩都对关系做出了坚定的承诺；他们相爱并且通常相处得很好。我们在这里可以看到个人意义的变化如何引发了新的情绪，从愤怒迅速向内疚、焦虑和爱发生转变。

当情绪出现时，应对总会在场，特别是当情绪反映出对个人有害或存在威胁的情况时。应对是指我们试图对不利情况所做的事情。故事中的妻子不榨橙汁、表达持续的愤怒，就是应对被丈夫轻视的感觉的一种方式。丈夫愤怒的口头表达也反映了他在努力应对，以还击妻子的敌意。

在这段情绪故事的每一个阶段，争吵双方都有机会应对自我的威胁和愤怒，比如通过做出更为良性的解释来减少愤怒，或者不发泄愤怒。如果抓住了这些机会，应对就可以使情绪状况发生戏剧性的改变。

妻子本可以克制自己的攻击性，争论可能根本不会开始。如果她认为婚姻不稳定，想通过隐藏自己的愤怒来挽救婚姻，或者用不那么具有破坏性的方式重新评估现状，她可能就会克制自己的攻击性。不过，她没有。

丈夫也同样有应对策略。他可以根本不提橙汁的事情，避免因为这件表面上看起来微不足道的小事而卷入愤怒漩涡。他可能会躲开这个导火索，不挑起争吵，但这可能会激怒妻子。因为妻子就是想找茬吵一架，所以即使不是因为橙汁，也会因为其他事情。似乎这场争吵很难避免，除非他明白是什么在困扰妻子并且采取有效措施来解决这一困扰。

我们也可以在这场夫妻争吵中看到情绪的冲突可能涉及多种情绪，随着时间推移、事件发展以及应对行为的发生，这些情绪会因其个人意义的改变而变化。发生在这场婚姻冲突中的每种情绪都是一个复杂的心理交锋过程中某一方面的结果。我们在同样的情况下可能会充满爱意，也可能会焦虑，甚至会既爱又愤怒，因为关系中激发爱的感受的方面与引发焦虑或愤怒的方面是分离的。例如，你可以说“我爱你（因为你对我的体贴和关爱），但我也对你很生气（因为你总是让别人占你的便宜）”，这对你来说并不矛盾。

愤怒的多面性

因为愤怒在日常生活中很重要，所以我们的语言中有很多关于愤怒的词汇。有的词语，例如狂怒、暴怒、激怒、凶残和仇恨，表示非常强烈的愤怒；有的词语，例如激怒和烦恼，意味着较为缓和的愤怒；还有的词语描绘不同类型的愤怒及其起因，例如义愤、气愤、愤慨描述了带有正义感的愤怒。幸灾乐祸表示乐于看到他人得到报应，噘嘴则是对没有得到足够的关注表现出一种谨慎的抱怨。轻蔑、蔑视和讽刺描述轻蔑的态度，而报复指的是我们可能会对严重的冒犯行为采取的反击行动。

“愤怒”和“敌意”这两个词的用法经常被混淆。我们经常在想要表示一个人愤怒的时候，错误地说成了一个人怀有敌意。尽管只要我们在用法上保持一致，我们就可以让词语表达我们想要的意思，但是敌意通常指的是一种态度，而不是一种情绪。说我们对一个人怀有敌意，是指无论我们是否被攻击性行为激怒，我们都会对某人生气。我们总是对那个人怀有敌意（这是一种态度），但我们只有在被激惹时才会愤怒（一种情绪）。我们在讨论愤怒时不使用“敌意”这个词。

与愤怒相关的最大问题是如何应对愤怒和引发它的情况，通常我们会通过报复来回应他人对自己的伤害。报复性攻击可能导致反击，而且往往以怨恨收尾，无法为解决问题和谈判提供良好的气氛。如果对激怒我们的人——配偶、孩子、老板或伴侣给予反击，那么我们可能会暂时或永久地失去解决人际冲突的机会，而解决这些问题对我们来说是非常重要的。愤怒及其侵略性的表现会毒害人际关系，影响对孩子的培养和教育。嫉羡和嫉妒也是如此。

然而，表达愤怒的结果并不总是有害的，有时可以有效地达到目的。我们可以用强烈的愤怒夹杂威胁性的手势来控制其他人的行为，通过震慑和恐吓让他人屈服，当然后续可能会有负面的影响。愤怒也会给对方提供意想不到的个人信息，告诉他我们对某事的感觉有多强烈，因为在我们表达愤怒之前，对方可能一点都没有意识到我们感到被冒犯。另外，意识到自己的愤怒也让我们了解自己。

当愤怒爆发的时候，人们会因觉得理所应当而沾沾自喜，就像他们对自己说的："与其被贬低、无助或沮丧，不如发火。"有时发火的感觉很好，我们会在猛烈抨击别人的行动中强化这种感觉，特别是当这种行为似乎不会带来危险的时候，但有时愤怒是不计后果的。

愤怒也能给长期的正向努力提供动力，比如孩子试图向挑剔的父母表明自己有能力、勤奋，而不是无能、懒惰。不断增加的报复计划可能会促使人们获得有用的技能，其产生的巨大成就比愤怒持续得更久。西方文化的观点是，愤怒是人类难以避免的事情，必须表达出来，因为如果不表达，它就将不可避免地积聚、溃烂并导致疾病。我们稍后将看到，这种观点在某种程度上是错误的。

所以，我们不免会对愤怒和其他坏情绪感到矛盾。万事都有其成本和收益。但在这种矛盾心态中存在着这样一种危险：愤怒、嫉羡和嫉妒所产生的攻击行为所带来的小小收益，最终将使我们无视它们所带来的往往更具破坏性的损失。

如果我们不知道自己对事件赋予的真正意义，那么后果可能是灾难性的。比如，我们在没有意识到愤怒动机的情况下做出激进行为，或者出于个人欲望而攻击并控制他人，还认为自己的所作所为是无私或者尽责的。许多父母为了控制他们刚成年的孩子而禁止他们约会或结婚，结果却事与愿违。

因此，当我们洋洋自得地采取具有攻击性的行动时，我们并没有意识到是愤怒在起作用。我们最终会伤害他人，包括我们所爱的人，却还错误地认为我们是在帮助他们或是在维护道德原则。这样做所造成的伤害和我们试图根除的"不良行为"一样，并不是我们希望看到的。

如果不能理解隐藏在我们行为背后的愤怒，我们可能就无法阻止最终对我们自己和所爱之人的伤害。我们创造了一个虚假的现实、一个虚假的意义，它可能会在不知不觉中把我们推向一场个人和社会的灾难，就像希腊悲剧中的英雄看不到自己毁灭的方式一样。愤怒的行为看起来就像我们的决定被不理智所控制，但也许应该说我们被自己不了解的错误原因所控制，最终让我们对事情的发生及其原因茫然不知。

愤怒的唤起

愤怒的戏剧性情节是对"我"或"我的所有物"的侮辱性冒犯。当被轻视时，我们都有报复的冲动，都想反击轻视者，这样我们受伤的自我才能恢复。这就是我们身为生物的构造方式（详见第 9 章）。如果我们摧毁或否定任何一个我们认为应该为轻视我们负责的人，我们内心的完整性就会得到维护，受伤的自我也会得到修复。

当我们看到不公正的现象时，我们会生气，即使受到不公正待遇的是我们不认识的人，例如，一个孩子或另一个相对弱小的人被虐待。你可能想知道这和伤害我们的自尊心有什么关系。我们对不公正的愤怒反应是否与愤怒和被轻视、被贬低有关的说法矛盾？这是规则的例外吗？

我们认为不是。我们的信念超越了自我，会延伸到他人，延伸到我们所珍视的意义和理念上。它们是我们自我的延伸。对正义[1]和人类尊严的信念是我们自我的一个重要组成部分，它定义了一个我们可以生活的公平世界。一个缺乏正义和法治的世界对我们大多数人而言都是严重的威胁，而这种不公世界的存在被我们大多数人视为对自身身份的攻击，也许等同于直接的人身攻击。

我们可以清楚地看到，引起愤怒的情况是多种多样的。有些是强烈而明确的攻击。指责我们的性格或能力的侮辱性评论，同事在背后向他人诋毁我们的工作企图伤害我们，或一个具有威胁性的动作，所有这些都能非常明显地引发愤怒。

但有些唤起愤怒的缘由是微妙的、温和的或模棱两可的：微妙的挑衅甚至可能不会被认为是挑衅；温和的挑衅比较容易被忽视；对于模棱两可的挑衅，只有当我们信其有，它们才是侮辱性的言论。这些都不那么清楚、不那么强烈，所以我们很难判断它们是不是挑衅。这让人想起藏在幸运签语饼里一张小纸条上的一句箴言："与其针对侮辱进行报复，不如不要看到侮辱。"

这些微妙的、温和的或模棱两可的挑衅能否让我们生气，更多地取决于作为攻击目标的人，而不是挑衅本身。例如，暗含贬低的恭维不会让我们感觉良好。有些人总是拿实际上让我们感到羞耻而不是骄傲的事情来夸奖我们。他们表面上似乎在说一些积极的话，但实际上传达的信息却是非常消极的。

毫不奇怪，我们会对这样的人感到愤怒，因为我们能感觉到他们好话背后的敌意。另一个有趣的例子是那种虚伪做作地表示关心的人。你看不出明显的冒犯，但仅仅是缺乏真正的积极态度就让人愤怒，特别是对于那些需要帮助的人。

在前面关于夫妻争吵的案例中，妻子在准备早餐时没能榨橙汁是一种模棱两可的行为。有可能她是真的急着要去上班。当丈夫反问这个事情时，妻子报以口头攻击，这就表明了她的负面立场。同样，丈夫前一天晚上的沉默也是模棱两可的，但妻子却将其视为激起愤怒的端由。如果不了解这对夫妇的关系或者丈夫的惯常行为，就很难做出这种评估。

在温和或微妙的挑衅和模棱两可的情况下，有些人不会生气，有些人会烦恼，而另一些人会被激怒。这表明，正是发出这些言论的对象决定着他们在多大程度上会被激怒，以及有多么愤怒。要了解人们对这些情况的不同反应，就需要我们对那些做出反应的人的性格有所了解。

是什么令人易怒？一个可以解释人们是否容易生气的性格特征是，人们对自己的身份和在社会中的地位拥有多少安全感。因为愤怒是对被轻视或被贬低的反应，所以那些容易生气的人比较容易对自己的身份产生消极的怀疑。他们的自尊心动摇了。没有安全感的人不确定自己的价值，他们比有安全感的人更容易被温和的挑衅和模棱两可的情况激怒。然而，当需要表达愤怒时，缺乏安全感的人往往会隐藏自己的愤怒，因为他们害怕把事情搞砸或面临报复。

这样的人脾气很大，他们会衡量每一个与其相关的社会行为，确认自己是否受到应有的尊重。哪怕只是发现没有得到正面尊重也会让他们感到不安或被贬低。即使并没有激起愤怒的明显行为，他们的极度脆弱性也使他们相信自己受到了轻视。

我们都见过经常生气的人。一种解释可能是，他们觉得自己比其他人更经常处于被挑衅的境况。他们为有攻击性的老板工作，或者与这样的人一起生活，或者他们有过受压迫的历史，把自己看作受害者。尽管这种以受害者为中心的解释可能包含相当多的事实，但它过于简单。许多没受压迫的人也易怒，而许多受压迫的人却并不易怒。因此，经常生气并非仅仅源自其生活条件。爱生气说明了他们为人方面的某些特质。

常为愤怒所扰的人已经形成了对自己和世界的认知，这一认知总是引导他们认为他人要攻击或者贬低他们，即使他并不能从对方的任何举动中推导出这样的判断。例如，他们可能认为某个种族的成员，或那些富有、受过教育或聪明的人，对自己和类似自己的人有偏见。他们从小就坚信生活的"丛林法则"，要想获得自己的那一份就需要不断进取。或者他们认为要达到"男子汉"的社会标准、受人敬仰，就意味着一言不合就要开打，不这样做就是丢人现眼的懦夫。面对问题，他们总是责怪别人而不反省自己。

如何应对愤怒及其表达

因为攻击性的愤怒表达对个人和集体来说都是非常危险的，所以应对让我们愤怒的事情和愤怒本身是我们所有人面临的首要心理任务。

我们只需浏览一下每日新闻就可以确信，在许多情况下，表达愤怒是有风险的，而软弱者选择隐藏其愤怒。一个最引人入胜的隐藏愤怒的例子是一首创作于18世纪的英国童谣《摇宝宝》（Rock-a-bye Baby）。这首许多西方孩子曾经喜欢的童谣，最初是为了攻击残暴的国王詹姆斯一世的，因为他想让自己的私生子继承王位。童谣内容是这样的：

        摇啊摇，摇宝宝，

在那树上面。

风吹摇篮，

摇啊摇。

提手断喽，

摇篮掉喽，

宝宝掉喽，

摇篮也掉喽，都掉喽。

虽然这首童谣看起来没什么恶意，但它传达了一种政治威胁。如果树上面的私生子（表示土地上最高的位置）成为王位继承人，那么就会刮起革命之风，造成巨大的破坏，摇篮提手就会被折断，王位（摇篮）就会掉下。公开攻击王室原本会导致最严厉的惩罚，然而，詹姆斯国王时代的人们可以安享这种对王位的攻击，因为煽动性的信息被伪装成了无伤大雅的小调。

当表达愤怒可能导致危险的时候，我们就会把愤怒隐藏起来，这是一个真理。有时我们有意避免对那些有权力的人（如老板、主管、教师和警察）表现出愤怒。我们也可能害怕爱人报复我们的愤怒，或者有时为了因愤怒产生的内疚而苦恼。

人们也可以委婉地进行攻击，安全地表达自己的愤怒，但这样做仍会造成小小的损害。他们可能会表现得合作（至少表面上是这样），而不是直接对那些拥有权力的人表达愤怒。例如，受委屈的员工可能以请病假来拖延老板要实现的目标，降低生产率，或者在工作中干点傻事。他们这么做的时候可能根本没有意识到自己的报复意图。

一个常用来避开表达愤怒的危险的方法是转移：我们不是把它对准我们害怕的有权势的人，而是把它对准另一个不构成威胁的人。我们可能会选择一个无助的或被轻视的少数群体，向他们发泄我们对社会或我们在社会中的地位的不满。这种转移构成了偏见和歧视的共同基础。

这种转移的最可悲的特征之一是寻找所谓替罪羊的行为，在这种转移行为中，我们经常看到一个弱势群体将其沮丧和愤怒指向另一个弱势群体。具有讽刺意味的是，受到压迫者会攻击其他受害者。另一个糟糕的例子也是这种方式的一个表现，即一个受到恫吓或遭受身体虐待的人，转身又对无助的孩子实施这种虐待。[2]

在动物界，转移现象很普遍，而且在针对支配地位的争夺中最常见，这可能体现了人类地位斗争和愤怒的进化起源。当动物在一场对支配地位的争夺中被一个更强大的对手打败时，它们往往会转而攻击在等级系统中低于自己的弱者。本书第9章将着眼于生物因素和文化在情绪中的作用，将有更多关于人类攻击性的生物起源的论述。

我们在前文提到过嘟嘴，并将其定义为一种轻微的责备，其目的是避免失去支持。嘟嘴很好地展示了一种应对表达愤怒引起的风险的方式。嘟嘴的人担心较为猛烈的攻击会带来灾祸。他们觉得自己不够好，还需要仰仗对方。嘟嘴者的诉求是对方给予的关注不够，因此他们感到失望。这个诉求的表达必须非常谨慎，不能得罪施予者。因此，嘟嘴主要是为了引起更多的注意，在这种情况下，愤怒的表达极少或是被掩饰起来。

我们之前也注意到，看到不公正的行为可能会让我们生气。正义感产生了一个有趣的悖论。在我们感到被冒犯之后，我们想针对这种不公正来惩罚对方。不管怎样，这都没错。然而，按照我们的道德观，复仇不得过度，惩罚必须与罪行相适应。如果我们的反击给对手造成的伤害超越了我们的正义感，那么我们很可能会在随后的反应中带有内疚或羞愧。

有一种方法可以用来应对我们自己造成的不公正以及由此引起的内疚或羞愧，那就是对我们的所作所为采取防御措施。我们力图相信自己道德正直，并自欺欺人地使劲为自己辩护，以平息我们在自责时可能有的任何罪恶感。

莎士比亚在《哈姆雷特》（第三幕第二场）的一句台词中提到了这一过程，这句著名的台词涉及哈姆雷特的母亲与叔叔谋杀他的国王父亲的情节。为了诱使他们暴露自己，哈姆雷特让演员们表演了一出类似的悲剧。哈姆雷特观察了母亲看戏的过程，并这样评论她的说辞："我想，这位女士真的说得太多了。"他意识到，她过分热心地为剧中凶残的国王和他的情妇辩护，其实是在减轻自己的罪恶感，他以此来证实对她有罪的怀疑。

事实上，你可能也注意到了一个讽刺的现象，当应受谴责的行为暴露在公众面前时，那些行为人的反应往往是装模作样地竭力否认。当别人了解到自己的罪责时，否认会更加激烈，甚至反而对对方加以攻击。

例如，最近，我们遇到了一位女士，她占用了我们要去的一家餐馆的专用车位。这位女士实际上是要前往隔壁的美容院，美容院的专用停车位不那么方便。但这位女士没有承认错误，当我们指出她占用了他人的车位时，她开始恶语相向，声称这不关我们的事，甚至要动手威胁。这当然是我们的事，因为这种行为常常让就餐者不方便停车，有时根本停不下，而且我们知道餐馆老板对这种情况也很苦恼。她的行为没有考虑他人，而且不合法，她在被问责时言辞激烈，这只能说明她急于否认自己的错误。

对付愤怒问题的另一种方法是抑制其攻击性的表达。愤怒本身不具攻击性，但当我们愤怒时，攻击的冲动是强烈的，而且往往难以抑制。我们可能并不会真正攻击谁，而只是会感到愤怒，有攻击的冲动。攻击性也不总是与愤怒相关，一个为获奖而拼搏的人在击垮他的对手时没有感到任何愤怒，而一名轰炸机飞行员杀死大批素不相识的人时也没有愤怒。

心理学家卡罗尔·塔夫里斯（Carol Tavris）[3] 指出，发泄愤怒时会造成巨大的伤害，而抑制愤怒实际上就是控制发怒时的攻击性冲动。她建议，在你雷霆大发之时应该努力冷静下来，"数到 10"，以免做出以后可能会后悔的事或说出可能会后悔的话。

塔夫里斯推翻了压抑愤怒必然会造成心理或身体伤害的观点。旧的观点认为未表达的情绪就像锅炉里积聚的蒸汽一样必须排出，这其实在很大程度上并不可信。如果愤怒被抑制，并且随后没有被其他的因素重新点燃，那么它将逐渐消散，不会造成伤害。而如果愤怒反复或持续地被唤起，那么不论是人际关系还是自身健康，都可能会遭遇真正的麻烦（见第 12 章）。

造成伤害的可能是愤怒引发的人际关系后果，而不是对具有攻击性的愤怒表达的抑制。例如，如果我们发了火，而对方毫无怨言地接受了，并尽量安抚因受到冒犯而发火的人，那就不会造成伤害。它甚至是有益的。然而，如果愤怒的表达伤害了这段关系，那么它可能会带来巨大的长期的代价，而这些代价可能会造成持续的压力并导致疾病。

然而，抑制愤怒的表达并不能消除这种实际存在的情绪状态。只要诱因仍在，愤怒即使是被隐藏起来，也会继续存在。仅仅是看到某个人或处于类似的情况下，都可能会再次唤起愤怒。即使愤怒暂时消散了，它也会随着下一次挑衅而再次出现。我们需要一个更强有力的应对策略来遏制反复出现的未表达的愤怒。正如我们所看到的，这样的策略包括重新评估引发愤怒的激发，共情引发愤怒者的问题，不将对方的行为视为对自己的冒犯。这种重新评估的力量在于它能够完全消除愤怒。[4]换句话说，要消除激发，我们必须改变自己赋予它的含义。我们将在第8章中对此进行详细介绍。

如果一种情绪的激发是基于从事件中解读出来的意义，那么情绪的应对也应该基于我们对日常活动所赋予的意义。为了理解如何控制愤怒和攻击，我们还必须考虑到人们如何应对自尊受到的威胁，预测他们是否会公开表达自己的愤怒，以及他们的愤怒是否会被引导。

应对也会影响对责任的承担、愤怒的目标以及如何行动的决定。有些人几乎从不推卸责任，不管发生什么事情总是自己承担罪责。即使有人指出"这不是你的错"，再怎么安慰也不会改变他们的评价。也有人几乎从不承担责任。

弗洛伊德[5]认为，愤怒是两种最麻烦的本能冲动之一，另一种是性冲动。受两次世界大战的战争以及人类暴政、侵略、残忍和流血的历史的影响，弗洛伊德认为，破坏性倾向是人这个物种的生理需求。第二次世界大战、犹太人被屠杀和希特勒的其他暴行，使他对愤怒和侵略能否在社会层面得到控制持悲观态度。事实上，追溯历史，谁都会觉得人们为互相残杀、酷刑、种族灭绝和其他掠夺行为轻易找到的理由是多么不可思议。

尽管人类有如此历史，但还是有些人乐观地认为侵略是可以被控制住的。观察其他动物可以发现，如果不是为了食物，一般来说严重的攻击行为（导致严重伤害或死亡的攻击行为）是比较罕见的。[6]尽管愤怒很难控制，但攻击和暴力是可以迅速变化的，在特定条件下可以爆发也可以被抑制。我们还需要进一步了解这些。然而，任何乐观主义观点都与弗洛伊德的悲观主义观点形成鲜明对比，乐观的理论似乎与我们人类的历史现实背道而驰。

愤怒情绪和其他情绪的核心是，赋予事件的个人意义控制着情绪感受及其处理方式。就愤怒这一情绪而言，是控制愤怒还是升级愤怒，取决于那个愤怒的人。

嫉　羡

现在，我们来谈谈第二种坏情绪——嫉羡。以下是一个深受嫉羡折磨的例子。

多丽丝 20 年前嫁给了瑞克，她对那些看起来比她和丈夫更幸运、更富裕的人充满了怨恨。由于自己不是一个吸引人的"理想对象"，她嫁给了一个不是她首选的男人。她记得她看上的那个男人很好，但对她没有真正的兴趣，尽管他们偶尔约会。她认为瑞克几乎不合格，但总比没有好。

他们刚结婚时，瑞克对挣大钱还有过小小的抱负，但现在他已经 40 多岁了，他的未来充其量也就是继续在一家大型零售连锁店做销售员。多丽丝是当地一所社区大学的职员，她的工资和她丈夫差不多。他们有两个十几岁的孩子。

多丽丝和瑞克都毕业于一所四年制大学，他们努力应付日益增长的消费，过着相对舒适的生活。每年他们都会去花费不多的地方度个假，偶尔到昂贵的餐馆吃饭。他们大约每周带孩子去吃一次快餐。两人都卖力工作，努力为孩子提供一个稳定的家庭环境。他们去看电影、打棒球，还有一些朋友，但在旁人看来这些关系浮于表面。

多丽丝一辈子都在嫉羡别人。十几岁的时候，她羡慕那些最聪明、最可爱、最受欢迎的女孩，她渴望与那些最受欢迎的男孩交往，但他们几乎都不看她一眼。她的妹妹很受追捧，多丽丝嫉羡她，想和她竞争，但没有成功。父母总是自豪地谈起她的妹妹，她觉得父母从来不会这样谈论她。

她觉得丈夫人生失败，心生怨尤。很遗憾，她从来没有欣赏过瑞克，虽然瑞克觉得多丽丝是一个理想的妻子，对她温柔体贴，主动做家务、带孩子。

瑞克不计较她的缺点，对于妻子对自己的冷淡态度，他很恼火，但并不发作。

多丽丝羡慕他们的一些朋友家里拥有昂贵的汽车，参加聚会时，她眼馋别人的钻石和高档衣服。她为自己的家感到羞愧，羡慕她拜访过的朋友的家更宽敞、家具更好。她为丈夫感到羞惭，觉得他欺骗了她。她羡慕她的朋友们津津乐道孩子的成就，而相比之下她的孩子显得平庸。

她愤愤不平地跟丈夫谈论拥有这些东西的女人，又因为丈夫不能给她这些东西而轻慢他。"她凭什么这么有钱？"她咆哮道，"她不漂亮，也不聪明，甚至大学都没毕业。"她总是觉得自己很不幸，因为别人比她拥有更多。

当多丽丝嫉羡的对象中有人遇到麻烦或悲剧时，她偶尔会获得些许的满足感。她的一个朋友患上了乳腺癌，做了根治性乳房切除手术。尽管她说了所有该说的话来表达同情，但她还是暗暗为这个"非常傲慢和幸运的女人"的不幸而高兴。当另一个朋友的婚姻破裂时，她嘲讽地说这位朋友是一个多么糟糕的妻子，她丈夫怎么花了这么长时间才选择了离开。但是，这些充满敌意的满足感并不能消除或补偿她的嫉羡。她仍然是一个不快乐的、充满敌意的人，似乎一直摆脱不了悲惨的命运。

心理分析

多丽丝的情况很糟。如果一个人像她一样被嫉羡所吞噬，他就会深受嫉羡的毒害：不停地将自己与他人进行负面比较会带来痛苦。虽然多丽丝曾经只是嫉羡那个嫁了理想丈夫的女人，但现在，多丽丝几乎已经嫉羡成疾。她无法从所拥有的东西中获得满足感。

这似乎是她性格的一个特点，从小如此，原因可能与她跟妹妹的竞争失败有关。这在很大程度上可以归因于父母长期把她与妹妹进行负面比较。她把嫉羡变成了一种生活方式，一种被剥夺自我形象的表现。她从未摆脱精神上的被剥夺感。

引发多丽丝嫉羡的原因是什么？最初她与妹妹进行对比输给了妹妹。她不管做什么都无法赢得父母的赞许，她把这个看作对自己的否定。她所缺的不仅仅是生活中的美好事物，还有象征着她长期以来受到的不公对待以及不被认可的感觉。拥有这种嫉羡性格的人会感到一种从根本上的剥夺感，这种剥夺感与他们的个人身份和社会身份密切相关。多丽丝的行为好像在说："作为一个人，我应该从这个世界得到更多。"这就是把她拖垮的嫉羡的个人意义。

现在，作为一名成年人，每当她看到其他夫妇的生活，或者想到一些她觉得被剥夺的东西，这些所见所想就会激起她的嫉羡。这些让她回忆起她与妹妹的比较。每每看到和想到这些时，她当晚都会梦见自己被父母当着妹妹的面批评，而妹妹却被夸上了天。

虽然她在拥有积极想法的时候也会感觉良好，但是由于负面感受出现的频率过高，她似乎一直处于嫉羡的状态。嫉羡已经成为她性格的一个主要特征，嫉羡是一连串对于她生活状况的反诘，携带着人格被否定的个人意义。

客观地说，多丽丝并没有那么糟糕，但她把自己的生活解释为不幸的失败，没有得到她想要而且应得的。她最想要的其实是人们对她的正面看法，尽管她似乎并没有意识到。她自己太不自信，这是因为她多少相信了父母的负面评价。

显然，多丽丝应对得很糟。由于她消极的自我形象，她一直无法准确评估自己的个人情况。我们都会时不时地沉溺于这种应对方式中，体验到一丝嫉羡，有的人对嫉羡的体验会比他人更强烈或更频繁。然而，对我们大多数人来说，这样的时刻并不多，我们可以把它们从我们的思想中驱逐出去，标记为徒劳无益甚至是不切实际的。但多丽丝对自己拥有的和没有的东西却无法做到任何程度的超然。她的病根在于她不能接受和欣赏自己以及自己已经拥有的一切。

为什么像多丽丝这样的可怜人执着于自己的痛苦，好像没有痛苦就活不下去？詹姆斯·F.T. 布根塔尔（James F. T. Bugental）是一位经验丰富的存在主义心理治疗师，他写了大量关于患者的文章，对于这个难题他给出了一个有趣的答案。[7]当他的一位患者弗兰克在治疗过程中被告知"看看你是否能感受到不痛苦的感觉"时，在词不达意地说了一阵后，他突然暴怒："如果我放弃了我的痛苦，我就再也不会快乐了。"基于此，布根塔尔有感而发：

　　　　他说得多清楚啊，他所学会的如何应对生活的方式是至关重要的。这

> 真不是"幸福"的源泉，弗兰克的痛苦是非常真实的。但是，放弃他在这个世界上赖以生存的生活方式将是如此可怕。相比之下，他现在的痛苦似乎是幸福的。

事实上，布根塔尔暗示，尽管弗兰克处理问题的方法不足取，但如果没有这些方法提供保护，不依靠这些方法来面对自己和所遇到的冲突就会是更大的威胁。多丽丝也很痛苦，她必须找到更为有效的方法才能放弃嫉羡模式，但是取而代之的方法如果不能以全面了解她的生活为基础，就将使她暴露在危险之中。

多丽丝必须克服这场由她自己创造的悲剧，改变她对自己和世界的看法，如果她想在生活中获得持久的满足，就必须放弃被命运所伤害的感觉。这不是一件容易的事。

当一个人发现自己的应对方式失败时，明智的选择是寻求专业帮助。在多丽丝的案例中，因为她的问题在她生命早期就开始了，一位明智的治疗师会帮助她了解这一切是如何开始的。这可能意味着精神分析，但她微薄的收入可能难以支撑昂贵的长期治疗。更简短的心理治疗可以帮助她找到依据，放弃与其他人进行徒劳的比较这一痛苦根源。多丽丝需要学习和理解为什么她如此嫉羡别人，需要接受，最好是欣赏，她所拥有的和她是谁（见第 13 章）。

我们多么希望可以在这里说，多丽丝正在控制她的嫉羡，或者正在接受专业的帮助来放弃嫉羡。但事实上她继续被嫉羡所吞噬，嫉羡指向一切她所相信的美好生活。多丽丝看不出她最缺乏的是对自己的良好评价和对他人的积极尊重。考虑到多丽丝的人生经历，以及她无法对自己和自己的生活有一个合理的看法，我们一点都不会奇怪她在后半生仍然觉得自己是个失败者，依旧困在对别人的嫉羡和愤怒中。

嫉羡的多面性

嫉羡通常被视为类似于嫉妒，并与之相提并论，可能是因为我们的语言常常混淆两者之间的重要区别。在英语中，jealousy 既可以表示嫉妒，也可以表示嫉羡，而 envy 仅指想拥有别人的东西。[8] 由于两者的含义经常混淆，所以我们将分别讨论嫉羡和嫉妒，方便区分。[9]

你因为有人拥有这个或那个而对他说"我嫉妒你"是一个常见但不正确的用法。嫉羡是两个人之间的情绪。相比之下，嫉妒是一种涉及三方的三角关系，其中一方威胁夺走或获得了我们所拥有的东西，而这往往是来自第三方的爱。多丽丝起初嫉妒她的妹妹，但后来，当第三方不存在时，她变得嫉羡。我们只是嫉羡有一份好工作的人，却嫉妒得到那份我们自己所渴望的好工作的人。

嫉羡的戏剧性情节仅仅是想要别人拥有的东西。一个嫉羡他人的人的主观状态是渴求被不公平地剥夺的东西，这种饥饿感的痛苦难以控制。

为什么人们会建构这种个人意义，感觉被不公平地剥夺，从而唤起嫉羡？我们可能都会时不时地经历一般的嫉羡，当我们想要别人拥有的东西时，自然的反应就是嫉羡他们。我们说要赶上别人，以此来消减这种嫉羡的感觉。在这样的情况下，嫉羡可能是一次性的，或者很少发生。我们很快就忘记了这种感觉，继续生活。在这种情形下的嫉羡并不是特别有害的，这与多丽丝的情况不同，她的嫉羡源于一种深深的挥之不去的被剥夺感。并不是所有的嫉羡都像多丽丝的那样强烈并席卷一切，她的成长经历使她太容易感受到不被接纳。

至少在表面看来，通常引起嫉羡的原因是观察到另一个人拥有我们想要的东西，无论是实际上的还是象征性的。嫉羡的个人意义是有人得到了嫉羡者想要或需要的东西，或许是他并不应该拥有的东西，嫉羡者认为这不公平，而且也渴望得到它。这种不公平和渴望得到被剥夺的东西存在于嫉羡者的意识中。像多丽丝那样，当自我被卷进来时，他人的积极看法就变成了一种长期存在的潜在需要，被隐藏起来。因此，常见的嫉羡就成为一种性格特征，有这种性格的也就是我们所说的善妒之人。

就像其他情绪一样，如果一个人感到嫉羡，那么他必须以某种方式应对这种情绪以及唤起这种情绪的条件。社会上人与人之间的比较可以是负面的，也可以是正面的，比如我们可以认为自己比一般人或某个人更富有。所以，一个应对嫉羡的方法就是选择有利于自己的比较。这是嫉羡的反面。有时，认为自己比别人过得好是一种应对逆境的方法，也是一种应对我们可能经历的极具破坏性的嫉羡的方法。但多丽丝做不到，她从不想关注那些生活得不如她的人，只关注那些生活得比她好的人。

例如，当有人正在与一种严重的疾病（如癌症）做斗争时，他可能会因为判断其他人的境况更糟从而得到适度的心理缓解。[10] 他可能会想"我的病可以用药物控制，而别人不行"，或者看到自己的病没有其他人的那么严重，也没有其他人那么痛苦和虚弱。积极的比较有时可以改变事件的个人意义，从而减轻痛苦。

另一种应对嫉羡的方法是因所嫉羡的人的痛苦而高兴。德语中有一个英语中没有的词来表达这种幸灾乐祸的恶感，即 Schadenfreude，意思是对他人苦难的喜悦，与英语中的 gloating 一词的意思"幸灾乐祸"相近，它也可以指因他人成功而痛苦。尽管多丽丝因为那些她嫉羡的人遭遇不幸而心满意足，但她更专注于自己的受迫害感，因此她从这种应对方式中得不到什么真正的满足。

虽然嫉羡可以是善意的，即我们可能崇拜另一个人并希望此人平安，但它也可以是恶意和残忍的，即它夹杂着对我们认为优于自己的人的愤怒。所以，一旦对方失足，我们就会对他少一点嫉羡，自己的处境也会好一点。

神学家所罗门·希梅（Solomon Schimmel）[11] 将嫉羡列为"七宗罪"之一，等同于《旧约》中规定的不道德行为。我们大多数人都知道一个证明了所罗门王的智慧的经典故事：

> 一个死了孩子的女人嫉羡另一个孩子的母亲，所以她谎称孩子是她的。当所罗门提出把孩子劈成两半，在两人之间分配时，说谎的女人同意了，而真正的母亲却被这一判决吓坏了，宁愿把孩子交给骗子，只要孩子能活着。通过她们对判决的不同反应，所罗门知道了哪个是真正的母亲，哪个是冒名顶替者。在这里，我们看到了嫉羡的残酷。嫉羡的女人不仅要抢走别人的孩子，她宁愿孩子死了，也不愿让别人拥有她所缺失的。

如果知道名人有时也会抑郁或自杀，也会遭遇灾祸，那么生活中的窘迫可能会不那么难以接受了。这就像多丽丝津津乐道朋友的悲剧。朱迪·加兰（Judy Garland）和玛丽莲·梦露（Marilyn Monroe）都是拥有才华和财富却年纪轻轻就悲惨地逝去的著名的例子。事实上，我们的确能从中得到安慰——即使是名人也会遭受压力与不幸。

我们还会责怪那些命运不济的不幸者，以弥补我们自己由于幸免而产生的内疚感，这与嫉羡的感觉相矛盾。我们需要相信，在一个公正的世界里，好人得到奖励，坏人受到惩罚。当我们所爱或关心的人，或我们所认识的善良正派的人患上慢性病或绝症，或受到残酷生活的折磨，这会极大地威胁到我们的正义感和自身安全。如果他们命运不济，那么不幸也可能发生在我们身上。

因此，人们愿意相信不幸者在某些地方做错了，是他们给自己带来了麻烦。在一个公正的世界里，这是他们倒霉的原因。多丽丝觉得自己不幸，但这又引发了另一个社会问题，旁人会责怪她运气不好，她一定是活该倒霉。这说明，不管你有多嫉羡，最好不要表露，因为嫉羡会让别人觉得你不可信。

在 20 世纪 30 年代美国的大萧条时期，最受欢迎的电影描绘的是富人是如何享受的，虽然有的电影是在讽刺，但更多的是让穷困的观众能够以一种替代的方式来品味富足。这些电影渲染的是对现实的逃避，它们提供了一个机会让人们幻想自己成为富人，忘记自己的经济困境。目前尚不清楚这是增强了还是削弱了嫉羡，可能两者都有。

我们也可以相信我们想要的东西（如财富）是祸而不是福，并不能让我们快乐，以此作为应对嫉羡的方式。如果我们相信财富或名望并不能带来真正的快乐，那么就不必去嫉羡富人或名人。多丽丝不明白她的嫉羡使她不能正确看待事物，她仍在继续那场早已输给了幸运的妹妹的竞争。

那些用超然哲学来应对逆境的人告诉自己要珍惜所拥有的东西，他们可以控制嫉羡。超然哲学的观点是，渴求我们不能拥有的东西是没有任何好处的，这样我们就更容易没有痛苦地接受失落。如果我们可以坦然接受一切，甚至认为自己是幸运的，那我们可能会更快乐。古希腊的斯多葛学派和佛教徒都认为，一个人如果不脱离人们通常追求的世俗目标，就无法获得心灵的安宁，也就是说，应该通过放弃这些目标来摆脱这种困扰。如果我们与自己处境相似的人交往，而不是那些更富有或更贫穷的人，那我们也会更快乐。

记住，那些嫉羡成性的人想要的东西不仅仅是物质的。嫉羡的人还会感觉不被接纳或者没有得到他人的积极评价。这种可能未被察觉的缺乏或需要，只会使人更加嫉羡各种各样的事物，只要它们是这种缺乏接纳和重视的象征。我们最嫉羡的是那些受到高度评价、被人羡慕、有影响力和成功的人，尤其是当我们对自己的人生价值持怀疑态度的时候。

嫉　妒

下面，我们来看一个男人是如何陷于嫉妒、认为自己不值得被爱的例子。

杰克是一个友善但长相平庸的人，他一直认为自己缺乏魅力、不聪明、不讨人喜欢。他的母亲经常夸赞他的哥哥，他总是羡慕哥哥，觉得受到众多女性钦佩的哥哥什么都拥有。母亲倒不是对杰克不好，但似乎对他漠不关心、不甚亲热。女性通常对他不感兴趣，上学时他很少约会。

杰克上学时不出众，现在的工作薪水不高，升迁机会渺茫。然而，他娶了美丽而受欢迎的玛西娅，她的工作和职业前景都很不错。杰克的婚姻证明他能吸引一个非常优秀的女性，这足以批驳他对自己的负面评价。但在杰克看来，在婚姻中得到玛西娅的青睐是一种不可思议但无比荣光的好运。

结婚后不久，杰克开始怀疑妻子跟一个有魅力的男同事关系暧昧。他们俩时不时一起去吃午饭，他开始觉得玛西娅对他失去了兴趣，爱上了那个男同事。当他对此表示担忧时，玛西娅笑着说她和那个男人只是友好的同事关系。她说，他们利用午餐时机讨论业务。杰克虽然没有什么特别的证据，但他不相信他们没有私情。

这种想法驱使杰克纠缠起妻子，好做实假想中的婚外情。他开始暗访妻子的办公室，有一次他碰到妻子和那位男士一起吃午饭，就在餐馆里大吵大闹。他的猜疑使玛西娅既尴尬又生气。而且他在不停地烦扰玛西娅的同时，还向她父母抱怨，两人逐渐从不愉快演变成了无休止的争吵。

一天，杰克下班回家，威胁玛西娅说如果她继续和那个同事的恋情，就开枪自杀。尽管他后来声称他不是故意的，但有一次枪走了火，差点打中她，在客厅的墙上留下了枪眼。玛西娅因此非常害怕杰克，最终提起了离婚诉讼。她担心杰克有朝一日会自杀，甚至会因为嫉妒而杀了她。

杰克回到父母家住，修习一些大学课程以打发空虚。他因婚姻破裂而感到凄凉和沮丧，更确信自己不招人喜欢。他再也没有和玛西娅联系过。过了一段时间，玛西娅开始和别的男人约会，重新组建了家庭。

几年后，杰克开始和另一个女人约会。当他们去参加聚会时，如果女友对其他男人表现出任何兴趣，杰克就会感到焦虑和愤怒。过不了多久，他和玛西娅之间那种怀疑模式又出现了。由于他的不信任，这段新关系不了了之。

慢慢地，杰克开始觉得自己有严重的心理问题，需要心理治疗。最后，他的确进行了治疗，主要问题是他对自己的低评价，这无疑是他怀疑女人不喜欢他的原因。这种怀疑难免让他认为自己会被她们欺骗。

心理分析

就像善妒的多丽丝，杰克的个人经历使他认为自己不值得爱，也使他特别容易受到嫉妒的侵扰。像嫉羡一样，并非所有的嫉妒都是杰克这种类型的，在某些情况下，我们都会嫉妒。嫉妒也可以是一次性的情绪事件。例如，假设我们发现爱人或伴侣亲吻和爱抚他人，即使没有杰克神经质的个人经历和对自己人格价值的消极信念，我们在这种被情况下也会嫉妒。这是较为常见的一般性嫉妒。

唤起杰克对妻子的男同事的嫉妒的原因是他们在工作中的关系。两人一起吃午餐使杰克联想到他们的关系超越了工作。你可以说这也许有点根据，但杰克的反应似乎有点过度。

然而，这些让杰克感到嫉妒的事件的更深层次的个人意义是，他自己不讨人喜欢，有魅力的女人会很快对自己失去兴趣，对自己不忠。杰克总是觉得自己会失去，这个意义是他根据自己的经历和已经习得的思考方式自己构建的。

由于这种个人评价的客观依据是薄弱的，杰克的嫉妒被认为至少部分应该归咎于他的性格缺陷，特别是他的自卑。他与玛西娅离婚后不久再次发生的嫉妒进一步证明了他性格有缺陷，而接连两次被抛弃的遭遇也意味着事实远非我们所想见的那样。

杰克仍然渴望得到一个女人忠诚的爱，这也是毁掉他两段感情的嫉妒想达成的终极目标。然而，他对自己的消极看法导致他应对不佳。他怀疑妻子的清白，并在午餐时前往对质，这种做法根本无法达成原本的目标。这些无效的应对措施最后终结了原本健康的婚恋关系。

关于杰克的未来，我们能说些什么呢？显然，杰克把事情搞得一团糟。他之所以处理得如此糟糕，看似是因为他指控妻子不忠，实质上反映了他最严重的问题，那就是他认为自己不值得被爱。所以，他在婚恋关系中总是铩羽而归。

杰克要做的最重要的事情是，认识到他对自己的低评价以及由此产生的嫉妒为何失败、适得其反。如果可能，他应该看到自己是或者能够是一个受欢迎的人。他可以学会不相信自己对自己的负面评价，这样他就可以不打折扣地接受女性的关注。除此之外，杰克还可以抑制与嫉妒相关的错误应对过程，避免按照他所构建的条件反射式的个人意义采取行动。尽管改变一个人的自我概念是一项艰巨的任务，因为太多的过往历史已经被构建起来，但这绝不是不可能的。

在花了 11 年时间之后，改变真的实现了。杰克说服自己忘记女人，回到学校去攻读法律学位。他后来在一家律师事务所获得了一个重要的职位，爱上了一位女律师，并且与其保持着良好的关系。尽管他有时还会经历嫉妒，但他战胜了嫉妒，他做到了。

嫉妒的多面性

嫉妒的个人意义是一个人失去或将要失去好感，通常是他人的爱。这个意义需要我们应对伤害或威胁，要么预防和挽回损失，要么对事情的罪魁祸首进行报复。尽管这样也无法得偿所失，但由于自我在事件过程中受到损害，攻击其责任人往往是一个有效的解决方案。

正如我们所看到的，愤怒的前提通常是被贬低，愤怒是嫉妒中最突出的情绪之一。如果嫉妒有事实依据，它就算不上病态，尽管我们仍然必须面对愤怒。然而，如果嫉妒不是基于事实，而是一个人性格的基本特征时，那么它往往会带来难以逾越的灾难。

嫉妒是一种比嫉羡更复杂的情绪。稍微解释一下嫉妒的戏剧性情节，它是因为失去或可能失去他人的青睐而怨恨第三方。这种青睐可能是爱情，但也可能是自己付出代价却被别人获得的东西，如职位、晋升机会、奖品或在学校得高分。在零和博弈中，如果别人被爱、被雇用、被提升或者被奖励，你就没有可能了，别人得到的就是你失去的。在嫉羡中，你想要你没有或从未拥有的东西；在嫉妒中，你已经或者可能会失去你曾经拥有的或者你以为自己曾经拥有的东西。

嫉妒最常见的戏剧化版本是三角恋，即一个人嫉妒另一个人"偷走"了他所爱之人的爱情。杰克的故事和莎士比亚的悲剧《奥赛罗》都很好地展现了这一点。奥赛罗这位功成名就的勇将和政治家相信了副官伊阿古的恶意挑唆，认定他深爱的妻子苔丝狄蒙娜对他不忠。戏剧的结尾，奥赛罗被嫉妒所吞噬，杀死了苔丝狄蒙娜，然后自杀。奥赛罗象征着嫉妒的毒害和悲剧，在嫉妒点燃的激烈情绪中，主人公相信自己被背叛了，在责怪背叛者的过程中，又被推进了暴力和自我毁灭的宿命。

《奥赛罗》中有一个疑点，我们很难理解伊阿古是如何能够轻易地让奥赛罗相信如此明显的谎言的。如果我们假设奥赛罗的嫉妒是病态的，就比较容易理解。然而，这种解释是不充分的，因为戏剧没有告诉我们奥赛罗何以如此脆弱，也没有交代奥赛罗的个人经历。为什么奥赛罗如此容易成为伊阿古阴谋的牺牲品？为什么他相信伊阿古而不相信苔丝狄蒙娜？

尽管莎士比亚从未暗示过，但有一种可能的原因是奥赛罗是伊比利亚白人社会中的一个非洲摩尔人。也许他饱受被压迫少数民族普遍存在的自卑心理的折磨。他可能会幻想他的白人妻子苔丝狄蒙娜会因为他的肤色而不爱他。尽管如此，他还是赢得了社会地位、尊重和政治权力，这使得这种对他个人评价的解释显得有些牵强。另一种可能是，奥赛罗也是一名斗士、一个行动不过脑子的人，这种性格的人可能更倾向于迅速果断的行动，而不是三思而后行。

嫉妒真是令人着迷，因为它包含了太多的悖论和问题。例如，有人认为，嫉妒者想要传达的真正信息有两个方面：一是“注意我”，就像噘嘴一样，请求对方给予更多的关注；二是“抓住我别让我跌倒”，[12]这可以被理解为求救。顺便说一句，这通常是自杀威胁或自杀未遂的动机，比如杰克也曾这么做。我们认为，他们的目的是向外界发出绝望的信号，以得到更多的关切。在杰克的故事中，玛西娅从来没有弄清楚发生了什么。也许她被吓到了。

同样要注意的是，在杰克的案例中，嫉妒所带来的暴力威胁似乎更多地指向自我，表现为自杀的威胁。但在奥赛罗的故事中，暴力是针对他妻子的，他杀害了妻子，然后转向对自己施暴。嫉妒的一个可怕特征是攻击和暴力行为频发，特别是涉及性不忠的时候。这是另一个坏情绪的例子，在这种情绪中，愤怒被激起，由此产生的攻击性无法控制，嫉妒者强烈渴望通过复仇来治愈受伤的自我。

虽然我们通常认为嫉妒的人怒火中烧，急于复仇，他们是需求没有得到满足的以自我为中心的可怜虫，但实际上他们是在寻求（或呼吁）帮助和保护。弗洛伊德[13]对嫉妒的病理原理的解释与这种观察是一致的：

> 正常的嫉妒是由悲伤、失去所爱之物的想法引起的痛苦和自恋的创伤混合而成，这种创伤区别于其他创伤；此外，它还包含对成功的对手怀有敌意的感觉，以及或多或少的自我批评，试图让主体的自我为损失负责。

如果我们遇到的是单一的嫉妒事件而不是一个长期嫉妒的人，那么我们必须首先考虑引发嫉妒原因的性质。一方面，在杰克和玛西娅的案例中，嫉妒并没有明确的依据，只是杰克在其嫉妒心的指使下夸大了妻子在工作关系中发生外遇的可能性，这种可能性足以让杰克认为玛西娅已经对他失去了兴趣。

另一方面，这种质疑可能也有充分的理由。对奥赛罗来说，引发嫉妒的是伊阿古不断虚构的苔丝狄蒙娜的不忠。伊阿古甚至故意放置一块手帕让奥赛罗信以为真。

很多夫妻对彼此都有这样的猜疑，可能确实有证据表明伴侣有婚外情。例如，有调查显示，不少已婚伴侣都有情人。无论调查准确与否，这种共识增加了一切怀疑的可信度，特别是当真的有可疑行为发生的时候。

当有客观的触发事件时，嫉妒并非表现为人格特质，因为用这种情绪来回应是合理的。然而，有些人有嫉妒的天性，不需要特定的触发事件或原因。他们性格中的某些东西使他们长期多疑，因此总是嫉妒。最令人心酸的嫉妒案例中（比如杰克），男人或女人毫无理由地确信自己所爱之人另有所爱。

在试图解释为什么有些人经常嫉妒时，精神分析学家认为，他们的嫉妒源于永远无法满足的神经质需求。事实上，嫉妒的人对爱有一种夸张的需求，当害怕失去爱时，这种需求就会被触发。

我们认为，嫉妒和嫉羡都起源于人类童年经验中兄弟姐妹之间的竞争。事实上，兄弟姐妹经常（如果不是总是）争夺父母的关注和抚养。在哺乳类动物（如狗）的养育过程中，不是每只小狗都能够在一个大窝里获得足够的奶水，总有那么一只或几只很容易营养不良，甚至死亡。

据说，嫉妒的人会觉得其他人，如另一个兄弟姐妹，抢走或得到了"好的奶水"。[14] 然而，我们应该看到，兄弟姐妹之间的竞争不仅仅是表面上的喂养问题；童年时期的养育包括给予关注、爱和其他形式的心理支持，奶水的好坏只是一个比喻。当我们看到艺人汤米·斯莫斯（Tommy Smothers）对他的弟弟迪克说"妈妈最爱你"时，我们觉得有趣又辛酸，因为这句话在我们每个人心中都能引起对真相和担忧的共鸣。从精神分析的观点来看，嫉羡、嫉妒和愤怒，以及褫夺和贪婪，都是紧密相连的精神状态。

对杰克而言，他的哥哥更受宠。无论这种剥夺是真的发生了，还是仅限于想象，相信自己是竞争中的失败者的那个人可能使杰克对爱和安慰的需求变得难以满足。杰克得学着认识到，他对自己的低评价和对他哥哥理想化的想象并不准确。在工作中获得成功似乎帮助他缓解了对自己的低评价。

长期感到嫉妒的人几乎不需要为所感受到的嫉妒寻找原因，这意味着无论是否有确凿的客观依据，这类人都很容易将失去或可能失去的意义附加到竞争对手身上。这种受到威胁的性格成了人格的一部分，自卑是嫉妒情绪的一般基础，无须事实上的触发原因。

所以我们再一次看到，情绪的触发机制不仅取决于某些触动情绪的事件，还取决于人们对客观事件的特定解释方式，事实上也就是取决于人们所获得的信念，这些信念影响了人们在主观上赋予客观事件的个人意义。

参考文献

1. Lerner, M. J. (1970). The desire for justice and reactions to victims. In J. McCauley & L. Berkowitz (Eds.), *Altruism and helping behavior.* New York: Academic Press.

2. The short story, "counterparts," from James Joyce's *Dubliners,* is about an inadequate man who, with little to be proud of, is downtrodden by his social experiences throughout the day, and returns home and beats up his small son when he discovers the further indignity that his wife has left him no supper.

3. Tavris, C. (1989). *Anger: The misunderstood emotion.* 2nd ed. New York: Simon & Schuster.

4. For an interesting account of the history of attitudes toward anger in the United States, see Stearns, C. Z., & Stearns, P. (1986). *Anger: The struggle for emotional control in America's history.* Chicago: University of Chicago Press.

5. Freud, S. (1930). *Civilization and its discontents.* London: Hogarth Press. (First German edition, 1930). Freud, S. (1959). Thoughts for the times on war and death. *Collected Papers,* Vol. 4 (translation by Joan Riviere). New York: Basic Books. (First German edition, 1915). Freud, S. (1959). Why war? In J. Strachey (Ed.), *Collected papers,* Vol. 5. New York: Basic Books. (First German edition, 1932).

6. See, for example, Lore, R. K., & Schultz, L. A. (1993). Control of human aggression: A comparative perspective. *American Psychologist, 48,* 16-25.

7. Bugental, J. F. T. (1990). *Intimate journeys: Stories from life-changing therapy.* San Francisco: Jossey-Bass. Quotes on p. 106.

8. See Smith, R. H.. H., Kim, S. H., & Parrott, W. G. (1988). Envy and jealousy: Semantic problems and experiential distinctions. *Personality and Social Psychology Bulletin, 14,* 401-409, for discussion and research on the language of these emotions.

9. For a scholarly, modern research account of envy and jealousy, see Salovey, P. (Ed.). (1991). *The psychology of jealousy and envy.* New York: Guilford; and of jealousy, see White, G. L., & Mullen, P. E. (1989). *Jealousy: Theory, research, and clinical strategies.* New York: Guilford.

10. Taylor, S. E., Lichtman, R. R., & Wood, J. V. (1984). Attributions, beliefs about control, and adjustment to breast cancer. *Journal of Personality and Social Psychology, 46,* 489-502.

11. Schimmel, S. (1992). *The seven deadly sins: Jewish, Christian, and classical reflections on human nature.* New York: The Free Press. Quote on p. 62.

12. Tov-Ruach, L. (1980). Jealousy, attention, and loss. In A. O. Rorty (Ed.), *Explaining emotions* (pp. 465-488). Berkeley: University of California Press.

13. Freud, S. (1922). Some neurotic mechanisms in jealousy, paranoia and homosexuality. *Standard Edition,* XVIII. London: Hogarth, p. 223.

14. This concept was used by Klein, M. (1957/1975). *Envy and gratitude and other works* (1946-1963). London: Hogarth Press.

Passion
and
Reason
Making Sense
of Our
Emotions

第 3 章
有关存在的情绪：焦虑 – 恐惧、内疚和羞耻

　　焦虑 – 恐惧、内疚和羞耻都是有关存在的情绪，因为它们发生的根源与我们是谁、我们在这个世界上的位置、生与死以及我们的生存质量息息相关。我们根据自己的生活经历和我们生活其中的文化价值观为自己构建了这些意义，并努力保护它们。这些情绪发生的根源各不相同。对于焦虑 – 恐惧，意义聚焦于我们的个人安全、个体身份认同以及生死问题上；对于内疚，意义聚焦于我们的道德缺失；对于羞耻，意义聚焦于我们未能实现自己和他人的理想。

　　内疚和羞耻的共同点是它们都与对个人失败的感知有关。体验内疚或羞耻要求我们有内在的标准来衡量自己。与内疚相关的标准，我们称之为良心。与羞耻相关的标准，我们称之为自我理想，精神分析学家用"超我"来代替这两个词。

　　内疚和羞耻的根源可以比作"我们内心静默的声音"——一种规定我们认为我们应该如何行动的内在声音。这种声音大概分两类：一类是有关道德的，当我们做得不好时会引起内疚感；另一类是当我们没有达到我们自己和他人认为我们应该达到的做人标准时，这会引起羞耻感。稍后，我们将讨论这些差异，我们将要呈现的内疚和羞耻的临床案例应该有助于澄清两者之间的区别。

　　内疚和羞耻也可以看作一种焦虑：如果我们违反了道德准则，我们就会感到内

疚－焦虑；如果我们没有达到个人理想，我们就会感到羞耻－焦虑。当我们预见到这些个人失败的有害后果时，就可以说我们感到焦虑。

这三种情绪在本章中一起呈现，因为尽管存在差异，它们还是有很多共同点。让我们从焦虑及其相关的情绪——恐惧开始，这在章节标题中被称为焦虑－恐惧，因为它们通常被认为是同一种情绪的不同形式。

焦虑－恐惧

以下是一个正常人的轻微焦虑症状。

焦虑发生在美国一所著名州立大学的一名临床心理学研究生身上。他快30岁了，腼腆、缺乏魅力、相貌平平、身材瘦小，然而他给人的印象大多是外向、能干、精力充沛。

作为临床培训的一部分，他每周得为大概6～10名来自该大学所在社区的患者进行一小时的团体治疗。在经历了任何新手都需要经历的最初的适应过程之后，他开始成为一名熟练的治疗师，而且已经干了好几个月的时间。虽然他经常在治疗开始前有点紧张，但他总是能感受到治疗活动富有挑战和收获，而且常常感觉振奋。

然而，有一天他遇到了一组新的患者，他发现自己在整个治疗过程中都相当焦虑。这种焦虑始于一位年轻男性患者谈到自己在工作和社交场合有腼腆的问题。我们的年轻治疗师发现自己出汗，有点恶心，嘴巴很干。这些可能都是焦虑的症状，但他不太明白是怎么回事。他担心自己的紧张会被团体成员感觉到，于是他说话变得犹犹豫豫、模模糊糊，权威不再。

团体治疗似乎失去了方向，实习治疗师感觉治疗过程漫长难耐，他很不舒服却又无能为力。他的尴尬和明显的紧张也让团体成员感到不安。这位年轻的治疗师开始不知所云。他的反应显然是被某种个人因素触动了，尽管他不明白是为什么。

当团体治疗总算结束时，团体成员终于可以散去，高高兴兴地各奔东西。实习治疗师担心他们下周再次见面时会发生什么。他努力想把这段痛苦的经历从脑海中抹去，但却一直挥之不去，使他无法学习。他经受着轻微的却是令人神经衰弱的焦虑。

心理分析

按照常规，治疗师，尤其是刚开始治疗患者的治疗师，要接受临床培训课程教员中经验丰富的督导的继续教育培训。这位实习治疗师见督导时尴尬地描述了他在团体治疗中遇到的困难，督导追问他认为可能会有什么事情令他如此焦虑。

起初，他似乎不知道，并把注意力集中在他在治疗期间所经历的出汗、恶心和口干上，以为这是因为治疗的难度大。然而，他和督导都承认，这种解释是不足以说明问题的。这些症状无疑与他的情绪困扰有关。因此，督导将实习治疗师的注意力转移到团体讨论本身上，好找出引发焦虑的原因。

实习治疗师回顾了事情发生的过程，慢慢地开始意识到压力来自哪里。一名患者一直在谈论一个问题，而实习治疗师恰恰认为这是他自己的问题。原来这个年轻人在受到胆怯的困扰。

通常，实习治疗师在感到不安和不自在的时候会采取一套标准策略来应对麻烦的社交情境，即培养有效和可控的互动方式。这意味着要了解大量信息，注意他人的话语和意义，并对其做出稳妥而恰当的反应。这种应对策略对他总是很有用，让他看起来很有能力，而且能掌控局势。

他所积累的社交经验以及他的个人问题，促使他学习临床心理学。他的主要目标是掌握社交局势，看上去能够掌控局面，赢得他人的尊重。当他感到自己能够掌控局面并受到尊重时，他就会游刃有余；当他感到自己失去他人的兴趣或尊重时，他会变得焦虑，举止笨拙。

现在，实习治疗师在团体治疗中听患者讲述基本相同的问题时，他会被迫重新体验自己的羞怯和不自然。就好像患者在谈论的是治疗师本人，并让大家关注了治疗师的问题。

随着治疗的进行，他越来越担心治疗团体的成员是否会意识到他这位治疗师也在遭遇与患者一样的问题。试图隐瞒这件事耗费了他所有的注意力和精力，因此，他无法对正在进行的对话做出恰当的回应。

恶性循环的结果是，实习治疗师感到无法思考自己在做的事情，这导致他反应笨拙。然后，团体成员也开始感觉不自然，不愿开口，团体互动变得冷淡。实习治疗师知道出了问题，他开始担忧团体成员可能不再尊重他。这是导致他焦虑的个人意义，即他无法扮演好治疗师的角色，失去了对局面的控制。想到这一点，他就防备起来，竭力掩饰自己的紧张。但这不起作用。他平时那种很有能力、很有控制力的伪装被揭穿了，他不知道该怎么办。

现在，面对着给他提供支持的督导，把内心无声的挣扎和盘托出，他才可能意识到在自己的潜意识中发生了什么；他通常使用的防御面具和应对措施已经被刺穿，他的个性弱点暴露无遗。

实习治疗师错在不该在开始感到不安的时候试图掩饰；相反，如果他就患者和他自己之间的相似性与团体成员沟通，他可能早就恢复了镇静和控制，并可能获得团体成员的共鸣，这可能使他能够做得很好并控制局面。他自己的问题也给了他一个潜在的优势，那就是对患者问题的深入了解，他本可以利用这一点取得良好的效果。然而，潜意识中害怕暴露自己的问题令他一心只想隐瞒事实。

无论如何，督导在培训环节成功地指出了他的问题，并为他提供了一种今后更有效地应对类似情况的方法。目前，他决定对自己的缺点持更开放的态度，而不是一味隐藏，这样他就可以更自然、更好地关注治疗过程中发生的事情。今后他也许还需要继续自己的治疗。

在这段焦虑来袭的小故事中，我们从实习治疗师的经历中看到轻度焦虑发作的三个共同特征：（1）具体的事件是如何引发焦虑的；（2）个人意义如何在特定情况下形成威胁并使焦虑发生；（3）不能成功应对威胁会加剧焦虑。

值得补充的是，反复焦虑的人可能会严重怀疑自己的能力。即使这些怀疑暂时被压制住，一旦他们遇到超出其能力范围的要求时，这种疑问就令他们压力倍增。而当应对不当时，事情会变得越来越糟。

我们都会使用各种应对策略来控制焦虑，当我们无法控制焦虑时，焦虑可能会掩盖真正的事实。例如，像案例中的实习治疗师这种特别容易焦虑的人，可能会表现出临床医生所说的反恐惧模式。他们试图用勇气、大胆和专横的表象来应对威胁，而不是承认和接受他们实际感受到的不安。另一些人则逃避面对焦虑，这有时严重影响了他们努力要实现的生活目标。

当反恐惧的应对方式起作用时，情景中的他人甚至是当事人自己，也几乎或根本没有发现有任何问题的迹象。然而，当这种应对方式不起作用时，焦虑就会增加。然后，他们可能会用否认的方式来应对焦虑，向自己和旁人宣称他们没有受到威胁，不需要他人的认可或赞赏等。否认掩盖了真正的问题，但是，隐藏在表层之下的问题随时可能重新出现。有时，人们感知到威胁已至但还没有意识到威胁的来源，这就是焦虑的感觉。

为什么羞怯对实习治疗师个人如此具有威胁性？或者让我们换一种方式提问，即它的个人意义是什么？为什么他会采取反恐惧的应对策略，试图掌控一切？从长远来看，他有没有办法解决这个问题？

实习治疗师的羞怯阻碍了他事业的成功，表现出他个人能力的不足。他敬佩那些像他父亲一样能够与他人轻松相处、善于在公众场合表现自己的人，这种羞怯在很大程度上是他父亲不断批评他和蔑视他的结果，这给他带来了不可救药的无力感。这是他实现一切人生目标的敌人，是对他的一种有关生存的威胁。

因此，从青春期开始，他一直在努力向父亲、向自己证明自己是一个有价值、有能力的人，但他心中根深蒂固的疑虑从未消失。尽管如此，他的努力仍然触及了他恐惧的根源——他对自己是谁和想要成为什么样的人评价消极。他的反恐惧的应对方法效果欠佳，因此他无法完全相信自己的价值。但这种应对策略也很有价值，因为它激发了英雄式的、大体上是成功的努力，从而让他努力学习胜任工作的方法并让其他人相信这一点。

实习治疗师的问题很可能永远不会完全消失，心理治疗也可能无法根本改变他的个性，但可以帮助他更好地理解并从内心接纳它，更有效地处置它。人们暂时还不了解是什么让深层次的不安全感如此难以改变。虽然它们很难被完全消除，但可以通过降低压力的严重程度和干扰程度的方式来应对。

固有的焦虑模式很难被改变的一个原因是，焦虑的深层根源——存在性——是模糊的。这就是为什么我们所有人在一生中都会经历某种程度的焦虑，而很多时候我们并不十分清楚是什么让我们焦虑。有些人比其他人更善于隐藏它。我们可以试着去理解它，防止它失控，并尽可能地接受它。对我们大多数人来说，简单地接纳自身的焦虑并认可这一显著的人类特征，对自己说"我就是这样的"，可能是应对我们自身缺陷最合理的方式。

焦虑的多面性

焦虑的同义词包括忧虑、不安、担心和担忧。诸如恐惧、惊慌和恐慌等术语的含义较为模糊，因为它们既有焦虑又有恐惧的意思。

焦虑的时候，我们是无法放松的。我们会感觉到在自己的处境或生活中有什么不对劲。我们感到不安、担心，总是被钻入脑海的念头困扰，我们希望避免或逃避将要面对的事情，这也是我们焦虑的具体形式。在以上的案例中，实习治疗师出汗、胃部不适和口干，这是焦虑的常见症状，当然也不排除其他的原因。

焦虑在许多方面是一种独特的情绪。其戏剧性的情节是一个不确定的威胁，因为我们不知道即将降临的伤害的明确性质，也不知道它是否或何时会发生，更不知道应该如何应对。潜在的威胁是抽象的、模糊的，还隐喻着我们生活中的其他问题，比如我们是谁、我们的未来可能是什么。这些通常被称为存在主义问题，而焦虑则是一种显著的与存在相关的情绪。[1]

但我们得多谈谈这些与存在相关的问题，它们是焦虑情绪背后的个人意义。年轻的时候，我们可以更容易地避免思考存在相关的问题，包括死亡。死亡似乎离得很远。虽然我们可能在年老之前很少有意识地思考死亡，但它不管怎样都存在于我们的意识中。[2] 显然，死亡对活着的人是一个巨大的威胁，它的本质是模糊的。没有人能从经验中谈论它，而且不管怎样都没有什么准备可以做。

当我们所依赖的意义被贬低、被破坏或濒临消亡时，焦虑就会被激发。如果针对这些意义的威胁看起来很严重，而这意义又是我们存在的基础，那么由此产生的焦虑可能会很强烈，并构成严重的个人危机。在我们的临床案例中，实习治疗师一开始并没有意识到发生了什么，但很明显，他多少察觉到了这种情况是一种威胁，这让他感到焦虑。直到后来，在他的督导过程中，他才能用语言表达出来，从而开始慢慢认识它。

尽管所有焦虑背后的主要威胁都是与存在相关的，因此是象征性的和模糊的，但我们最常见的体验是焦虑与即将到来的真正危险有关。这些危险成为存在性威胁的具体体现。对于实习治疗师来说，他在治疗师角色上的失败威胁着他的存在，这是他在当时的生活中的身份定位。

当我们参加学校考试、参加工作面试、在观众面前表演、会见陌生人、旅行或搬到新社区、换工作、失业、接受体检排查重病、体验可能意味着心脏病发作的症状时，我们都会具体评估威胁，感受焦虑。所有这些情况以及其他更多的情况，都有一个共同点，那就是有害的事情即将发生，很可能破坏或摧毁我们的人生定位、身份以及我们对生命的意义的认识。

焦虑是人类生存的普遍特征。我们都经历过焦虑。尽管我们都面对着人类生存的共同问题，但对于哪些具体威胁会产生焦虑，人与人之间并不相同。当一个威胁过去时，总会有另一个威胁要面对。焦虑来来往往，有些人曾经略有焦虑，而有些人则长期极度焦虑。对于另一些人，焦虑则带来极度恐慌的体验。

为了更好地理解焦虑的独特性质，我们可以参考存在主义哲学家对焦虑的说法。他们强调虚无或不存在的威胁是焦虑的根本来源，这是一种心理上的死亡。[3]不可避免的死亡是我们生理和心理存在的终结，是焦虑的根本基础。我们都不得不对付这种威胁。然而，由于这种根本威胁是抽象的、象征性的和模糊的，应对它并不容易。我们很难真正确定当下的威胁，除非它在特定条件下（例如在我们将被评估的情况下）有具体的表现。

厄内斯特·贝克尔（Ernest Becker）凭《死亡否认》（*The Denial of Death*）获

得普利策奖，此书的惊人主题是精神的主要动力是否认死亡。贝克尔认为，这种否认是人类所有成就的基础。[4] 我们穷尽一生，怀着对不朽的热望，完成传世之作，养育子孙后代，让他们记住我们美好的样子。人类的思想是多么地奇怪，即使死后不会看到或听到后人的想法或言论，但人们仍然相信被后人爱戴是一种安慰。

如果死后没有真正的生命，我们留下的作品和我们的后代将成为联结我们与未来的纪念碑，一如古埃及王室的坟墓金字塔。这些与未来联系的想象帮助人们应对死亡的焦虑和焦虑带来的生存威胁，我们说它是想象，因为我们不知道未来会是什么样子。

罗伯特·杰伊·利夫顿（Robert Jay Lifton）是最强调生命终结的威胁是人们焦虑的主要来源的现代精神分析学家。[5] 这种威胁源于人类与他人联结（当然最先是与父母或看护人的联结）的需要，也源于因为生命短暂而不得不面临的分离。与早期的精神分析思想家一样，利夫顿认为，这种联结与分离之间的斗争是人类生存的普遍特征。为捍卫这一观点，他写道：

> 在某些文化中，死亡相对来说更容易被接受，人们在从生命的开始到结束的过程中对死亡不那么否定和避讳。但你的结论不能下得太早。围绕死而不能复生的心理斗争应该是普遍存在的，这是人类思维进化的现象之一。

利夫顿描述了一名 10 岁女孩和她的父亲之间有趣而富有教育意义的电话交谈，展现出孩子们对死亡提出的尖锐问题。父亲此时离开家正在进行一次短途旅行，他们在讨论他们的宠物狗琼布莉的死亡、火化，以及在避暑小屋附近的沙丘上撒骨灰的问题。这些事件发生在女孩和她的哥哥肯外出露营时。电话交谈是这样的：

> 女儿：爸爸，肯和我在谈论为什么你和妈妈不等我们回来就把琼布莉的骨灰撒了？
>
> 父亲：嗯，因为你和肯在夏令营，所以我和妈妈想我们先撒了。
>
> 女儿：骨灰之前被放在什么地方？
>
> 父亲：在一个罐子里。
>
> 女儿：都在吗？

父亲：是的，都在。

女儿：嗯，罐子有多大？

父亲，它像瓶子一样是圆的，大约有六到八英寸①高。

女儿：但琼布莉在哪里？

父亲：这些骨灰是琼布莉被火化后剩下的全部。

女儿：那它的骨头呢？

父亲：都烧成骨灰了。

女儿：那它的其他部分呢？耳朵呢？

父亲：一切都烧成了骨灰。

女儿：爸爸，你和妈妈死后要把骨灰撒在沙丘上吗？

父亲：我想是的，我们现在是这么计划的。你觉得这个计划怎么样？

女儿：我不知道。谁来撒呢？

父亲：嗯，这取决于谁先死，如果谁先死了，就由另一个人来撒，你和肯也可以。

女儿：那如果你们一起死呢？

父亲：那我猜你和肯来撒。但这不太可能。不管怎样，我们暂时还不会死。

女儿：爸爸，你相信死后会重生吗？

父亲：不，亲爱的，我不信。我认为人死了，一切都结束了。

女儿：我想妈妈不会同意你的说法。

父亲：嗯，也许。但这就是我所相信的。

女儿：那怎么会是结束了呢？一定会有感觉。

父亲：不，人死后就不会有感觉了。

女儿：但是你变成什么样了？

父亲：嗯，如果你死了，就只剩下身体了，不再是你了，你再也感觉不到任何东西了。

女儿：疼吗？

---

① 1英寸约为2.54厘米。——译者注

父亲：死后就不会疼了。

女儿：但仍然可以做梦，是吗？

父亲：不，死后就不能了。不能做梦了，一点感觉都没有。是不是很难理解？

女儿：是的。

父亲：嗯，即使像我们这样的成年人也很难理解。

（女儿随后改变话题，开始讨论圣诞节，说她只想要"大礼物"——今年不要小礼物，尽管她知道这意味着礼物会减少，她甚至试图从父亲那里要一美元来买这些大礼物，但没有成功。）

利夫顿随后就对话中提到的事情进行解读：

对话的一个重要主题是小女孩力图理解和参与围绕死亡和延续的家庭象征和仪式。在试探父母对死亡的看法时，她在某种程度上试图寻找一种出路，但更多的是寻求一种方式来理解"死亡即终结"这一深奥的事实。她以一个敏感的 10 岁孩子的具体关切，努力为令人困扰的死亡的绝对性构建可理解的具体形象；试图理解从鲜活生命到无生命的可怕转变，首先是她的狗，然后是她的父母（在她的联想中）和她自己（暗示）。她在询问中探索的细节应该是她印象最深刻的生命特征。她选择了耳朵这一身体特征，耳朵对于狗非常重要，对人类来说，耳朵的造型是旋钮式的、突出的。对于心理功能，她则选择了感觉和做梦这两项基本能力。通过对细节的选择，她提出了这个终极问题：动物或人的存在或本身会发生什么？这样一个活生生的实体如何能如此绝对地停止存在？

"死亡即终结"的形象对她来说并不是什么新鲜事，但狗的死亡极大地激活了她心目中的这一形象。这对她来说很痛苦，但也是一个她可以抓住的进一步探索死亡的机会，加强理解。当她觉得自己就目前而言已经做了足够的探索，她就改变了话题。

如果我们将焦虑情绪与其近亲害怕或恐惧进行对比，就可以更好地理解焦虑情绪及其存在基础。恐惧的同义词包括恐怖（恐惧与厌恶相结合）、惊骇、敬畏（涉及消极体验时，是恐惧与惊愕的结合，但当体验是积极的时，则与惊奇几乎相同），以及害怕。

我们更喜欢用"恐惧"这个词，因为"害怕"已经成为一个包罗万象、模棱两可的词。例如，人们说他们"害怕客人可能不会来"，然而，与其说这真的是一种恐惧，不如说这其实是一种略带焦虑的预测。与此形成对比的是人在看到雷雨中的闪电或是发现腿上有一只有毒的昆虫时表现出的惊骇。恐惧的戏剧性情节是我们的身体健康面临具体而突然的危险，这意味着直接受伤或突然死亡。

当乘坐飞机时，我们对自身安全的担忧通常表现为漫无目的的不安（焦虑）；然而，当飞机突然进入气流中，剧烈颠簸，似乎陷入了可怕的麻烦时，我们体验到极度的恐惧。恐惧是一种急性的、高强度但短暂的情绪，当危险过去时会消失，而焦虑（除非在特殊情况下，当它升级为恐慌时）则是低强度或中等强度的，一种持续或反复出现的痛苦状态。作为对模糊、不确定、存在性的威胁的反应，焦虑在更多情况下是一种恼人的担忧、一种隐痛，而不是一种严重的恐慌状态。

恐怖电影是一个能区分焦虑、恐惧和恐怖的有趣的例子。它们经常被宣传为可以引起人们的恐惧，但实际上人们对血和伤口的反应更多地与恐怖有关，恐怖既令人厌恶又令人恐惧。"惧怕"是两者组合的一个有用的词，更接近于焦虑而不是恐惧。我们惧怕自己害怕但不理解的事情。这就是为什么超自然现象威胁了我们所相信的现象和世界，它们使我们联想到未知的事物。

最让人焦虑的电影不是我们今天看到的那些以恐怖为中心的电影，而是更老的类型，它们不恐怖，因为它们并不展示血腥和令人厌恶的画面；相反，它们更微妙、更充满悬疑地抓住了我们焦虑的根源。它们提供了一个让我们隐约感到不安的故事情节，比特效留给我们的想象空间更多。让我们产生恐惧的不是我们所看到的，而是我们所想象的。

让我们总结一下焦虑的故事。引发焦虑的是即将发生的、无法确定具体形象的某种威胁，例如疾病的后果、待评估的表现、可能受到批评或被否定的社交互动，等等。威胁的潜在个人意义是与存在相关的，因为它涉及我们在这个社会上的身份、未来的福祉，以及生与死的问题。这一意义是由人们根据他们所面临的情况以及一生中所获得的关于自己和世界的个人目标和信念而构建的。我们应对具体威胁的方式是：试图为可能发生的事情做好准备，不去想它，或者构建新的减少威胁的意义来对付它。然而，应对产生焦虑的威胁是艰难的，因为其模糊的存在基础使我们不确定将发生什么、何时发生，以及可以采取什么措施。

内　疚

我们现在来看第二种与存在相关的情绪，它与焦虑密切相关，但因其独特的情节而与焦虑不一样。正如我们已经讨论过的其他情绪一样，内疚是我们头脑中正在发生的事情的产物，也是我们生活中正在发生的事情的产物。我们的讨论从一个年轻人的案例开始，他持续性的内疚使他衰弱。

一位名叫罗伯特的 24 岁患者在第二次世界大战中经历了严重的内疚，并在很久之后还一直遭受这种内疚的折磨。罗伯特是一名美军步兵中尉，他的部队经过一段时间的训练后预计前往北非执行任务。然而，在一次训练事故中，一枚有问题的炮弹在装弹时爆炸，使他受了重伤。有几个人因此丧命。他因受伤需要进行彻底的手术，这使他无缘参加战斗。

罗伯特后来得知，他所在的部队的确被派往北非，在那里，绝大部分部队被隆美尔部队的装甲坦克摧毁，几乎无人幸存。这件事激发了通常被称为幸存者内疚感。虽然他很庆幸自己逃脱了这可怕的命运，但他对自己的逃脱也有一种强烈的内疚感。在战争结束后，他无法释怀这件事，便到美国东部一所大学接受治疗。

在治疗中发现，罗伯特在幼年时期就已经生活在另一种引发他长期内疚的环境中，这从长远来看或许更为重要。他的弟弟生来就患有脑瘫，属于重度残疾。可以理解，他的父母将注意力集中在残疾儿身上，而忽略了其他三个孩子。罗伯特六岁时对此提出了强烈抗议，这对他来说是一种恰当的应对方式，但他遭到了母亲的严厉谴责，从那以后，母亲似乎不再爱他了。这种惩罚阻止了他纠正家庭关注重心不平衡的尝试，使他极易感到内疚。从那时起，他发现自己越来越无法应付内疚的感受。

八岁的时候，他经历了一件可怕的事情。他眼睁睁地看着一个和他一起滑冰的男孩从融化的冰上掉下去淹死了。他总是认为是自己造成了那个男孩的死亡，因为他没有去救那个男孩。虽然他被反复安慰说他根本救不了那个男孩，如果他钻进冰洞里，他也会淹死，但他始终无法改变自己的想法。

第二次世界大战结束后，罗伯特上了大学，他终于决定寻求帮助。罗伯特认为自己不名一文，困于内疚和羞耻，并相信自己是一个他所说的可怜虫。当他描述自己的家庭状况和围绕脑瘫弟弟的争吵时，他坚称自己的母亲是对的，自己是一个自恋和自私的人。当他描述自己没能在冰洞中救出他的玩伴时，他认为自己懦弱，并对自己的行为做出同样的评价。对于战友牺牲而自己在战争中幸存下来的内疚感，是他对自己负面的自我评价的另一个例证。

帮助罗伯特认识到他对这些悲惨事故的看法是扭曲的会相当困难。最困难的是帮助他认识到，他一直极度依赖的母亲利用内疚和羞耻作为控制他的手段。母亲因为他对残疾弟弟的怨恨而不理他，以此作为对他的惩罚，这是很不好的。

罗伯特一直不信任那些可能会检视他的行为的人，包括他的治疗师，他的这种态度是对羞愧的一种辩护，这影响了治疗的效果。罗伯特似乎有些明白了他身上所发生的事情，但他还没来得及解决这些问题就离开了大学，从此杳无音信。

心理分析

罗伯特产生幸存者内疚的个人意义是，在他自己看来，如果其他人都死了，例如从冰上掉下去的男孩和他所在部队的战友，他就不配活下去。像许多集中营幸存者认为他们本来应该更多地帮助那些后来被杀害的人一样，罗伯特也认为他应该去救那个死去的男孩。因为自己独自一人从集体灾难中幸存下来，罗伯特背上了沉重的内疚负担。为了应对这一连串不幸的事件以及由此引发的强烈情绪，他所做的主要是公开宣布自己有罪，并惩罚自己。

虽然想避免死亡是人之常情，罗伯特却认为自己的生存在某种程度上是不对的，是道德上的失误。他认为，自己逃脱了战友们那样的命运就是懦夫。引起内疚的潜在意义是，他认为自己对死者身上发生的事情负有某种责任，尽管他其实做不了什么，而且这种判断并非理性。

当然，罗伯特的心理病史（他患脑瘫的弟弟、从融化的冰上掉下去的男孩，以及他母亲对内疚和羞耻的使用）在很大程度上促成了他极易感到内疚的性格。他向母亲抱怨残疾弟弟，这或许是造成他后来认定自己对他人的死亡负有道德责任的第一次不利行为。

对罗伯特来说，母亲因为他对弟弟表达的不满而不再给予他认可、爱和关注是一个严重的情绪打击，毫无疑问，其他孩子也会有同样的反应。然而，当面对母亲情感上的疏远时，一些孩子（甚至是很年幼的孩子）则会通过疏远实施惩罚行为的母亲来进行报复，有时甚至会怀有敌意并与父母疏离，以此来建立他们的自主权。[6]有的孩子则可能变得更加依赖母亲，罗伯特似乎就是这样。

罗伯特有这样的反应是由于母亲的否定态度给他造成了精神创伤，让他无法摆脱内疚和羞愧。这可能就是他拒绝承认母亲促成了他的内疚性格的原因。

在罗伯特不幸的个人经历中，有几次激发内疚的事件——他的母亲批评他不应该对他的脑瘫兄弟获得更多的关注感到不满，以及他的玩伴坠冰而亡。然而，让他前来寻求治疗的内疚激发事件是在第二次世界大战期间他的战友们都死于北非战场，而他死里逃生。有人可能会认为，罗伯特和集中营的囚犯一样，会对逃脱耻辱的死亡感到欣喜若狂。然而，他却被它所困扰，许多集中营的幸存者也是如此，因为他们的朋友、同伴和亲人都去世了。

与许多其他士兵不同，罗伯特从来无法对从军的经历引以为傲。他认为，他只有与他的步兵连战友并肩作战才算是真的从军。后来，他试图通过为那些在战争中失去亲人的家庭捐款来应对自己的内疚感。这个慈善行为能帮助他救赎他想象中的罪恶。

罗伯特将来会怎么样？当然，很难有把握地做出预言。我们认为，只要可能，他将来会再次寻求专业帮助，因为他的内疚和羞耻感对他造成了极大的伤害。痛苦可能会促使他接受治疗。他需要了解母亲的疏远对他造成了精神创伤，并认识到他对困扰他童年和青年时代的不幸死亡不负有责任。

如果没有治疗，他似乎很难得到矫正，从而重新审视自己的人生态度。例如，他可能会经历一次宗教皈依，过上为他人服务的自我牺牲的生活，并不断为自己所认定的罪行赎罪。如果他的观念没有重大改变，他未来就可能很容易受到情绪危机、抑郁和自杀风险的影响。但谁也无法准确地预测未来，人们往往比表面上更具韧性。我们希望罗伯特能找到出路。

内疚的多面性

不知道为什么，我们的语言中并没有很多"内疚"的同义词。我们可能可以算上"悔恨"和"感到抱歉"。但是像"忏悔"和"道歉"这样的词，严格来说，并不是"内疚"的同义词，因为它们指的是行动而不是感觉本身。对某一行为感到抱歉或后悔是模棱两可的表达方式，因为一个人可以感到抱歉或表示遗憾，而不为所发生的事情承担责任。

要感到内疚，人们必须感到自己违反了已经成为自身价值观的一部分道德准则。因此，内疚的戏剧性故事是违背了某一道德准则。感到内疚的人不一定真的在道德上犯错，只是他们相信如此而已。许多人感到内疚仅仅是因为他们希望得到良心所禁止的东西，即使他们的这一想法从未实现，内疚感却一直存在。在内疚这一情绪中，我们关注的不是真实的罪感，而仅仅是主观的罪感。在感到内疚时，某个行为被评价为违反道德价值观，无论这种判断是否真实。

在西方社会，十诫阐述了大多数人信奉的道德价值观。这些价值观包括信仰和尊敬上帝，不妄称上帝的名字，保持安息日的神圣，尊敬父母，不通奸，不谋杀，不偷窃，不作伪证，不觊觎邻居的妻子。这些阐述在实际中可能会变得相当复杂，就像我们在个人利益和社会利益之间抉择时所遇到的道德困境一样。但是人们不必信仰宗教或者上帝就能接受其中大部分内容作为自己的主要价值观。

虽然内疚感是痛苦的，对于有的人来说还是过度的和非理性的，但从社会的角度来看，内疚感有利于推进社会期望的行为，是一种非常有价值的情绪。简言之，内疚是一种亲社会情绪。这是因为我们为了避免内疚感和社会批评或拒绝，知道不该去做社会禁止的行为。相比那些不关心社会道德的社会成员，对向善的社会成员的行为无须加以监督。有强烈内疚感的人很好相处，因为他们比其他人行事更为公允。然而，如果他们极其正直，他们可能就会过于强迫自己而让他人随意否定自己。

大多数文化和宗教接受许多与《旧约》中相同的道德约束，事实上，它们可以被视为普世价值或者所谓的自然法则。然而，也存在着特别不一样的规则。例如，印度有一种传统，寡妇如果在丈夫的火葬堆上烧死就会被认为是圣洁的，这种仪式被称为"殉节"。虽然在西方文化中这是野蛮的，[7] 但在印度在这种仪式中死去的妇女被视为圣人，人们会为纪念她们而建造神庙。不过，现在印度也有人在质疑这一习俗。

有意思的是，在内疚倾向上存在性别差异。据说女性更易内疚与其成长过程有关。如是观之，结果就是在与丈夫或情人发生口角时，即使女性不是过错方也极有可能是承担罪责的一方。女性似乎承担了减轻伴侣痛苦和平息分歧的责任。在西方的文化中，至少在过去，女性被描绘为维系家庭的黏合剂，她们很可能将这一文化理念内化，并将其融入社会生活。当然，很多像罗伯特这样的男性也有内疚感。

如何培养感受内疚的能力？为什么我们中的一些人比其他人更容易内疚？有几种不同的社会影响都与内疚倾向有关，有关内疚的不同理论各有侧重点。[8]

精神分析学家认为，内疚是对不被社会接受的冲动的一种反应。他们认为，孩子的逆反和性冲动使之害怕惩罚和失去父母的爱。父母企图控制孩子的愤怒，而孩子抗拒这样的控制。在表达或表现出被禁止的冲动时，孩子会对可能的惩罚感到焦虑。这符合罗伯特的情况，他无疑希望他的脑瘫兄弟消失，或者至少被忽视，这样罗伯特才能得到他需要的那份关注。

孩子为了安全感抑制被禁止的冲动，就好像这种冲动不再存在，孩子采用父母的标准作为自己的标准，这成为孩子的道德准则。因此，危险的冲动被隐藏起来而变成了无意识，这就是压抑的含义。这不符合罗伯特的情况，因为他还能敏锐地意识到自己的内疚感。然而，他似乎没有意识到在成长过程中母亲运用内疚感和否定的威胁在这些情绪中所起的作用，可能是因为承认这一点对他来说是一种极大的威胁。

还有理论家将内疚视为自然的、生物倾向的反应，即同情他人的痛苦，这种倾向在演变过程中发展为希望公平地对待他人。[9]这些理论家关注人类一直生活在群体中这一事实。这使得合作更有利于原始人类（早期人类）的生存。换言之，进化选择了通过按照群体的社会价值观行事来获得群体认可的行为，因为它有利于生存。但这并不能解释，为什么有些人（比如罗伯特）特别容易感到内疚。我们需要审视成长过程中的特殊经历，这可以帮助我们理解有些人在某些地方特别脆弱。

还有一些人认为，人类婴儿与父母或看护人之间的依赖关系比任何其他物种都要长久。人类婴儿学会了竭力获取父母或看护人的认可，因为这是生存所必需的。[10]

最后，还有一些理论家强调，只有在孩子们学会感知和理解违反行为准则的社会意义之后，他们才会产生内疚感。[11]罗伯特要在长大懂事后才能知道他脑瘫兄弟的需要，尽管他同时也开始讨厌这些需要。他也要在长大懂事后才会明白自己对那个从冰上掉下去淹死的男孩负有一定的责任。这些关于内疚感的社会发展的不同理论绝非互不相容。每一个理论都可能在某些方面是正确的，包含了关于内疚感发展起源的重要事实。不过，所有这些理论都认为，违背道德准则作为内疚感的重要情节，是唤起内疚感的中心主题。

内疚和焦虑也与其他情绪密切相关，比如愤怒。我们可能会因为冒犯他人而感到焦虑，因为他们可能会不再支持我们或对我们实施报复。这被称为攻击性焦虑。我们也可能会因为受到良心谴责、为冒犯性的行为而感到内疚，尽管出于某种原因我们不会称之为攻击性内疚。如果我们的道德价值观明确反对这种冒犯行为，或者如果我们的攻击造成的伤害与受到的挑衅不匹配，就更容易感到内疚。罗伯特的母亲因为他怨恨兄弟获得的时间和关注而使他感到内疚。罗伯特感到了爱被剥夺，但也知道如果他把这种感觉说出来会遭到更多的责备。

在第2章中，我们用了一个简单的夫妻争吵的例子解释愤怒。当怨恨丈夫漫不经心的妻子发现他的工作岌岌可危时，她对自己无端的攻击感到内疚。这种内疚感源于她意识到这种无理取闹违反了自己的道德标准。

一个人如何应对内疚带来的痛苦？正如我们所说，感到内疚会增强停止伤害、赎罪、赔偿或寻求惩罚的冲动。当我们做错事时，我们会责备自己。罗伯特试图通过向在北非战死的战友家庭捐款来弥补幸存者的内疚感。尽管他不应该对他们的命运感到内疚，但这样做能让他感觉好一点。

因为内疚感是痛苦的，我们有时会通过为自己的行为辩护或指责他人来应对。如果我们能将所发生的事情归咎于他人，我们自己的罪恶感就可以被免除或最小化。罗伯特只能把别人的坏运气和自己的幸存归咎于自己。

逾越道德准则尤其是伤害他人后恰当的社会行为是道歉和补偿损失。道歉的有趣之处在于它有时有效，但有时无效。有些道歉只是形式上的，也就是说，它们发生时道歉者没有内疚感。这种道歉反映了制度化的社会惯例。我们说抱歉时，根本没有为所发生的事情责备自己，在这种情况下，我们一开始就没有感到内疚。

一方面，道歉并不总是能轻易地令受害者满意。鉴于自己遭到的伤害，受害者可能会觉得几句道歉的话是不够的。从道歉的方式来看，有些做出道歉的肇事者并非真正感到抱歉，装模作样地道歉并不能减轻受害者的痛苦。要想起作用，道歉就必须足够真诚、放低姿态，或者做出某种个人牺牲，才能让受到伤害的人接受道歉。[12]

另一方面，有些人总是说对不起。他们似乎总是什么事都道歉，就好像他们在为自己的存在道歉一样。这可能表明他们强烈怀疑自己被社会接受的能力，需要讨好他人。这种模式实际上是一种社交焦虑而不是内疚。

回顾内疚的发生过程，激发内疚的是一种思想或行为，我们认为这种思想或行为违反了我们应该遵守的行为准则。内疚潜在的个人意义与存在相关，因为它与我们对自己和世界的道德责任的看法以及我们心目中违反这些责任的后果相关联。这一意义来自我们对看护人、同龄人和整个社会所提出的道德价值观的解释和内化，它也源自我们的生活经历。源自事件发生当时的特定行为或想法的内疚感最容易应对，我们可以为此赎罪，而反映了我们性格中关于道德缺陷的内疚感是最难对付的。

我们从本节开始时介绍的罗伯特的案例中看到，内疚感有时会充满羞耻。虽然内疚和羞耻有很多共同点，但它们在被唤起的方式尤其是在应对方式上，有很大的不同。接下来，让我们来研究三种与存在相关的情绪中的最后一种——羞耻。

羞　耻

讨论从一个我们相识多年的家庭遭遇到的令人痛苦的双重羞耻经历开始。

阿贝和范妮有一个儿子查尔斯，他们很宠爱他。夫妻俩年龄很大才有了这个儿子，双重羞耻的经历发生在他们 60 多岁的时候。他们是在纽约出生的第一代犹太人，他们的大多数朋友都是犹太人，不过他们并不特别信奉宗教。他们住在纽约市的一套简陋的公寓里。查尔斯长得又帅又高，学习好还擅长运动，大学毕业后获得了工程学学位。夫妻俩为他们的儿子感到非常自豪。

麻烦开始于 20 世纪 30 年代初查尔斯上大学四年级的时候，在他获得工程学士学位毕业后达到峰顶。在大学里，他开始和一个住在康涅狄格州高级住宅区的新教圣公会女孩约会。他开始把越来越多的时间花在她和她的家人身上，在他们的乡村俱乐部打网球。

阿贝和范妮感到羞耻的原因是查尔斯逐渐开始脱离父母。在那些年里，反犹太主义非常流行，老板们都不雇用犹太工程师，所以查尔斯很担心因自己是犹太人而找不到工作。查尔斯金发碧眼，身材高大，容貌甚为出众，他成功地隐藏起了自己的出身，为这个富裕的社区接纳，谁也想不到他的犹太血统。虽然他的女朋友和家人都知道他的背景，但从没人提及。

查尔斯和这位名媛决定结婚，她的父亲为他安排了一份好工作，他在一个优越的世界里迅速崛起。查尔斯因他的父母感到羞耻，担心他们出现在社区和乡村俱乐部会破坏他新获得的富足和社会地位。查尔斯皈依了圣公会，认同自己新的社会背景。他不想让他的父母来参加婚礼，他的妻子和她的父母也不想去纽约看望他的父母，所以查尔斯没有邀请他的父母参加他的婚礼，他的父母后来才知道这桩婚事。这对阿贝和范妮来说是一个可怕的打击。

查尔斯觉得有必要与父母以及他们的朋友保持距离，他们中的一些人说话带有浓重的犹太口音。他们暴露了他想忘记的出身，让他感到羞耻。他后来与父母几乎不再联系。

查尔斯因为背叛父母而感到既羞耻又内疚。但他最担心的是，如果父母来探望他，就会给他带来耻辱。我们可以将查尔斯躲避父母视为一种应对社会偏见给他带来的潜在羞耻感的方式。

反过来，因被儿子疏远，同样让阿贝和范妮在朋友面前感到非常羞耻，阿贝愤怒地斥责了查尔斯。范妮感到更伤心，夫妻两人都因为儿子不让他们参加婚礼而深受伤害。他们从未向任何人提起过这一伤心事，对朋友们也闭口不提。阿贝和范妮尽可能地保守着他们痛苦的秘密，但他们的朋友们还是知道了。

范妮和阿贝的一位朋友为自己女儿和女婿操办婚礼，这让他们想起了自己的悲剧，强烈地激起了他们的羞耻感。朋友们聊天时总是谈论婚礼的计划、被邀请参加婚礼的人，以及参加这样一个场合的所有细节，阿贝和范妮也受到邀请。但当阿贝和范妮出现在聚会上时，他们会停止谈论即将到来的与婚礼活动相关的话题，因为他们知道查尔斯和他的妻子的事。这像在阿贝和范妮的伤口上撒了盐，但他们不得不掩饰自己的痛苦。人总是希望独自舔舐羞耻的痛苦。

因此，我们在同一个家庭中看到两种不同的羞耻感，一种是儿子经历的，另一种是儿子的父母经历的。

心理分析

查尔斯和他的父母的双重经历中的个人意义是，他们在自己和他人眼中都失败了，这一失败揭示了他们性格中的消极面。对查尔斯和父母来说，具体的个人意义是完全不同的。

对查尔斯来说，在新的关系中，他面临的风险是与父母和他们的种族画上等号而感到羞耻。他也可能会因抛弃了他本应忠诚的父母而感到有点内疚。很难说查尔斯到底有多内疚；他的内疚感在塑造他的行为方面显然不如因暴露自己的身份而感到羞耻的威胁那么强烈，这种内疚感也敌不过自己无法在社会和经济上得到发展的威胁。

对阿贝和范妮来说，羞耻源于养育了一个如此无情地摒弃他们的身份的孩子；也源于儿子的所作所为被朋友们知道。那些行为不端的孩子的父母往往会痛苦地责问自己做错了什么。阿贝和范妮反复思索，到底是哪些他们说过的话或表现的态度可能促使他们的独生子摒弃自己的出身，最糟糕的是，抛弃养育了他的父母。

他们自己有一些令人不安的想法暗示了他们对此负有责任。例如，尽管他们是犹太人，但他们给儿子起了一个模棱两可的名字——查尔斯，人们很难通过这个名字分辨他是不是犹太人。他们言谈间轻视新移民的犹太人，称他们为"绿角"，意思是他们不会说英语，而且仍然按照古老的乡村生活方式生活。这种嘲讽在那些老移民中很普遍。此外，在查尔斯的成长过程中，他们强调了融入美国文化的重要性。

谁能判断这些态度是否促成了查尔斯的叛逆呢？但在某种程度上，阿贝和范妮都持有当时的种族偏见，他们意识到悲剧的原因可能与他们自身的问题有关。这更令他们感到羞愧。

除了前述的那些，还有很多原因导致了这对父母被抛弃。范妮是个温柔的女人；阿贝冷酷、好斗、专横。查尔斯对阿贝有一定程度的敌意，也对范妮没有与他一起反对父亲的专制感到失望。他不能认同被动而无能的母亲，可能还想攻击他咄咄逼人的父亲。父亲几乎不陪他，也不理解他，只知道逼他上进。

羞耻感的难题是将实际发生的事情与自己的人格定位分离开来。我们感到羞耻是因为某些违背个人理想的行为使我们成为他人的笑柄，但我们自己仍然抗拒将其纳入自我定位中。我们猜想查尔斯安慰自己是在努力上进，为自己的未来铺路。他相信，他的父母应该为他成功而感到高兴。

查尔斯尽量避免与父母接触，婚前很少探望父母，婚后则完全没有，他以此避免与父母尤其是父亲的冲突，以免增强他的内疚感和羞耻感。而他避免妻子和岳父家人与阿贝和范妮联系，是为了隐藏种族出身的耻辱。

在他们去世前的几年里，阿贝和范妮把他们的生活重心放在朋友身上，并尽最大努力接受与儿子关系的破裂。虽然这一损失是悲伤的来源，就像大多数损失一样也是愤怒的来源，但你必须忍受它。与人为善的范妮比感到难堪的阿贝损失更大。阿贝不太可能像范妮那样为此事自责，但他在朋友们面前觉得羞愧。范妮也为此感到羞耻，不过她还为自己是一个失败的母亲而羞愧。关于被儿子抛弃这件事，她比阿贝更痛苦。她还担心儿子最终会为他所做的付出高昂的代价，苦头还在后面。与丈夫相比，她更愿意把责任归咎于内心而不是外在的他人。

过了一段时间，他们俩都试着不去想这些事，效果大体不错。他们死后也没留下什么遗产，遗物都捐给了一家犹太慈善机构。查尔斯反正什么都不要。他在自己选择的环境中生活得很好，但我们对他的内心生活知之甚少。他和妻子养育了四个孩子，他们都上了常春藤盟校，也都成家了。阿贝和范妮从来没见过他们的孙子辈。

我们的印象是，查尔斯的羞耻感实际上并没有像阿贝和范妮那样强烈，这可能会让一些不喜欢他的行为的读者感到不满。他的婚姻成功而长久。当他的父母去世时，他来参加了葬礼，阿贝和范妮的朋友们不太待见他。不过，这并没有给他带来什么痛苦，因为他已经学会了如何使自己远离令人烦恼的过去。

羞耻的多面性

羞耻的同义词包括羞辱、尴尬、屈辱、懊恼和滑稽，每一个词都有自己的含义。例如，羞辱和屈辱意味着强烈的反应；尴尬表达了一种更温和的反应。虽然有些作家将羞怯视为羞耻感的一种形式，但我们认为最好将其归为一种社交焦虑，尽管它与羞耻感类似都与面临被暴露的威胁有关。

与羞耻感相关的个人理想包括我们期望的个体特征。它们很少与道德相关，甚至毫无关系，它们可以用不同的形容词来表达，如勇敢的、聪明的、正派的、意志坚强的、骁勇善战的、精明的、雄心勃勃的、睿智的、善良的，等等。做一个一意孤行的人、一个骁勇斗士或一个意志坚强的人并不见得道德高尚，但这些价值观标注了社会和个人标准，而有的人就希望达到这些标准。我们可能就希望在死去的讣告中被如此评价。然而，与羞耻感相关的理想在不同的文化和个人之间表现出比道德价值观更大的差异。

我们所看到的内疚和羞耻之间的区别可能令人困惑，特别是当谈到它们的文化根源和个人原因的时候。这种困惑源于这样一个事实，即道德和个人理想都与来自社会的内部标准以及我们与成年人特别是抚养我们长大的成年人的早期经验。这样我们就学会了做一个"好"人。显然，"好"这个词是模棱两可的；没有对"好"具体的价值标准，它的含义就是不明确的。

另一个令人困惑的原因是一种内在的声音，它告诉我们我们是否达到了道德价值和个人理想的要求。当然，我们说内心的声音只是一个方便的比喻。这些价值观和理想作为社会的特征而存在，但它们被个人内化，从而成为个人观点的一部分。弗洛伊德把内疚和羞耻的根源看成是大脑的一个单独部分，即超我，它是在成长过程中发展起来的。但在涉及道德价值观和个人理想的范畴内，可以说，可能有两种内容不同声音同时起作用。

我们的主观体验和我们在经历内疚和羞耻时表现出来的行为也不同。虽然两者都是内心的痛苦，但痛苦的类型并不相同。内疚是我们想要公开赎罪，但我们的羞耻是要对别人隐藏起来的。

很长一段时间以来，秉承弗洛伊德传统的精神分析学家并没有对内疚和羞耻进行太多区分。然而，尽管我们的语言和习惯用法模棱两可，常常混淆内疚和羞耻，但这两种情绪不仅性质不同，而且有着不同的根源。直到最近，羞耻才受到一些关注，还通常与内疚在一起被讨论，而不是作为一种独特的情绪来对待。精神分析学家在他们的临床工作中主要强调内疚，而不是羞耻。当然，这种情况开始有所改变。[13]

由于我们长期依赖儿童时代的看护者，因此他们对我们自我理想的发展有很大的影响。我们年幼时从父母和同伴那里获取了良知和自我理想，而这些人为我们应该成为什么样的人设定了标准。当我们的行为和态度不符合这些标准时，他们会批评或惩罚我们。过了一段时间，这些标准就变成了自我内在所要求的特征。有的父母制定了非常苛刻的标准，要求完美，那么孩子可能会成为完美主义者，很难达到自己内心的标准。

心理分析师海伦·刘易斯（Helen Lewis）[14] 对羞耻感的研究最为丰富，她认为羞耻感发展背后的威胁是批评、拒绝或抛弃，这是孩子因没有达到预期而想象的惩罚。查尔斯显然更害怕被他的新婚妻子、岳父母和他们的社区拒绝，而不是被他的犹太父母拒绝。阿贝和范妮，尤其是范妮，失去了儿子，也害怕失去朋友。

大多数时候，抛弃的威胁是隐性的，而不是显性的。然而，父母有时会残酷地直接对孩子说："你应该为自己感到羞耻。如果你不表现好点，我就把你送人。"这句话的一个不那么残忍但仍然强有力的版本是："如果你表现得不好，就是要我早死。我没了你会后悔的。"

羞耻感中的个人失败是没有达到个人或自我理想，这是这种情绪的戏剧性情节。实现个人理想是避免羞耻的一种方式。在前面表现内疚的患者罗伯特身上，我们可以找到羞耻感混杂在内疚感中的例子。

当我们的行为方式使我们的个人理想受到质疑时，感到羞耻是一回事，而被羞耻拖垮则完全是另一回事，这是极其不正常的。罪恶感也是如此。对一个特定的道德过失感到内疚是一回事，但由于相信个体人格没有价值而被内疚所累则是另一回事。

罗伯特不仅对某些事情感到内疚，而且他深感羞愧的是他生而为人却那么难以对付。他觉得自己是个坏人。他把让这么多人失望的罪责看作他那应受批判的性格的一个方面。

我们常常感到羞耻的是，被我们在意的那个人看到了我们没有实现个人理想。但是我们也会在没有任何人看到自己过失的情况下感到羞耻。冥冥中总是有一个观察者，例如，父母或角色模板即使已经不在人世，他或她也是隐藏的观察者。

《旧约》中对原罪的处理传达了这样一种观点，正如《圣经》中《创世纪》对夏娃"堕落"的描述那样：人类在伊甸园中感受到了羞耻这一情绪，表现为赤身裸体的自我意识。这种形式的羞耻其实是尴尬而不是羞耻。我们为自己的身体感到尴尬，尤其是赤身裸体暴露在外时。

我们都知道这个故事。夏娃在蛇的催促下屈服于诱惑，吃了上帝唯一禁止的食物——知识之树的果实。夏娃的行为违背了上帝的旨意，导致了人类永久丧失了天真，而羞耻感大概成了我们所有人都会遭受的一种情绪。

然而，我们应该认识到，尽管裸体常常被视为羞耻感的来源，但事实并非如此；相反，它象征着一个更深刻、更严重的问题——我们因为违背了标准而暴露出我们没有价值的自我。

如果人们被要求讲述一件羞耻的事情，那么他们往往会对自己愿意描述的内容非常挑剔。有些事件是太令人羞辱，很难说出口。有些事件虽然令人羞愧，但不那么难以启齿。据我们所知，阿贝和范妮就从未向任何人讲述过他们的故事，不过我们和其他朋友都知道。

我们常常对他人的糗事了然于心，却从不提及。我们隐隐地为一种社会契约所约束着，选择不面对那些对我们的家人、朋友和同事来说是尴尬或羞耻的事情。我们还相信，阿贝和范妮的朋友对他们儿子的行为的了解并非空穴来风。我们通过了解这个家庭、看到发生了什么，以及当我们问起他们的儿子时他们做出的防御性评论，把这一切拼凑出来。

那些特别容易感到羞耻的人可能会担心自己是坏人而遭到社会排斥或抛弃。这似乎是在羞愧中起作用的基本目标，即避免批评或拒绝。尽管羞耻感的体验是有意识的痛苦，这可能是看得见的，但我们通常不知道感到羞耻的人所遭受的被排斥的潜在威胁，这对一个孩子来说是可怕的，哪怕在他成年后仍然是可怕的。

什么可以减轻羞耻的痛苦？有没有有效的应对方法？我们可以尽量避免去想它，尽管这通常很困难。有趣的是，蒙受羞耻的人通常选择躲避外界，要么伪装一个好面貌示人，要么拒绝参与社会活动。有些人把可耻和羞辱的经历完全留给自己，一生中从不向任何人透露。但这种应对方式并不能缓解我们内心深处的个人失败感。也许正是这一点使得羞耻感作为一种情绪具有如此的毁灭性。

对付羞耻的一种常见方法是拒绝向自己或他人承认做了任何值得羞愧的事情。这样做的人实际上是在否认自己的失败，并将错误归咎于外部。如果有人指责他们行为可耻，他们就会生气，并对观察到或想要揭发的人进行报复。

暗藏的羞耻越强烈，愤怒就越强烈。我们认为这种应对策略经常奏效，因为它是最常见的。从某种程度上说，当人们相信从"我感到羞耻"到"我没有做任何值得羞愧的事情"或"这是别人的错"的意义重新评价时，羞耻被避免或转化为愤怒。在大多数情况下，愤怒比羞耻或内疚更容易忍受。为什么？你可能会问。羞耻使我们感到无助，觉得自己是坏人而愤怒，尤其是当表现为攻击性时，构成了对自我认同的积极防御，并暗示着对我们的生活和他人拥有某种权力。同样的防御模式也可见于内疚，就像羞耻一样，可以通过将对错误行为的责难外部化和攻击他人来应对，正如我们在第 2 章中所指出的那样。

在即将结束对与存在相关情绪的描述时，我们要提醒读者，尽管焦虑、内疚和羞耻有许多共同的特征，但它们背后的个人意义是不同的。焦虑涉及生与死的问题，在很大程度上其驱动力来自在生命短暂的阴影之下维持与他人和外界的有意义联系的努力。另一方面，内疚与我们道德价值观的差池有关，而羞耻与我们未能实现个人理想有关。这些习得的价值观是我们内在不可分割的一部分，塑造了我们通过与外界的接触而构建的个人意义。从这些意义上生发出我们日常生活中的各种情绪。

参考文献

1. See, for example, Baumeister, R. F. (1991). *Meanings of life.* New York: Guilford; also Lazarus, R. S., and Averill, J. R. (1972). Emotion and cognition: With special reference to anxiety. In C. D. Spielberger (Ed.), *Anxiety: Current trends in theory and research* (Vol. 2, pp. 242-282). New York: Academic Press.

2. Lifton, R. J. (1983). *The broken connection: On death and the continuity of life.* New York: Basic Books.

3. See, for example, Tillich, P. (1959). The external now. In H. Feifel (Ed.), *The meaning of death*

(pp. 30-38). New York: McGraw-Hill. Also May, R. (1950). *The meaning of anxiety.* New York: Ronald.

4. Becker, E. (1973). *The denial of death.* New York: The Free Press.

5. Lifton, R. J. (1983). *The broken connection: On death and the continuity of life.* New York: Basic Books. Quotes on p. 66, footnote; p. 70 is the fatherdaughter dialogue.

6. For research on children's insecure reactions to their mothers' withdrawal, see Ainsworth, M. D. S., Blehar, M., Waters, E., & Wall, S. (1978). *Patterns of attachment.* Hillsdale, NJ: Erlbaum; also Ainsworth, M. D., & Bowlby, J. (1991). An ethological approach to personality development. *American Psychologist,* 46, 333-341.

7. See Shweder, R. A. (1991). The astonishment of anthropology. In R. S. Shweder (Ed.), *Thinking through cultures: Expeditions in cultural psychology* (pp. 1-23). Cambridge, MA: Harvard University Press.

8. Zahn-Waxler, C., & Kochanska, G. (1990). The origins of guilt. In R. S. Thompson (Ed.), *Nebraska symposium on motivation,* 1988. Lincoln: University of Nebraska Press.

9. Hoffman, M. L. (1982). Development of pro-social motivation: Empathy and guilt. In N. Eisenberg (Ed.), *The development of pro-social behavior.* New York: Academic Press.

10. Adler, A. (1927). *The practice and theory of individual psychology.* New York: Harcourt.

11. Wicklund, R. A. (1975). Objective self-awareness. In L. Berkowitz (Ed.), *Advances in experimental social psychology* (Vol. 7). New York: Academic Press.

12. Ohbuchi, K., Kameda, M., & Agaric, N. (1989). Apology as an aggres sion control: Its role in mediating appraisal of and response to harm. *Journal of Personality and Social Psychology,* 56, 219-227.

13. For other discussions of shame, see also M. Lewis (1992). Shame, the exposed self. New York: The Free Press; and Scheff, T. (1989). Socialization of emotions: Pride and shame as causal agents. In T. Kemper (Ed.), *The sociology of emotions.* Albany: SUNY Press.

14. Lewis, H. B. (1971). Shame and guilt in neurosis. New York: International Universities Press; also Lewis, M. (1992). *Shame: The exposed self.* New York: The Free Press, for a less technical treatment.

Passion
and
Reason
Making Sense
of Our
Emotions

第 4 章
不利的生活条件引发的情绪：
解脱、希望、悲伤和抑郁

　　与不利生活环境如重大疾病、疼痛、爱人或个人身份的实际或潜在损失等相关的情绪，是一个混合的群体，包括解脱、希望和悲伤。我们以逻辑顺序编排它们，首先是解脱，因为它反映了在不利条件下一种积极的结果；然后是希望，即在不利条件下取得积极结果的可能性；然后是悲伤，这是一种对无法挽回的损失妥协。我们在讨论悲伤的时候，会将悲伤的感觉和与之相关的抑郁或绝望的状态区分开来，后者意味着对余生的彻底绝望。

解　脱

　　解脱是一种相对简单的情绪，对此几乎不需要说什么。我们不局限于单一的案例，而是选择一些简短的场景来集中讨论这种情绪。

　　如果你曾因疑似癌症做过活检，你就知道恐惧不仅会影响手术本身，还会影响等待活检结果的那段时间。在你等待的过程中，各种可怕的想法在你的脑海中闪过：恶性肿瘤可能已经扩散，癌症可能已经到了晚期；你可能不得不忍受化疗的痛苦；班是上不了了，而你还不知道接下来如何养家。你试图避免去想可怕的结果，但却不断地思考可能发生的事情，并感到焦虑不已。然而，结果是好消息——肿瘤不是癌变，你立即感到解脱。好消息带来解脱，你抛开了恐惧，欣喜若狂。

来看看另外两个完全不同的例子。其中之一，你看到你所爱的人在对另一个人示爱，你极其嫉妒地看着，纠结于背叛及其意味。不过，再看一眼，你就立刻放下心来，因为这不是你的爱人，只是长得很像而已，你会立刻感到解脱，并感觉自己傻傻的。

最后一个例子，想象战争期间你的爱人在战区服役近一年，你几乎一直在为他担心。然后，突然，你得知他正在回家的路上。危险已经过去了。这种情绪体验就是解脱。

解脱总是始于一个目标的挫败暂时带来一些痛苦的情绪，通常是愤怒、焦虑、内疚、羞耻、嫉羡或嫉妒。但是，当糟糕的情况好转或消失时，我们会体验到戏剧性的解脱情节。尽管麻烦的生活状况可能已经持续了一段时间，也许是好几年，但令我们得到解脱放松的变化在瞬间驱散了先前的痛苦情绪。

作为一种情绪，解脱的独特之处在于它有两个阶段：一个是负面的，另一个是正面的。它开始于某种形式的痛苦情绪，这就是为什么我们把解脱归类于与不利生活条件相关的情绪类别中。但是，情绪故事终结于压力情景的结束。可怕的事情没有成为现实，而是成为引发积极情绪状态的事件。

在负面的阶段，你感到压力，并积极行动起来对正在发生或即将发生的事情保持警惕。这一阶段的目标是不让坏结果成为现实或减弱其强度。你所经历的紧张和谨慎是为了做好准备采取行动来应对负面结果。你也可能试着采取积极措施来防止可怕的结果。

解脱的个人意义是一切都恢复正常，你可以继续你的生活。一旦恐惧没有成为事实，你就能解脱了，不必再忙于应对糟糕的结果了。在第二个阶段，你经历了一种减压，这时压力和身体的紧张消失了，你放松下来，也许会长长地"呼一口气"。

这种紧张局势的逆转和不需要采取任何行动是解脱情绪的标志，但这引出了一个问题，即解脱是否真的是一种情绪。它似乎是情绪的一种对立面，因为痛苦和身体紧张消失了。但是，解脱的精神状态既不是中立的，也不是不受限制的，这并不像我们发现的非情绪事件的特征。

我们感受到解脱的程度与我们对引发压力的不利生活条件的重视程度成正比。如果它至关重要，负面结果将是毁灭性的，那么这种解脱会非常强烈；如果它不是那么重要，负面结果只是轻微的痛苦，那么随之而来的解脱也会是一种温和的体验。

解脱的有趣之处在于它的突如其来，特别是在我们为即将到来的灾难痛苦了相当长一段时间之后。心理活动的有意思之处实际发生在解脱的那一刻之前。当时，我们正在努力评估和应对我们所害怕的事情，也许也抱有它最终不会降临到我们身上的希望。

然而，当解脱来临时，我们的精神状态会戏剧性地转变好，此时此刻在心理上的有趣之处可能是我们对所发生事情的解释方式，特别是当事情过程比较复杂时。例如，尽管我们松了一口气，但我们可能会对医生的判断感到不满，因为他毫无必要地让我们担心自己可能会患上绝症，或者，另一方面，我们也会感恩我们的好运以及他人在危机中的情绪支持。虽然关于解脱的文章并不多，但这种从恐惧的消极阶段一直持续到危险解除的情绪很重要，因为在我们生活中经常能体验到幸免于灾祸的情绪，也因为这是进行重要应对活动的时机。

希　望

在希望中，个体面临着不利的生活环境，但与解脱不同，希望是积极结果尚未出现时的一种心态。如果这种积极结果出现了，希望就不存在了。下面这个小故事讲述的是一个人面临"死亡判决"时却满怀希望，最终奇迹般地康复。我们可以用她的真名，因为她写了一本关于这次经历的书。[1]

爱丽丝·霍伯·爱泼斯坦（Alice Hopper Epstein）是一位杰出的心理学家的妻子，她丈夫在马萨诸塞大学艾摩斯特分校任教。我们跟她丈夫认识。爱丽丝获得了社会学博士学位并从事计算机顾问工作。1985 年 4 月，她得知自己患上肾癌。一侧肺上有癌症转移，这意味着癌细胞已经在她的体内扩散。她的生存机会很小。手术切除了她病变的肾脏和肺，但一个月后癌细胞扩散到了另一侧肺。已经来不及再次手术。她被告知癌症扩散得太快，预计活不过三个月。

爱丽丝的故事特别有趣的一点是，她不出所料地经历了患病后悲伤和沮丧的最初阶段，然后，为了增加求生的机会，她开始了一场改变自己情绪生活的运动，因为她认为自己的性格容易患癌。这就要求她更深入地了解自己，改变对生活的态度，并力图重新构建自己的个性。她热切地希望这一切都是可能的，能改善她的身体状况。

爱丽丝是否具有易患癌症的性格是有争议的，因为这一概念尚未被健康专家广泛接受（见第 12 章）。然而，最重要的是，爱丽丝认为她可以改变自己的生活，从而给自己战胜癌症的机会。从性格上说，她貌似快乐、乐于助人、能干、受人喜爱，但总是倾向于为他人牺牲自己和自己的需要。可以说她的快乐掩盖了潜在的抑郁。

爱丽丝接受了强化心理治疗，她丈夫作为专业人士参与其中，同时还有一位女性治疗师为她提供帮助，且她对这位女性治疗师很有信心，并认为由于这位女性治疗师不是她的家人，因此可能更容易保持超然的态度。过了一段时间，扩散的癌细胞开始减少，然后就完全消失了。她于 1989 年出版了一本励志书，据我们所知，她现在仍然很好、很活跃。

心理分析

对于爱丽丝·霍伯·爱泼斯坦来说，希望的个人意义是，无论是否努力，她绝望的生活状况都有可能得到改善。事实上，她并没有放弃她可能会好转的希望，即使当下看起来甚为渺茫。但希望不一定是一种消极的心态。除了希望，爱丽丝还积极地做了很多事情来改善她的预期。尽管她知道可能性很小，但她也相信，只要有一线希望，努力改变生活方式就是值得的。你也可以说，是希望推动并维持了这样的努力。

我们提供这个简短、真实的生活故事并不是为了让人相信心理治疗可以有效治疗癌症或其他疾病，也不是为了证明存在那种容易罹患癌症的性格；相反，我们要强调的是，这不仅是一个奇迹般的康复故事，也说明了希望的恒久价值。我们知道癌症患者从被发现生病的那一刻起就感到绝望，然后就在痛苦与孤独中度过短暂的余生。对我们来说，了解希望很重要，不仅因为它可以奇迹般地延长生命，而且因为它能让我们充分利用不幸的命运，在重重困难下仍然充满活力和尊严地生活。

我们都知道，一个案例不足以证明一切。很有可能，爱丽丝·霍伯·爱泼斯坦所接受的药物治疗发生了有效的生化作用，她即使不改变她的情绪模式也会康复。我们将在第 12 章深入探讨应对方式和作为心身健康因素的性格时会再次探讨这一重要主题。

我们还应该谈谈伪希望，即与所有现实可能性背道而驰的希望，在这种情况下，我们认为它不是应对潜在灾难的一种可取方法。爱丽丝的丈夫西摩·爱泼斯坦（Seymour Epstein）在妻子著作的序言中，成功地解决了这种关于希望的消极观点：

> 一些医生反对心理疗法，因为他们担心这会产生"伪希望"。我一直不太明白什么是伪希望。所有的希望都是"虚假的"，因为人们的希望可能不会实现。在有所希望的时候，人们无法知道结果。如果希望有助于提高一个人的生活质量，并且不会让一个人拒绝可能的适应性行动，也不会在希望的结果没有实现时充满愤恨，那么这显然是可取的。

我们发现西摩·爱泼斯坦在这里说的话是无懈可击的。我们只在有胜算时才抱有希望是没有意义的。我们正是在生活处境极其不利的时候才最需要希望。如果希望能在某种程度上维持我们积极应对事物的能力，并对人生保持乐观态度，那么任何关于其虚假性的说法似乎都是不明智的。

希望的多面性

希望有几个近义词，如许诺、期望、期待，但它们大都没有表达我们所讨论的希望的含义，即希望在一个不确定的但是困难的环境中获得更好的生存条件。其他词语，如信念、信任、安全、坚信、信心，似乎都过于积极和安全，无法承载希望更具试探性的含义。因此，很奇怪，除了希望，我们找不到其他词语来表达我们所描述的情绪。

尽管希望是一种极其重要的精神状态，但人们相对较少地将其描绘成一种情绪。[2] 一些读者甚至会奇怪为什么将希望归类于与不利生活条件相关的情绪。生活在西方文化中的人习惯于认为希望是积极的。但希望本质上是绝望的解毒剂。有了它，消极的想法和与之相关的情绪就会减少，前景就显得不那么暗淡。然而，希望通常是由恐惧的状况引发的，这种状况的不确定性足以给希望留下空间，避免人们向绝望缴械投降。因此，激发希望的通常是一个人遭遇的某种困境。

例如，当你的爱人或你自己生病时，你会变得焦虑，也许甚至会惊慌失措，但你希望病情不严重，会很快康复。当你的工作或只是面临重大评估（如学校考试）时，你对失败的结果感到焦虑，但希望会成功。当你在赛跑时焦虑地觉察到耐力开始衰退时，你希望到达终点线。当你因为某人的背叛行为而生气时，你希望是信息有误，或者是误解。

如果你希望的结果可能发生，如果你没有完全放弃希望变得绝望，希望可能就会得以持续。在爱丽丝·霍伯·爱泼斯坦和她丈夫所面临的情况下，人们在多大程度上能够保持希望和战胜绝望，这可能存在很大的个体差异。

希望的个人意义是，不管眼下看起来多么悲惨，人们都会相信事情会有好转。因此，希望的戏剧性情节是害怕最坏的情况，但渴望更好的情况。

积极的生活条件下是否也会产生希望呢？比如当某人认为形势是有利的，并希望如愿以偿？也许吧，但我们认为这种情况非常少。把形势看作有利的听起来有点像乐观主义，而人们乐观的时候，不会谈论希望。乐观主义是对将要发生的事情有一个积极的预期。一个乐观的人做好了取得好结果的准备。这有时是不明智的，因为这样可能很冒险，当事情变得糟糕时，人们会更加沮丧，付出高昂的代价，甚至感到失望。大多数情况下，人们是希望糟糕的情况会有所改善。

为什么我们认为希望是一种情绪？毕竟，我们可以将其视为一种主要的应对策略。希望就是看到不断努力克服困难的良好感觉。尽管希望确实是一种应对方式，但它并不是冷静或超然的，这就是为什么我们可以将其视为一种情绪，而不仅仅是一种应对。

在绝望面前保持希望的能力也是一种重要的应对策略。有希望的人不太可能绝望，有时他们与困难做斗争会产生积极的结果。人们甚至可能在幻想破灭时仍抱有希望。他们面对社会现状也可能是悲观主义者，但从未放弃人类总体命运得到改善的希望。

不同的历史和文化传统中希望的积极或消极特征各不相同。例如，古希腊关于潘多拉的神话充其量是模棱两可的。埃夫里尔（Averill）、卡特琳（Catlin）和金（Kyum）对希望进行了引人入胜的心理分析，他们这样讲述潘多拉的神话故事：[3]

> 普罗米修斯从天堂偷来火种送给人类后，宙斯下令创造一个将给人类带来苦难的女人。她被送给厄庇墨透斯（普罗米修斯的兄弟），后者娶了她，把不接受任何来自众神的礼物的警告抛到脑后。潘多拉带来了一个盒子，里面装着人类所有的灾祸。厄庇墨透斯一打开盒子，除了希望，所有的灾祸都跑了出来。
>
> 潘多拉的故事是模棱两可的。希望也是一种灾祸吗？还是人类最后的救星？希腊人似乎对希望持矛盾态度，但总的来说，他们认为希望更像是一种祸害，而不是一种恩惠。

一些最有影响力的古希腊哲人对希望持否定态度。柏拉图说希望很容易把人引入歧途，而著名的悲剧作家欧里佩德斯认为希望是对人类的诅咒。两者似乎都是指"伪希望"，尽管西摩·爱泼斯坦对这一点的看法表明，即使希望徒劳，它仍能代替绝望帮助人们坚持下去。然而，在某些情况下，危险的是人们追逐一个不可能的结果，从而无法将其思想和精力放到更为现实结果的方向上。

相反，犹太教和基督教世界则将希望正面评价为三种神学美德之一，另外两种是信仰和慈善。希望被视为道德的建设者和积极努力的支撑者。当它被用来暗示对未来的信心时，信心可以与希望相通。

英语中有许多关于希望的隐喻，既有正面的也有负面的。例如，正面的说法是"有生命的地方就有希望""一线希望"，希望是"隧道尽头的光"或"寄予厚望"；负面的说法是"抓住救命稻草""自负而愚蠢的希望""希望的囚徒"或"希望蒙蔽双眼"。然而，尽管希望与不利的生活条件有关，它仍然是一种比它的对立面——毫无希望或绝望——更令人向往的精神状态。事实上，大多数文学巨匠似乎都相信，没有积极想象的生活是无法忍受的（见第 8 章关于应对的论述）。

希望的一个最有趣的特征是，随着一个人获得更好结果的可能性减少，希望不一定会被完全放弃，而是会变小，以支持一个小的好结果得以实现的可能性。这种缩小是应对痛苦现实损失的一种方式。例如，类似晚期癌症这样的患者或其家人的希望从疾病消除、恢复正常生活状态到疼痛消失、神志清醒的状态（可能只是几天或几小时的时间），再小到可以与所爱之人清晰的交流。当没有更好的选择的时候，即使是这些微小的可能性也值得期待。

在绝望的生活条件下，希望和绝望的两极总是被当作对立的选择。那些身体状况差、行将就木的老年人就经常在希望和绝望这对立的两极之间挣扎。[4] 他们在这两种心态之间摇摆不定，时而对余生抱有希望，时而绝望于生命的终点及其无可奈何。

总结有关希望的故事，它通常是由一种不确定的不利生活条件所激发的，但仍留有为命运逆转和希望的空间。人们产生希望作为一种处理问题的方式，因为这要好过向绝望屈服。这里的个人意义是，无论是由于积德行善的福报或者仅仅是出于好运气，我们所害怕和祈祷不要到来的结果可能并不会像之前担心的那样糟糕，或者尽管我们害怕，但一切最终都会变好。

悲伤和抑郁

62 岁的克拉拉突然失去了丈夫，她的故事展示了悲伤和抑郁。

　　她的丈夫以前没有过生病的迹象。一天早上，他心脏病突发，倒地而亡。克拉拉悲伤了一年多，期间她变得抑郁，但后来恢复了健康。丈夫的遗产让她在经济上很宽裕，她不必工作。她的生活除了在 15 岁时因为心爱的妹妹去世悲伤了很长一段时间，基本上都是温和而简单的。

　　尽管克拉拉有自己的朋友，但她成年后的生活主要是和丈夫一起度过的。她的丈夫是一位成功的、外向的 CEO，热爱自己的工作。克拉拉则以 CEO 的贤内助的身份招待他的同事和其他朋友，她很喜欢这个角色。夫妇俩育有三个孩子，孩子们都已婚，也有了自己的孩子。其中有两家和克拉拉夫妇住在同一个西海岸社区，另一个孩子住在东南部。

　　克拉拉在丈夫死后，没有立即表现得极度悲痛。她平静地安排了葬礼，不过后来她说，她这样做的时候感觉自己像个僵尸。然后，当家人和朋友不再关注她，她开始无所事事，感到郁闷。她吃不好，在接下来的六个月里体重减轻了很多，孩子们为此而担心她。她没有照顾好自己，大部分时间待在家里。她整天一个人待在一间昏暗的房间里，整理丈夫的东西，不打扮，也不洗澡，对其他任何事情都不感兴趣。

　　当朋友或家人邀请她一起小住时，克拉拉抱怨失眠和身体不适，每个人都认为这是心理引发的疾病。孩子们发现她有些烦人，但还是尽力让她高兴。他们觉得爱意满满的家庭氛围对她有好处，就带她回家。他们担心她会自杀。

　　她和丈夫的关系总体上不错，偶尔也很恩爱，争吵也有，但更多的是不冷不热的。然而，现在她说起丈夫，好像她不幸失去的是一个完美的典范。她总说，她不如跟他一起死，因为没有他，她的生命没有任何价值。她总认为，假如她更关心他的身体健康，比如强迫他注意饮食，禁止他吸烟，他可能不会这么早就死了。

　　她的孩子们感到，克拉拉正经历着严重的抑郁。她不断地抱怨自己生病了。事实上，她确实多次被感染，有一次得了重感冒和肺炎。她的孩子们敦促她寻求专业帮助。最后，他们带她去看了精神科医生，医生给她开的药一度有所缓解。

出乎意料的是，在丈夫去世近一年后，有一天，克拉拉读到一篇报纸文章，决定去离得不远的另一个城市里一所医科大学下属的危机诊所和研究中心。她接受了为期三个月不服药的心理治疗。治疗的中心议题是帮助她了解发生在自己身上的事情，并应对自己遭受的创伤。她仍然感到悲伤，但开始好转，更加现实地看待自己的处境。她去当地一家医院担任志愿者。

渐渐地，她开始对事物表现出更大的兴趣。她开始心情愉快地做饭，甚至还招待她志愿者工作中新结识的朋友。她对她的子女和孙子孙女很关心。她的身体健康状况有所改善，精力开始恢复到抑郁之前的水平。

在 14 个月后，她基本不再悲伤。她开始思考自己希望如何生活，这包括继续为患病的老年人做志愿者工作。她天生的能力使她有机会负责一些志愿者的管理工作，做记录，为服务提供奖励，并为志愿者和患者组织社会活动。她仍然在周年纪念日和其他想起丈夫的场合感到悲伤，但不是抑郁，她再次从生活中获得快乐。

一旦悲伤被一种新的生活方式取代，她就开始对这种生活方式感到满意。她仍然为所失感到悲伤，特别是当她独自在家看书或看电视的时候，回忆会飘进她的思绪。但痛苦已不再那么强烈，悲伤的时刻也更少、更短暂。它们大多只限于特定的场合，即当她回忆起她和丈夫共度的结婚纪念日、假日，以及遇到其他容易让她想起他的事情时。悲伤的插曲时有流连，但笼罩着她生活的绝望几乎消失了。

心理分析

克拉拉之前一直以丈夫的事业为中心生活，当他毫无预兆地去世时，克拉拉几乎无所依从。因此，这种丧夫之痛是极端的，她一度无法应付。在最初的几天里，她靠自己的能力机械地处理事情。人在遭遇打击的震惊之初，通常会貌似不带情绪地做出麻木的反应。她的抑郁相对而言并不严重，初期的喧嚣忙碌一停下便开始显露端倪。

　　她惯常的角色和功能已经没有了，但她无法立即重新塑造自我的形象、重新安排自己的生活。毫无疑问，在她人生的这个阶段，她对自己做不到这点感到失望。一切似乎都没有希望，这就是抑郁症背后的个人意义。即使是孩子们表现出的真诚的关心也没有多大帮助，因为克拉拉很清楚，她不可能在孩子们的生活上建立自己的新生活，她本来就不是一个宠孩子的祖母。

　　药物可以帮助治疗主要由神经变化引起的抑郁症，但药物不能解决生活中的问题，这些问题必须以某种方式加以处理，以保证精神支持。她去拜访危机诊所是一个重大突破。传统精神病学更关注隐藏的疾病或精神病理学，危机诊所则不同，它将崩溃或接近崩溃看作可怕创伤或损失的结果，而不是基础精神疾病的证据。这样的诊所努力解决有关失去亲人的问题，这对个人意味着什么，以及如何应对。患者得到情绪支持，被鼓励描述和重现所发生的事情和当时的情绪，这为失去亲人的个人意义提供了线索。

　　由于克拉拉是一位坚强、聪明、坚韧的女性，她能够从这种治疗中受益，相比早期的绝望状态，她现在能更现实地看待自己的处境。随着她一步步对事物重新产生兴趣，她渐渐拥有越来越广阔的视角，思考如何根据自己的新情况调整自己的生活。过了一段时间，她发现在不同的条件下人生仍有可能带来满足感。在经历了艰难的开端之后，她走上了成功之路。

悲伤的多面性

　　悲伤不是抑郁，尽管它常常与抑郁混淆。人很少在遭受损失后马上被悲伤情绪主导。虽然适用于所有人的绝对规则并不存在，但许多或大多数经历丧偶（即哀伤、忧伤和抑郁的激发事件）的人都会挣扎一段时间，对所失提出抗议和抗争，甚至否认其真实性，然后才会完全接受失去的事实。只有当失去的被重新评估为不可挽回时，哀伤才会变成悲伤。

　　尽管有各种可能的模式，但在早期哀伤中，丧偶的个人意义可能被试图否认死亡已经发生或努力恢复所失而掩盖。丧偶者可能会想象所爱的人仍在身边，或者独自一人时会努力想象这个人，希望这个形象不会消失。

丧偶的确切意义因人而异，在感到悲伤之前，这个意义根据失去亲人后的时间段不同而不同，也根据对失去亲人的理解不同而不同。个人意义也取决于丧偶者和逝者之间的关系史。要理解丧偶者的情绪，我们还需要了解他们如何评价所发生的事情的个人意义。

我们把悲伤的话题集中在丧偶上。尽管这是最重大的损失之一，但任何重大损失都会带来痛苦和哀伤，例如失业、失恋、在自然灾害中失去家园，等等。但引起悲伤的并不是任何损失，而是我们知道已经无法挽回的损失。不可挽回的损失实际上是悲伤的戏剧性情节。遭受变故的人必须明白，失去的东西无可挽回。接受这一事实通常需要时间。

哀伤并最终接受失去的事实

当斗争和抗议发生时，所经历的情绪是愤怒、焦虑、内疚，有时是羞耻、嫉羡、嫉妒和希望交织在一起。这些是反对和积极对抗损失或可能造成损失的威胁的主要情绪。在哀伤中，当事人积极寻找方法防止损失发生或挽回已发生的损失。如果哀伤的当事人接受了损失不可挽回这一事实，就不会努力去寻求挽回损失。

如果你觉得这很荒唐，就来看看以下情况：失去亲人的人知道所爱的人已经死了；他们也不是精神病患者。然而，为了应对丧亲之痛带来的巨大压力，他们有时会在一个充满希望和想象的奇异朦胧的世界和现实世界之间切换，这表达了一种不现实的渴望，即死亡没有发生，那只是一场梦。

与愤怒、焦虑和内疚相比，悲伤是一种不活跃的状态，在这种状态下，当事人放弃了任何能够防止或挽回损失的想法。它通常不会作为一种主导情绪出现，直到丧亲之人不再徒劳地反对和否认，接受所失，听天由命。克拉拉直到丈夫去世一年多后才达到这一阶段。

放弃和接受之间的区别是微妙的。当你放弃时，你不情愿或痛苦地承认所失；当你接受时，你已经与它达成和解，不再感到极度痛苦，尽管你仍然不时感到难过。然而，悲伤可能并不压抑，这就是为什么我们有时说它令人留恋。

我们把哀伤，或者更恰当地说是感到哀伤，看作应对损失的过程。人们会为失去工作、地位、财富等而哀伤，但更多的情况下，他们会在爱人去世时感到哀伤。

配偶的去世是人一生中诸多可能的损失中压力最大的一种。这其中的一个原因是，婚姻的双方相互依存难以割舍，如果婚姻关系持续时间长，那么不论哪一方去世，另一方不做出很多有力调整就会难以为继。孩子的死亡也会给人带来很大的压力，部分原因是许多希望和计划都破灭了，也因为生命刚刚开始就过早结束太没道理，还因为这种失去往往会带来负疚感。

我们提到，愤怒、焦虑、内疚和希望都可能在将哀伤转化为悲伤中发挥作用。哀伤的愤怒可能会指向不如人意的医疗系统，或是被认为应该为死亡负责的人或机构。这类人或机构的名单多得列不完：醉驾的司机；把上了膛的手枪落在桌上而误杀爱子的父亲；对抗武器注册和控制的国家步枪协会；没有为夺走亲人生命的疾病提供充分研究支持的政府机构，等等。克拉拉没有人可以置气，也不想找个替罪羊。

然而，自相矛盾的是，人们可能会对死者感到愤怒。也许那个人是由于粗心大意导致死亡的；或者，死者曾被怨恨或不称职，因此留下令人不屑的记忆。在某些情况下，愤怒反映了悲伤的人认为死者用死亡的方式抛弃了他们。这种信念尽管不尽合理，但可能很难消除。

我们知道，除了自杀，死者在大多数情况下并不打算离开这个世界。然而，失去亲人的人可能会感到被遗弃，并为此感到内疚或羞愧。克拉拉没有表现出这样的愤怒。但是，她对丈夫大加赞美，而不是现实地看待他，这表明她是在保护自己不受其他负面情绪的影响——她恐怕并不像其他人那样看重他的事业成功。

哀伤引发的焦虑发端于生与死的中心意义以及个人身份受到威胁。例如，配偶的死亡提醒我们自己来日无多。它还攫走我们长期的社会身份，并逼迫我们寻找新的定位。这种失落，以及不得不寻找新身份，常常会给我们带来严重的创伤，从而引发焦虑。这正是克拉拉在结束以丈夫为中心的生活后，努力寻求新的社会身份时所面临的问题。

之所以需要新的身份，是因为丧偶人士的社交和经济生活通常与已婚时大不相同，特别是对寡妇而言：过去结交的已婚朋友可能不会再与寡妇交往，因为那些社交活动似乎已经不再适合。有时，已婚妇女担心寡妇可能诱惑自己的丈夫。如果一对夫妇要邀寡妇打桥牌，就得再邀一个人；如果去跳舞，寡妇就得带一个舞伴，否则其他男人将不得不和她跳舞。对于现在的单身女性来说，获得银行信贷往往更加困难。丧偶也可能致贫，丧偶者可能不得不生平第一次面临谋生的需要。所有这些变化，以及其他更多的变化，都可能导致持续的焦虑。

哀伤带来的负疚感可能源于这样一种想法：自己没有尽一切努力阻止死亡，没有在临终前说上一句话，没有充分地表达赞赏，没有减轻对方临终前的痛苦。失去亲人的人可能没有注意到某些征兆而失去了立刻抢救爱人的时机。克拉拉与这种内疚做斗争，她抑郁的一个特点是她感到有负于死去的丈夫。对逝者的愤怒也可能引发丧偶者的内疚；所发生的事情通常并非逝者的过错，因此，这种愤怒似乎是不对的。

如果有愤怒和内疚，就必须处理好这些令人烦扰的情绪。激发它们的消极想法必须与死者的正面形象以及生者希望记住的与死者的关系达成一致。这是葬礼悼词的主要出发点之一。和解有助于促进新的生活模式，这种生活模式应该在哀伤结束时形成。哀伤的一个主要任务是能够专注于未来，而不是否认过去或为过去所累。[5]

哀伤，特别是在失去亲人后不久，是人们希望死者能够以某种方式复活，而死亡不过是一个从未真正发生的噩梦。更为现实的希望是，人们最终将从目前的深深痛苦和绝望中恢复过来。人们在非常抑郁的时候，可能无法意识到在绝望期结束后，新的生活在等待着他们。抑郁通常是暂时的，尽管经常复发。

当所爱之人生死未卜时，关于失去和哀伤的扣人心弦的悲剧性旁白就会出现。当美国军人的配偶和家人得知他们在军事行动中失踪时，这得多难啊！他们可能还活着，可能已被抓获，还可能过着逃亡生活。

如果确切知道他们已经阵亡倒比面对不确定性还好处理了。当确信他们已经死了，那么正常的哀伤过程就会发生，家人可以继续他们的生活。当爱人生死未卜，家人就会焦虑不已，不知所措。随着时间流逝，希望渺茫，家人想要放声痛哭，最终让所爱之人在心理上和身体上安然入葬，但由于并不确定他们是否真的阵亡，这样做似乎是不忠的。

正如我们所知，对爱人死亡的最初反应通常是麻木或震惊。失去亲人的人也许不会哭；就好像他没有完全意识到发生了什么或否认发生了什么。克拉拉就是这样。这位遗属着魔地想："我的丈夫（孩子、父母或任何人）不可能没了。这是不可能的。他在哪里？他很快就会像往常一样走进家门。"

葬礼的仪式，如遗体告别、家人聚集、悼词、下葬或撒骨灰，都可以帮助遗属接受死亡的事实，尽管其个人意义仍须通过哀伤来处理。

最终，失去亲人的人会听天由命，或者更积极地，越来越不那么痛苦地接受事实。当人们想起死者时会感到悲伤，但这种悲伤不再是剧烈的伤痛，或空虚和绝望。回忆可能会笼罩着温暖、令人留恋的光芒，成为对一个人生命中一段积极的、也许相当快乐的时光的肯定，带来滋养，令人珍惜，不再痛苦。失去亲人的人终于能够重新找到生活的目标。这在克拉拉身上体现得很清楚。

在丧亲之痛中，与先前生活状况相关的关系和生活意义往往会发生深刻的变化。理想情况下，应对过程必须重申旧的意义，并为新的意义的出现铺平道路。这些变化不仅体现在日常生活中，还体现在生与死与存在相关的意义上。当失去的是一段长期关系中所爱的人时，其影响存在于许多方面就不足为奇了。这同样适用于其他重大损失，如退休时的工作角色、身体健康和活力，或孩子离家远走。

克拉拉案例中对悲伤的描绘多少有些理想化。它的实际过程和细节取决于谁感到悲伤，相关人的年龄，与死者的关系，以及死亡的情况。例如，死亡可能结束了一段可怕的痛苦时期，尽管人们仍在哀悼，但迎接死亡成为一种解救的想法。

失去的感觉巨大在丧亲之痛中非常普遍，有些人很容易克服，而有些人却永远无法克服，这使得他们在心理上很脆弱，无法找到新的归宿。因此，年龄较大的女性尤其无法接受另一段亲密关系。即使被男性所吸引，她们可能也不想再次体验损失的创伤，或者不希望重新经历过去的模式，因为它太过局限。

抑郁和绝望

抑郁是情绪化的，但不是一种特定的情绪。它是哀伤和绝望感的产物，实际上是几种情绪的组合，例如通常针对自我的愤怒、焦虑和内疚。

临床上一般把抑郁分为两种情况，一种主要是遗传性的，另一种是由于社会生活失意而产生。前者通常被称为内源性的（endogenic，这个词的前半部分 endo 指构造性的或来自内部的；后半部分 genic 意味着原因）。由于社会生活的失败而罹患的抑郁症被称为外源性的（exogenic，exo 指外部的或社会性的）。内源性抑郁又有两种形式：双相（意味着人在抑郁和躁狂之间摇摆）和单相（只患有抑郁）。[6]

内因和外因之间的区分多少有些夸大其词，因为在大多数情况下，生物学原因和社会原因可能相互作用。然而，这对于治疗决定很重要（见第 13 章）。内源性抑郁症的主要治疗方法是药物；外源性抑郁症的主要治疗方法是心理治疗。尽管有许多人认为心理治疗效果在长期内更持久，但两种治疗方法结合使用可能比单独使用任何单一的方法更具优势。

对于因社会生活挫折而发生的抑郁症，人们通常的假设是，早期生活中的创伤会导致成人后心理脆弱，从而使他们易患抑郁症。今天，关于这种脆弱性的最流行的专业认识之一是，早期的创伤使患者习惯以病态的或致病的方式看待自己和外界。

例如，脆弱的人可能责怪自己，也许最重要的是，他们对目前的处境束手无策。抑郁者看到的世界丑陋而且充满敌意，他们对负面经历反应过度，认为是灾难性的。不难看出，对于有这种观点的人来说，无力改变某种糟糕的生活状况会退化为对生活本身的绝望。

抑郁通常与哀伤相关联，尽管抑郁的人可能不会这样想，也不会清醒地意识到重大创伤已经发生。专业人士更常用到"抑郁"这个词而不是"绝望"，尽管它们的基本含义有很大的重叠。区分这两个词的最佳方式是将抑郁视为对人生挫折的复杂情绪反应，将绝望视为抑郁背后的人生观。

我们通常在应对失落的过程中保留"哀伤"这个词。大多数情况下，哀伤的人意识到他们的痛苦最终会减弱，甚至可以完全摆脱。当失落对一个人来说意味着生无可恋时，抑郁（和绝望）就会发生。这个人对整个人生都感到绝望。

"无望"是指代"抑郁"的另一个词。对人生感到无望（或绝望）比感觉无法挽回某种损失更为严重。损失可能会让人极度痛苦，但它并不一定会摧毁我们生存的理由。然而，抑郁使人对人生的价值感到绝望，寻求死亡。似乎再也没有什么能提起兴趣或使人愉悦了。在严重的情况下，患者必须住院治疗，并存在自杀的危险。

关于悲伤，需要记住的一点是，它与抑郁、无望或绝望不同。一个人可以悲伤，但不一定有这些观点以及与之相关的情绪。

关于悲伤的一些奇怪之处

我们把悲伤与抑郁和哀伤区分开来后，现在应该考虑悲伤的一些奇怪的特征。第一个与哭泣有关。我们悲伤时会哭泣，抑郁或哀伤时也会哭泣。在不愉快的情况下哭泣是人们自然会做的事，而人类似乎是唯一这样做的物种。

但人们也会在婚礼上哭泣，而这应该是一个快乐的场合。这种反应很难解释，因为哭泣可以宣泄一个人对自己婚姻的不满意，尽管人们通常说他们的哭是为这对夫妇的结合高兴。同样，在孩子毕业的时候，或者听到意想不到的好消息时，他们也会哭。事实上，我们一点也不确定人们为什么会为应该是快乐的事情哭泣。[7]

关于悲伤的另一个奇怪之处是，我们常常在表述某人的不幸时并不真正感到悲伤。例如，你有多少次说"我为你的事感到悲伤"，与其说是你真的感到悲伤，不如说是因为你想表达对此人的同情和友谊。这就像是为非真实的伤害道歉，因为我们并不真的感到内疚。虽然我们可能真的对所发生的事情感到遗憾，但我们表达悲伤的目的只是为了与事主交流的礼貌，并非真实的感觉。这样做并不意味着不诚实，而是希望向对方保证我们的理解和支持。

关于悲伤的第三个奇怪之处是，有时一个人不能公开承认自己的失落，也不能承认自己的悲伤或难过。[8]这发生在违背强有力的社会禁令的时候。想象一下，一个死去的人有一个已婚的情人。对于这个地下情人来说，公开表达哀伤或悲伤是不明智的，因为这会泄露这段地下情。因此，失去所爱的地下情人尽管很难过，却无法表露。一个类似的例子是，一对地下恋人的一方决定结束这段关系。失恋者必须小心隐藏失恋的痛苦，以防止关系暴露。无法公开表达哀伤对失去所爱的人来说可能非常困扰。

在即将结束本章之前，来看看作为一种情绪状态，悲伤不确定性的主要原因是什么。悲伤似乎更多的是一种情怀，而不是一种强烈的情绪反应。在发生了令人悲伤的事情的场合，一种强烈的情绪产生了，这件事情是激发这一情绪的特定事件。

情怀的焦点是宽泛的，不是集中在单一的、狭窄的目标或事件上。强烈的情绪通常是由一些事件唤起的，而情怀反映的是发散式的对存在的关切。因此，我们可能会问自己，悲伤或快乐何时是像愤怒、内疚、羞耻或嫉妒等那样强烈的情绪，何时是情怀。像焦虑一样，悲伤和快乐往往具有与存在相关的特征，因此，至少在某些时候，它们恐怕应该被视为情怀。强烈的情绪和情怀之间的区别是情绪理论家仍在争论的问题。

在悲伤的情怀中，通常很难具体对应我们所面对的失落。情怀与生存问题有关，如成功、富有、保持良好的生活质量、做一个好人、被爱或被欣赏、对自己和世界的意义持有稳定的看法。虽然一个特定的事件可以引发悲伤或快乐的情怀，但这是通过指向长远的生存问题来实现的。

当人生总体上看来不幸的时候，当我们看到人们的丑陋的时候，当生活混乱而没有意义的时候，当命运与我们作对的时候，当大家都很快乐而我们经历"假日抑郁症"的时候，我们很容易陷入悲伤或沮丧的情怀中。带着这种阴郁的观点，我们感到人生悲伤、沮丧，糟透了。

同样的不确定性也适用于快乐的感觉。当我们感觉到我们的生活进展顺利，感觉到自己美好、技术高超、被爱和被欣赏，当我们相信人性本善、生活有意义、有秩序、公正，并且自己运气不错时，我们很容易处于一种快乐的心情中。有了这种乐观的观点，我们就会感到快乐、轻松、愉快、美好。

参考文献

1. Epstein, A. H. (1989). *Mind, fantasy and healing: One woman's journey from conflict and illness to wholeness and health.* New York: Delacourt Press. Quote on p. xxv.

2. Some modern sources are Breznitz, S. (1986). The effect of hope on coping with stress. In M. Appley & R. Trumbull (Eds.), *Dynamics of stress* (pp. 295-306); and Stotland, E. (1969). *The psychology of hope.* San Francisco, CA: Jossey-Bass.

3. Averill, J. R., Catlin, J. G., & Kyum, K. C. (1990). *The rules of hope.* New York: Springer-Verlag. Quotation on p. 3. I have drawn on their account of the history of ideas substantially.

4. See, for example, Erikson, E. H. (1963). *Childhood and society.* 2nd ed. New York: Norton.

5. Marris, P. (1975). Loss *and change.* Garden City, NY: Anchor Books.

6. See, for example, Gilbert, P. (1992). *Depression: The evolution of powerlessness.* New York: Guilford.

7. For a psychoanalytic answer, see Weiss, J. (1952). Crying at a happy ending. *Psychoanalytic Review, 39,* 338. Weiss, J. (1986). Part I: Theory and clinical observations. In J. Weiss, H. Sampson, & the Mount Zion Psychotherapy Research Group (Eds.), *The psychoanalytic process: Theory, clinical observation, and empirical research.* New York: Guilford. Silberschatz, G., & Sampson, H. (1991). Affects in psychopathology and psychotherapy. In J. D. Safran & L. S. Greenberg (Eds.), *Emotion, psychotherapy, and change.* New York: Guilford.

8. See Doka, K. J. (1989). *Disenfranchised grief: Recognizing hidden sorrow.* Lexington, MA: Lexington Books.

Passion
and
Reason
Making Sense
of Our
Emotions

第 5 章
有利的生活条件引发的情绪：快乐、骄傲和爱

在本章中，我们将讨论在有利于实现目标的情况下产生的情绪。它们是快乐、骄傲和爱。我们都想体验和分享这些情绪，因为它们与获得和拥有我们想要的东西有关，尽管某些形式的爱是明显的例外，但它们大多与良好的感觉有关。

快　乐

让我们从一个简短的、快乐的故事开始，来具体了解这种情绪。

乔服役将近三年了。作为一名曾在第二次世界大战中服过役的预备役军官，他在 1950 年秋天与艾米刚结婚后再次被征召入伍。之前他获得了工程学学士学位，并为岳父的模具生意工作。他爱艾米，艾米也爱他。

乔和艾米打算成了家安顿下来，对未来充满希望。战争打断了他们的生活，他不情愿被召回。他们对稳定未来的希望破灭了。他发现与艾米和家人的分离非常痛苦，渴望回家继续他的生活和事业。他在陆军工程兵团服役，修建道路和简易机场，以保障飞机作战和补给。有那么几年的时间这场战争

或多或少陷入了僵局。

　　然而，战争突然结束，乔被遣散回国。乔、艾米和他们的家人首先感到了极大的解脱。他很好，没有受伤。他们期待着他在分别近三年后回家。

　　回家和到家第一周是乔和艾米记忆中最快乐的经历。有时夫妻长期分居后会有陌生感，但他们之间没有。他们与家人和朋友举行了许多聚会。乔回到美国的时候，美国获利于第二次世界大战后经济的迅速扩张，全国上下充满希望，乐观主义盛行。他的岳父生意兴隆，他期待着在公司获得重要位置，巩固自己的经济地位。总之，生活看起来真的很美好。他们也准备继续既定的生活目标。

　　这种兴奋持续了大约一周，随后就轮到解决职业和家庭关系问题了。麻烦首先出现在乔的岳父身上，他的控制欲极强，不愿意给予女婿真正的自主和授权。乔和岳父经历了相当长时间的关系紧张，甚至还影响到小两口的关系，后来他开始寻找一份可以更充分地发挥自己才干的新工作。

　　安然返家带来的强烈快乐已经让位于日常的人生起落。

心理分析

　　对乔和艾米来说，他们的快乐生活的个人意义简单明了。现在他们不必再两地分居，可以开始乐观地共同开创自己的生活。他们很快就忘记了人生被耽误的不满，期待着重新实现被延迟的包括家庭和事业在内的人生计划。

　　尽管人们对婚姻伴侣如何过上美好生活的看法往往不同，但乔和艾米似乎高度一致，这也是生活在第二次世界大战后的这一代美国人共同的印记。即使他们有任何怀疑，他们也从来没在这个欢乐的时刻想到过。

　　然而，艾米的父亲不愿意给乔太多自主权，于是猜忌开始浮出水面。面对这场冲突，艾米感到苦恼，但她意识到不满意的根源是因为乔为她父亲工作。因此，当乔最终决定另找一份更好的工作时，她给予了支持。

幸运的是，在那个工业扩张的时期，机会很多，乔去了壳牌石油公司工作。尽管他对石油行业知之甚少，但他的工程专业背景增加了他的职业经历的含金量。乔和艾米先在国内外不同地区生活了多年，后来他走上了中层管理岗位，定居在纽约市附近的新泽西郊区。他们养育了四个子女，三个女孩和一个男孩，他们在不同的大学完成了学业，现在美国各地开枝散叶。

他们也曾犹豫过是否应该离开石油公司另寻高就，但这种想法似乎从来就不占上风。乔一直在公司干到 62 岁才退休，他如愿拥有稳定的养老金。乔很享受退休生活，他和艾米基本上白天各忙各的，偶尔开房车做一次长途旅行。两人都身体健康，生活积极。

这对夫妇经历了大多数已婚夫妇典型的起起落落，但他们仍然在一起，现在每年去探望孩子们一次，过着平和、满足的生活。他们共度了很多快乐和不快乐的时刻，大多数都与养育孩子以及与之有关的分歧相关。他们曾面临着支付子女教育费用的经济压力，也做过不成功的房地产投资。但总体而言，他们的经济状况不错。

艾米和乔是第二次世界大战后建立起来的众多家庭的典型代表。他们回顾自己的生活时，觉得自己平淡无奇。他们几乎记不起乔服役归来时的欢乐时刻，但更清楚地记得乔与岳父的争斗。

快乐的多面性

快乐的常见近义词是：欢乐、无忧无虑、喜气洋洋、兴高采烈、愉快、玩闹、愉悦、高兴、轻快、欢欣鼓舞、欢快、快活、喜悦、心满意足、狂喜、欣喜若狂、心花怒放、凯歌高奏。但其中许多词，如无忧无虑、愉快、快活和轻快，既指一般心态，也指特定事件引起的强烈情绪。事实上，我们的语言表明这些表示快乐的词语传达了许多不同的含义。此外，这些词似乎在表示反应的强度上有所不同，其中"欢乐"意味着比"快乐"更强烈的状态，其强度是不确定的。喜气洋洋、兴高采烈、欢欣鼓舞和狂喜都传达出极大的情绪强度。"愉悦"意味着愉快但疏远的、评价性的心理状态，"高兴"意味着温和而有节制的心理状态。有些词还有其他特殊的细微差别，例如，玩闹意味着轻松愉快，凯歌高奏意味着成功或战胜敌人或障碍。

如果要问是什么让人感到快乐，那答案是多种多样的，这表明我们并不完全理解这种心理状态。然而，因为人们有许多共同的价值观和目标，所以许多使人感到幸福的人生状况都是相同的。尽管也有例外，但大多数人在得到称赞或被爱时，在得到提升或加薪时，在看到自己的孩子表现出色时，都会感到高兴。这些唤起快乐的事件对大多数人来说都有积极正面的个人意义。

尽管在上面的例子中，乔和他的妻子艾米都欣喜若狂，但其他男人在长期被迫分居后回到家中，往往不得不面对婚姻关系变质、职业机会减少、似乎无法克服经济困难的困境，他们会感到愤怒和恐惧。第二次世界大战后最受欢迎的电影之一《黄金时代》（*The Best Years of Our Lives*）对这些状况进行了艺术再现。

快乐是一种情绪还是对幸福的估计

现在我们来讨论一个最大的难题：快乐到底是什么，也就是说，这个词有两种截然不同的含义。如果我们问人们他们有多快乐，答案通常不是关于他们感受到的强烈情绪的，而是关于他们的总体幸福感。他们的答案将提供自己对生活的估计。

一方面，作为对幸福的估计，快乐这个词并不是指在某一特定时刻发生的、由某一特定事件引发的情绪状态，而是指对一个人在一生中某一特定时刻是否感觉良好的评估加总的结果。情绪起起落落，累积得到一个总体结果，这一结果衡量出人们的生活状况与他们一直追逐或拒绝的目标的匹配程度。实际上，这是深思熟虑后人们对自己生活总体质量的判断。研究人员使用"主观幸福感"一词来指称这种判断。[1]

另一方面，感到快乐是一种情绪，它是由偶然遇到的一件美好的事情唤起的。我们可能在某一时刻感到快乐，但几分钟后，我们的心情可能会因其他事件而改变。乔从战场回来后和艾米重聚，两人都感到很快乐。这种感觉是因为他们相信自己的生活又回到了正轨。因此，感觉快乐通常需要积极的事件发生和一切安然的基本认识。稍后我们将对此进行更多的讨论。

大多数关于快乐的文章都不明确，因为我们不知道这个词是指以上两种含义中的哪一种。它有时指主观幸福感，有时指情绪。在本章的剩余部分，我们用"感到快乐"或"感觉快乐"来表示情绪，用"幸福"来表示广义的判断。它们是相关的，但并不相同。[2]

很久以前亚里士多德提出的一种解释是，感到快乐的戏剧性情节就是我们在实现目标的方向上正在取得合理的进展。他提出，能让我们感到快乐的是我们能充分利用自己的资源朝着一个目标努力，而不是实现目标本身。这是我们为什么感到快乐的一个理论，我们认为这个理论很好。

例如，一名学生经过多年的艰苦奋斗最终获得高级学位，这一重大事件充其量只能带来短暂的快乐。学生必须很快开始做其他事情，例如，利用学位获得专业工作。仅仅沉浸在成就中并不能长久地保持快乐的感觉或是积极的幸福感。现在正在进行中的，比如写这本书及其对未来的影响很重要。当这本书写完后，我们会感到短暂的快乐，但随后会继续做其他事情，也许会写另一本。这就是乔和艾米在快乐团聚后不得不面对工作和家庭现实时的状况。

感到快乐的前景和背景

不妨将感到快乐这一情绪视为前景，即将其视为对积极事件（如受到表扬）的反应。相应地，幸福感则被视为影响前景的背景条件。

例如，当我们得到真诚的赞美时，它通常会使我们感到高兴和快乐。然而，如果我们目前的生活状况是暗淡的，也许我们生病了或者遭受了重大挫折，当下的赞美也许是令人愉快的，但不足以让我们克服萦绕心间的消极思想状态。我们的幸福感可能很低，我们甚至不能从中获得一点点快乐。但是，如果我们因为生活似乎很顺利而感到幸福，即使是遇到通常引发痛苦情绪的消极事件，例如受到冒犯或遭遇尴尬，我们也可能一笑而过，不会产生丝毫的痛苦。

这里的重要原理是，我们如何应对前景事件最重要的影响因素是我们的背景心理状态或我们经常提到的情绪状态，以及导致这种情绪状态的条件（幸福或不幸福）。虽然这适用于所有情绪，但对于快乐和悲伤的情绪来说尤其如此。一个事件诱发这些情绪状态的能力会因我们的总体生活状况而增强或减弱，让我们感到快乐的原因比看起来要复杂得多。

我们在乔和艾米身上也看到了这个原理。在乔从战场回来的第一个星期里，前景是欢欣鼓舞的，他们团聚，重新开始他们的生活。背景似乎也很有利。前景事件和背景情绪状态的结合创造了快乐的基本条件。

一个有趣的事情是，前景感觉对生活背景特征的依赖性似乎是个死胡同。例如，这是否意味着，如果我们的总体生活状况不好，我们不管什么时候都不会感到幸福？例如，假设我们得了晚期癌症，来日无多，战胜这种挫折对大多数人来说确实相当困难。但人有时可以超越不济的命运。尽管身患绝症，有的人至少在某些时候仍能感到幸福并积极生活，具有讽刺意味的是，他们甚至可能比那些生活条件好得多的人更幸福。

我们真的不知道这些人是如何这么成功地应对的。如今，人们普遍被要求过一天算一天。好建议。但这是应对的结果，而不是方法。他们如何做到过一天算一天还是一个问题。我们可以冒险猜测一下。这可能与那些能够避免工作中的麻烦蔓延到家庭生活中的人非常相似，反之亦然。他们与家人在一起时不工作，而当他们在工作时也无暇关心他们的家人。

一些临终患者在关注和享受当下的生活时，能够暂时忘记大的人生悲剧。面对逆境，这种勇敢的应对方法不必否认人生的严酷的现实；相反，它让这些人的注意力集中在日常事件中。

其他人无法做到这一点，也许他们可以学习。作为一种应对方法，他们可以构建一种有别于悲剧命运的、更积极的人生意义。我们重新评估事件，使之激发积极情绪而非消极情绪，就正是做的这个事情。还有一种可能就是集中精力于生活的积极方面，暂时不管我们面前不济的命运。

通往幸福的途径

这是一个值得注意的悖论，即主观幸福感与实际情况之间关系不大。幸福评级不一定反映个人生活的客观社会或经济状况，它是主观的。即使别人认为我们目前的生活条件不好，我们也可能认为我们的生活是好的。对于那些认为自己的生活很好的人来说，情况也是如此。

正因为如此，心灵鸡汤书籍永远畅销，它们鼓励人们积极地思考自己和自身生活。新教牧师诺曼·文森特·皮尔（Norman Vincent Peale）所著的《积极思考的力量》（*The Power of Positive Thinking*）一书，尤其受到热捧。他在这本书中的观点是，即使在逆境中也能保持积极的人生观是走向积极和健康生活的重要保障。[3]但这种观点似乎鼓励否认事实或保持积极的幻想，这两种应对策略都是有用的，但不见得长期奏效。

为什么这样的书不管用？它们之所以效果不佳，是因为对大多数读者来说，这些书中暗示的应对策略并没有真正成为读者自己的策略。皮尔肯定是对的，正向思考的能力是一份宝贵的礼物。毫无疑问，拥有它的人比没有它的人生活得更好。然而，仅仅阅读他的或其他任何一本书，或者仅仅告诉自己进行正向思考是不够的。那些最需要指导的人通常是最不会寻求指导的，因为积极的思维方式与他们评估环境和应对生活的习惯模式格格不入。

我们可以回顾历史上另一个版本的积极思维主题，即霍雷肖·阿尔杰（Horatio Alger）的书，如《往下沉还是向上游》（*Sink or Swim*）、《生存还是毁灭》（*Survive or Perish*）。这些书鼓励人们通过自己的努力提升自己，学习如何成功。如今，自助类书籍也比比皆是，但除了它们提供的短暂灵感之外，没有真正的证据表明它们彻底地改变了读者的生活。然而，人们还是贪婪地阅读这些书籍，徒劳地希望找到美好生活的秘密。

也许你希望这本书也能揭示这样一个秘密，但灵丹妙药并不存在。我们认为，秘诀是真正了解自己，这是一项相当复杂和困难的任务。我们写这本书的目的是在这方面有所帮助。如果我们了解自己，了解自己的情绪，我们就有可能对自己的生活做出更明智的决定，既基于我们所面临的现实，也反映我们的希望、我们奋斗的愿望，以及我们战胜逆境的乐观态度。

类似建议的一个更古老的版本是 20 世纪初法国催眠学家埃米尔·库埃（Emile Coué）所使用的著名的自我暗示疗法，即诵读："每一天，我都在以各种方式变得越来越好。"但要让一个人的生活走出低谷，需要的不仅仅是经常背诵这样一句口号，还要真正相信自己的价值和美好，仅靠口头说是不够的；否则，我们就不需要这么庞大的专业治疗师和咨询师行业，也不需要如今蓬勃发展的各种组织来帮助人们处理从被强奸或遭虐待到失去宠物造成的各种个人创伤。

但是，有时看似幸福的心态并不一定是心理健康或幸福的标志。有些人表现出太多的热情乐观，他们似乎总是兴高采烈、热情活跃、咋咋呼呼，给旁人带来一种负担，令人怀疑其真实性。如果这种热情看起来是强迫性的，换言之，是由内及外而不是对正在发生的事情做出的反应，那么它实际上可能是对抑郁和绝望的一种防御。

幸福（或快乐）也被一些人视为当下难以实现的目标，但却是记忆中的生活状态，这种状态只有在遥远的过去（比如在童年时期）才是真实的。我们常常满怀渴望地谈论那段生活、工作、社会关系或社会很美好的宁静岁月。你一生中最快乐的时候是什么时候？你能描述一下这种感觉，说出它是怎么发生的吗？如果你和大多数人一样，那么幸福感最显著的特征之一就是它的模糊不清，似乎难以分析。

幸福的个人意义源于你参与了一项重要的生活项目，比如你的事业、养家糊口、整理房子、写书、建花园等。总的来说，生活似乎是美好的，因为你与你关心的人之间关系融洽，经济压力不大，有好朋友，身体健康，远离犯罪和袭击，有着诱人的未来，还有一个允许你以真实的方式在奋斗中展现自我的社会。

以下场景描述了关于快乐和幸福的最古老也是最有趣的哲学困境之一，那就是我们总是很难将快乐作为人生的目标。这种感觉是我们充分利用天赋才能，为利他的目标而努力的时候产生的副产品。不幸的是，许多人希望"只要快乐"，并以此为目标。然而，从我们对人性的了解来看，他们肯定会失望。对某些事件或目标的期望往往比最终实现目标的结果要好。

我们如何判断幸福

评估幸福不是一项简单的任务。有些人几乎从来没有想过。如果有人就此提出问题，也很难轻易作答，因为没有明确的评估标准。因此，关于人们进行这一判断的许多研究数据，往往是有缺陷的。最严重的问题是，我们不清楚应该使用个体之间的还是个体内部的参照系来进行判断。

如果使用个体间（人与人之间）的参照系，我们就需要确定我们的幸福感是高于还是低于他人。但我们没有可靠的基础来进行比较。即使是我们很熟悉的人，我们知道他的幸福感有多高吗？大多数人的幸福感是什么数值？这些问题的答案难以确定，不但对于广泛性人群如此，即使是对于我们可能认识的特定人群也同样如此。

举例来说，当人们抱怨自己的生活时，这不一定真实地反映了他们的内心。人们选择抱怨的原因大不相同，抱怨并不总是与他们对自己幸福感的实际评价相关。他们抱怨可能是因为他们不想让别人认为他们过得好，避免他们的同伴产生嫉羡或敌意。同样，他们也可能迷信。或者他们可能贪心想得到更多。

人们对自己的幸福感所做的陈述中最奇怪的一个特点是，他们对自己的评价往往高于平均水平，这种统计毫无意义。怎么可能大多数人都超过平均水平？不管这意味着什么，也许他们真的相信自己比其他大多数人过得更好。另一方面，也许他们只是试图说服自己或同事。这种倾向也可能来自好人有好报的文化信仰，而厄运说明你做得不好。我们都喜欢为自己感到骄傲，而不是为自己感到羞耻。评级高于平均水平的另一个重要原因可能是，由于没有关于他人的明确参照标准来进行自我判断，因此遇到模棱两可的地方，我们就把分加给自己了。

所有这些都提出了幸福评级中的诚实问题。我们对其他人，包括我们所爱的人说的话，可能更多地与我们希望他们如何看待我们有关，而不是我们对自己的生活的真实感觉。毫无疑问，生活悲惨是一种社会耻辱。那些即使身处逆境仍认为自己幸福的人，通常更容易相处。我们远离那些情绪低落或总是抱怨命运的人。

我们也可能相信，得到人生回报的人相对来说是更好的人，加尔文教义认为这些人由于善良或成功而被上帝选择。成功、好运和幸福表明我们属于被上帝选中的人。这种观点类似于政治保守主义和社会达尔文主义，两者都将好运视为适者生存的果实。

因为我们在很大程度上要保护自己积极的自我形象，所以我们很难做到实话实说。因此，如果就自己的幸福感实话实说，我们对自己形象以及与他人关系的评价可能会降一个档次。除非陷入人生危机，我们甚至可能都不会去考虑幸福的问题，在这种情况的评价下，我们可能不得不考虑。

使用个体内（同一个人）的参照系，一个人在一个时间与另一个时间相比较来判断自己的生活。这是一个更容易做出的判断，因为我们对自己足够了解，有了比较的基础。个体内的框架意味着幸福和快乐或悲伤不是恒定的心理状态。它们随着时间的推移和情况的发展而发生变化。有的时候，我们对事情的发展会比平时更为乐观。

例如，我们可能会认为自己现在比五年前更幸福。那时，我们因为事业没有进展，或者因为配偶和孩子的问题感到失望。然而，现在情况有所好转，我们对自己的生活更加满意。我们在工作中获得升职，换了工作，或者我们现在能感到配偶和孩子的温暖和尊重，而不是冷漠和挑剔。如果乔和艾米在乔回家时被问到这一点，他们会认为他们比分居时幸福得多。虽然不能说不幸福，但几周后当他们遇到问题时，他们会做出更冷静的评估。

我们使用人与人之间的参照系得到的答案，可能与使用个体内部的参照系得到的答案不一致。例如，我们可能认为自己比其他大多数人过得好，但可能认为自己不如平时过得好。这并不矛盾，这两个参照系提出了完全不同的问题，而我们大多数人在看待自己的生活状况时两种参照系都会采用。

幸福感和快乐感的效用

幸福感和快乐感会影响我们的行为处事和与他人的关系。有大量证据表明，当我们的情绪消极时，解决问题的能力会受到影响，但当我们的情绪积极时，我们会有更好的表现。一方面，积极的情绪也会使我们变得外向、开朗、友好、更为体贴和乐于助人，[4] 让我们更关注他人而非自己；另一方面，不满意的心态会使我们以自我为中心，[5] 而且提防他人。

当人们受到优待，体验甚佳，他们可能会感到安全、稳定和自信，这使他们待人更加友善和乐于助人。他们思维流畅，表现往往达到顶峰。做事情时他们感受到挑战而不是威胁，[6]这使他们变得不那么拘束，更加外向。他们可以承受风险。

当人们感受到威胁，需要保护时，情况正好相反。在批评或敌对的气氛下行事会令人警觉和拘谨，并需要隐藏，以免让自己表现不当或显得愚蠢。在这种情况下，人们很难想好说什么以及该如何说。焦虑时考虑问题总是以自我为中心，比如"为什么我出现问题，做得不好""观众会感觉到我的不安吗"，这些想法干扰了表演。这就是为什么路边的滑稽喜剧演员如此珍视能够互动的观众，这让他们感受到观众的欣赏和喜爱，他们也变得开朗和快活，充分施展出自己的才艺。

总而言之，幸福的故事情节是由生活中的一点好消息唤起的，我们将其解释为我们正在实现短期目标和长期目标的标志。这种进展是幸福感基本的个人意义。实际上，我们是在利用我们的能力来实现我们的人生目标，既有小的近景目标，如处理好具体任务，也有大的远景目标，如在事业上取得进步或看到我们的家庭以积极的方式发展。在这一过程中，我们的应对就是实际参与这一进展之后的其他步骤。无论出于何种原因，感到幸福是个人持续参与和投入正在从事的事情中所产生的副产品。

骄　傲

在这里，我们提供了一个母亲为儿子感到骄傲的例子：

麦西亚夫人的丈夫在一次工伤事故中去世了，当时她的独生子托尼还在襁褓中。夫妻俩为了改善经济状况从意大利南部移民到美国，丈夫成了一名码头工人。丈夫死后，麦西亚夫人不得不靠做零碎的缝纫和给人洗衣服才活了下来。在20世纪30年代大萧条期间，她在纽约布鲁克林的一个贫穷社区勉强挣点收入来抚养她的孩子。

她是一个安静的女人，自律，意志坚强，能够并且愿意放弃自己的享乐来给儿子一个更好的生活机会。她希望他成为一个真正的美国人，为了实现这一目标，她不在托尼面前说意大利语。她不让孩子参与在社区蔓延的街头帮派，督促他努力学习以"有所作为"，但她感到不安的是，没有男性榜样来帮助托尼理解美国的成功故事。

这个时候，她遇到了一个安静、谦逊的男人，他喜欢她，并且对学习知识类的事情感兴趣。他在图书馆工作，生活窘迫，但他阅读广泛，说话像个教授。虽然她对他并不特别感兴趣，但当他最终向她求婚时，她觉得让儿子有个父亲似乎是个好主意。他们俩现在都能有点收入。她担心男孩会受到不良影响，失去发展机会，所以他们从破败不堪的社区搬到了一个下游中产阶级的社区。

当麦西亚夫人看到她现在的丈夫给托尼朗读，用流利的英语和他交谈，不带一丝意大利口音时，她就非常高兴。她会听到他纠正男孩的讲话。当托尼在学校表现优秀时，她欣喜若狂。她不停地督促男孩努力学习，使自己有所成就。托尼时不时地反抗她的规训，她也会生气，但他总是感到内疚，在继父温和的支持下，他会顺从母亲的要求。

托尼刚刚获得理学学士学位就在第二次世界大战中应征入伍。服役三年后，当托尼穿着军装回家探亲时，麦西亚太太特别骄傲。他真是个好孩子，长得又帅。战争结束后他退伍回家，决定进入哥伦比亚大学研究生院学习文学和写作，通过《退伍军人权利法案》他获得了教育资助。当他完成博士学位时，他接到好几个文学院的橄榄枝，最终他选择了在普林斯顿大学工作。

麦西亚太太和她的丈夫都出席了他的毕业典礼。她这时虽然又老又病，但无比的自豪令她头脑发昏。当儿子被颁发毕业证书时，她高兴地哭了。在她长期努力帮助托尼出人头地之后，毕业典礼无疑是喜悦和骄傲的高潮。她简直不敢相信她的儿子是一名大学教员，成为她认为的精英人士中的一员。离纽约不远的普林斯顿大学是最顶尖的大学之一。

她的自豪感几乎无以复加。她觉得有必要向大家宣告她儿子的成就，也默默地为自己保留一些额外的骄傲。她觉得自己已经完成了在逆境中努力的目标，并为此获得了荣耀。她知道她的人生是有价值的。她憧憬着托尼结婚生子的那一天。

心理分析

麦西亚夫人显然为儿子牺牲了很多，但她一生中似乎也不乏幸福时刻，而且幸运的是，儿子成就突出，没有令她失望。作为一个生活在异国他乡、没有受过教育的贫穷妇女，她能选择的生活方式并不多。她对自己并没有什么奢望，一切都是为了儿子。不管怎么说，她还是做得很好，过着体面的生活，丈夫也是个好父亲和好伴侣。

虽然我们对麦西亚夫人的描述集中在她儿子从研究生院毕业并成为普林斯顿大学教员时所经历的巨大自豪感上，但在托尼小的时候，她其实也有过不少幸福和骄傲的时刻。其中包括她看到托尼和继父热烈交谈的时刻，还有当她和丈夫有客人在时托尼会展示他的智慧和知识的时刻。我们大部分人的生活中都有这样的经历，这些经历会产生积极的心态，帮助我们渡过难关。麦西亚夫人很幸运，因为她的梦想经过努力都实现得很顺利，而她的儿子也前途无忧。

麦西亚夫人为儿子做出了巨大的自我牺牲，也因为儿子感到了极度的快乐、幸福和自豪，她的未来会是怎样的？这在很大程度上取决于她的儿子。在他结婚生子之后，他会继续给她爱和关注吗？

结果，托尼娶了普林斯顿大学的一位女教员。不到五年，这对新人搬到了西海岸在另一所大学任教。确实，他们的生活以自己的专业领域和社交圈为中心。虽然麦西亚夫人偶尔来看望他们，但这种联系非常有限。麦西亚夫人催促托尼和他的新婚妻子生孩子，这让夫妻俩关系有些紧张，因为他们似乎并不想要孩子。麦西亚夫人一直计划自己去帮忙照顾孙子、孙女，她现在有必要找到获得满足感的新任务。

对于麦西亚夫人来说，她在晚年无须像早先那样为儿子和他的事业继续付出努力。年轻夫妇搬走后不久，她的丈夫也去世了，他留下的保险为她晚年生活提供了保障。托尼回来参加葬礼后就离开了。麦西亚夫人越来越觉得自己没用，回顾她为儿子奔忙的那些日子，她觉得那是她一生中最美好的时光。

已经 65 岁的她似乎来日无多。她既想搬到西海岸又舍不得熟悉的环境，左右为难。托尼和他的妻子没有劝她搬家，她认为是儿媳妇在作梗。托尼几乎每个月都给她打电话，但这对她来说还不够。他们的交谈现在也变得生硬，反映出两代人之间在兴趣和观念上的巨大鸿沟。

幸福和骄傲都是暂时的心理状态，两者都不能聚焦于过去。为了维持这些感觉，必须仍然有某种东西激发我们的能量，发挥我们的能力；否则，人们就会因为碌碌无为感到不满，相互指责。随着麦西亚夫人日益年老，而儿子儿媳有自己的生活，她终将面临这个问题。她还没有找到快乐生活的方式，看上去沮丧不已，一肚子苦水。改变永远是王道，只有改变才能带来体验快乐、骄傲和幸福的新要求。

骄傲的多面性

骄傲几乎没有同义词。得意可能是其中之一，但它有其特殊的引申义，使其含义变得复杂。出于某些原因，骄傲这个词似乎承载了这种普遍而相当复杂的情绪的全部含义。

快乐的感觉常常与骄傲的感觉相伴，就像我们说的"她是我的骄傲和快乐"一样。麦西亚夫人在儿子的毕业典礼上感到既高兴又骄傲。然而，区别于幸福，骄傲有一个特殊的含义。多年前哲学家大卫·休谟（David Hume）就指出过这种区别。[7]

休谟坚持认为，唤起骄傲的正面事件不仅仅让我们感到快乐，而且证实或增强了我们个人的价值感。这种自我提升是骄傲背后的个人意义。任何众所周知的在社会上有价值的东西，例如一个漂亮或整洁的家、一项成就、对世界的了解、对社会的贡献、年轻的外表、坚韧的个性，都会增益我们的个人和社会地位。骄傲的唤起源于提升自我的事件或状态，或者是我们记忆中这样的一件事情被提及或被想起。

快乐和骄傲的感觉之间的区别将我们引向了骄傲的戏剧性情节，这是一种通过一个有价值的目标或成就获得荣誉而提高个人价值的情节。成就可以是我们自己的，也可以是我们认同的人，例如，孩子、家庭成员、同胞、我们所属的群体（如一个运动队、我们的宗族或国家）。麦西亚夫人为儿子大学毕业感到骄傲，对自己为儿子的成就出过力感到骄傲，这就是明显的例子。

像感到快乐一样，当我们感到骄傲时，我们会很外向，想告诉别人，并意气风发。在吉尔伯特和沙利文的喜剧歌剧《比纳佛》（*H.M.S. Pinafore*）中，海军大臣、枢密顾问官约瑟夫·波特爵士唱道："当我在这里掌舵时，我的胸中满是骄傲。"

与骄傲时的外向对照，我们感到羞耻时会有隐藏的冲动。当感到骄傲时，我们已经达到甚至超越了我们所追求的个人和社会标准；相反，我们感到羞耻是因为让我们所珍视的人失望。

骄傲也可以与谦逊进行对比。当我们真正感到谦虚时（而不仅仅是为了给人留下好印象装模作样的谦虚），我们会欣赏自己的局限性，就像骄傲意味着欣赏自己的优点一样。然而，谦逊与羞耻大不相同，因为它是我们对局限性的接受，而不是对局限性的痛苦表达。骄傲有时可能会暴露出某种傲慢，这显然不会在谦逊或羞耻的自我贬抑情绪中出现。

骄傲、谦逊和羞耻都不一定与我们自己的客观事实有关，而是与如何评估或评价这一事实有关。在这里，我们再次看到情绪如何依赖于我们从生活事件中构建的意义。麦西亚夫人相信她在助推托尼成功这件事上做得很好，她也因此为自己和儿子感到自豪。我们也这么认为。她为自己的生活构建的意义集中在她对儿子的希望上。这令她甘心自我牺牲，而他惊人的成功回报了她的自我牺牲，并扩大了她自己的成就感，因为她促成了他的成功。

然而，有的母亲更看重收入而不是学术成就，她们可能会认为这样的生活模式是愚蠢的，或者指责这样的成就是微不足道的或不划算的。还有的人自欺欺人地为一个事实上并不出色或没什么成就的孩子感到骄傲。这些反应的差异源自对成功的方式定义不一样，提升自我的方式不一样，以及不切实际地评估孩子生活方式结果的方式不一样。

关于骄傲我们的社会维持着明确而微妙的价值标准。出于这个原因，我们可能不得不面对我们的骄傲，这听起来很奇怪。例如，我们以一种积极的方式看待自豪感，但却不看好炫耀或自我膨胀，这会使他人处于一种落后的地位。为了贬低他人，我们有时会说"他头脑发热"。骄傲是一种竞争情绪，因为它聚焦于保护和增强我们个人身份的需要。因此，一个人必须小心谨慎，以免因有时被称为"自负的骄傲"而得罪他人。

麦西亚夫人想告诉所有人关于她的儿子以及她自己在儿子成就中所起的作用，但也有必要应对表达骄傲可能产生的威胁。例如，她不能在公开场合或在单独面对儿子时，贬低他的真正成就。好吧，为儿子骄傲，但不能为自己骄傲。

因为骄傲是竞争性的，它也会给亲密的社会关系带来麻烦。我们称之为"顽固的骄傲"就是一个例子，在一场伤感情的争吵后人们发现自己很难道歉、原谅和弥补。尽管从长远来看这并不明智，但那个固执的"骄傲"者会继续表达伤害和愤怒，并希望对方完全退让，而不是各让半步。我们把这类人描述为"费力不讨好"的。他们正在应对对自己的负面看法，这使他们相信屈服会贬低自己。

在美国文化中，也可以发现对骄傲自大的贬谪，即"骄兵必败"的箴言。它既带有道德色彩，也告诫我们不要自吹自擂，以免受到报应。我们的文化一方面重视骄傲的对立面——谦逊，另一方面也欣赏那些积极进取的人。

过度骄傲在不同的文化中有不同的定义。例如，在日本，如果一个人的孩子或配偶受到赞美，他就会对被赞美的美德表示不屑，就好像是否认这种赞美。事实上，在社会上不可接受的可能是炫耀，而不是内心的自豪感。然而，这两种文化对此都有相同的矛盾心理。因为内心的骄傲意味着个人竞争力，所以在以集体为中心的社会中，如日本，人们应该避免过度展示这种竞争力。在美国，如果自己或爱人真的有美德，我们往往很高兴为之骄傲，但千万不要过分。

那些依赖公众认可的人，比如娱乐界和体育界的名人，必须小心不要过于自负自己在生活中的有利地位。公众对他们的名誉和财富既钦佩又羡慕，心存矛盾。为了防备这一点，名人们经常表现出极大的谦逊，以避免嫉羡和敌意的反对。他们甚至在公开采访中悲叹自己的不幸。

电视主持人常常通过杂陈正面的尊重和贬损，有时甚至是隐晦的蔑视，来附和这种矛盾心理，而这正是公众人物所能容忍的一种减轻公众敌意的方式。公众对名人中的酗酒、吸毒、抑郁、自杀和精神病也非常感兴趣。如果我们嫉羡的人原来是个受害者，那么同情心可以帮助我们更好地接受他在生活中的优势地位。

骄傲也可以用来保护脆弱的自我，在这种情况下，它表达了对个人价值的潜在怀疑。当我们自身没有什么值得骄傲的时候，我们可以通过将自己与重要的宗教、民族、种族、亚文化或政治团体联系起来，甚至与一支正在赢得一个赛季的棒球队或足球队联系起来，来增强我们的自我认同感。这样做可以让我们得到膨胀，自我感觉良好。然而，它也可能具有民族中心主义的危险性质，即对我们自己的群体或社会做出积极评价，而贬低、诋毁和排斥他人。

总而言之，骄傲的唤起源于与我们有关、具有积极的社会价值的好事情的发生。骄傲的个人意义是，所发生的事情提升了我们作为一个个体的身份，因此使我们以及其他人都认为自己是特别的。社会地位提高的这一意义将骄傲和与之密切相关的快乐区分开来。由于骄傲具有竞争性，有时甚至带有道德色彩，我们通过在合理的骄傲和可能导致社会批评的自负的骄傲（傲慢）之间取得平衡来应对它。

爱

单相思恐怕是最能引发痛苦情绪的情感经历。让我们先来看下面的一个案例：

珍妮特是加州一所大学的学生，学习成绩一般，但容貌秀丽，招人喜爱。她和另一个她喜爱的女孩同住一间宿舍。数学是她唯一害怕的科目，她的大学同学史蒂夫则是一个聪明但性格有点怪的年轻人，史蒂夫与她成为好友，并主动提出帮助她补习数学。

史蒂夫在社交方面很笨拙，性格暴躁，容易紧张，没有什么女性朋友。珍妮特感激他的帮助，并感觉到他需要建立自尊。因此，珍妮特利用了史蒂夫的帮助，也时不时地和他一起出去，因为她同情这个似乎需要帮助的年轻人，尽管她并不喜欢史蒂夫的关注。

结果，由于以为珍妮特对他有意思，史蒂夫开始对这段关系想入非非。他开始花费大量时间盼望着每周一次去珍妮特的宿舍为她辅导数学。他在社交活动中也变得依赖她，似乎很迷恋她。

虽然珍妮特行为谨慎避免刺激到史蒂夫，但她也不想伤害他的自信心。而史蒂夫很喜欢珍妮特，希望能向她示爱，他的情绪为她起起落落。一天晚上在一起学习时，他向她表白了。珍妮特反应冷淡，令史蒂夫不快。珍妮特的意思是她喜欢他，但无法以那种方式回报他的喜爱。他的爱——如果可以这么措辞——是单方面的。

史蒂夫遭到拒绝，心力交瘁。他满脑子都是珍妮特，仇恨任何对她献殷勤的男性。他幻想自己在追求她，想象如何使自己对她更有吸引力。有一次，史蒂夫开始向她示爱。起初，珍妮特因为拒绝了他而感到内疚，于是允许史蒂夫抚摸她，而这反而增强了史蒂夫的欲望。后来，她告诉他自己不喜欢他那样，他必须停止。当史蒂夫不听并开始把他的意志强加于她时，珍妮特非常害怕，大声向邻居求救，邻居帮着把史蒂夫从宿舍赶了出去。

求爱遭拒对史蒂夫来说是一次可怕的经历，他似乎已经失去了所有的现实理性，强迫性地相信珍妮特是他唯一能爱和被爱的女人。他开始远远地跟踪珍妮特，在她上课和参加公共活动时监视她。珍妮特的朋友经常告诉她史蒂夫来了。史蒂夫给珍妮特写的信越来越咄咄逼人，越来越暗含威胁。史蒂夫会试图闯入珍妮特的宿舍。他越来越多地去找她，恳求她，并暗示他不会接受否定的回答。

珍妮特去学校行政部门投诉，但被要求不要大惊小怪，学校让她等史蒂夫冷静下来，忘掉她。她把他最具威胁性的几封信交给了当地警方，警方说除非他犯罪，否则他们什么也做不了（加州当时没有与跟踪相关的法律）。最后，有一天，史蒂夫强行闯入珍妮特的房间并袭击了她。珍妮特尖叫着击退了他，一名宿舍女生拨打了 911 报警电话。警察把史蒂夫关了一夜，法官下令禁止他在珍妮特附近任何地方出现，然后释放了他。

珍妮特仍然处于痛苦和恐惧之中，因为史蒂夫似乎无法控制他单方面的爱恋。史蒂夫继续跟踪她，珍妮特却拿不到可以逮捕他的证据。珍妮特精神紧张，无法学习，只好辍学回家，后来珍妮特申请了另一所学校，小心翼翼地掩饰自己的行踪。幸运的是，在这个故事中，史蒂夫没有再打扰她，几年后，史蒂夫因跟踪洛杉矶一位著名电视女演员而被捕。他现在正在监狱服刑，但很快就会被释放。珍妮特仍然担心她可能会再次受到史蒂夫的袭击，结果可能会更暴力。

心理分析

这种不尽如人意的关系对于珍妮特和史蒂夫的个人意义显然大不相同。史蒂夫非常想被这位善良、友好、受欢迎的年轻女子所爱，一开始珍妮特误解了他帮助她的意图，但后来变得越来越谨慎。当一个人爱上另一个人时，另一个人很难有效地拒绝这个人。人们对严词拒绝感到内疚。然而，史蒂夫最终面对的却是珍妮特的坚拒，这似乎强化了他对自己糟糕的看法，因此更具破坏性。

史蒂夫——一个非常不稳定的潜在精神病患者，无法接受拒绝。童年时，他被父母抛弃，自生自灭。他在社会的边缘勉强为生，独自生活，靠着聪明度日，进入大学后也还过得去，没有引发任何恐慌，直到认识珍妮特发生这件事。尽管如此，回顾他童年的阴影还是太简单了，没有多大用处，因为在美国不少男孩都经历过被遗弃，但当长大后被女性拒绝时，他们并不会无法接受、死缠烂打。心理学还不能充分解释这种情况下到底出了什么问题。

而当史蒂夫试图胁迫珍妮特爱他时，珍妮特也感到惊慌。然后当她看到他可能会使用暴力时，她很害怕。她不清楚他的情绪和行为障碍的严重程度。她只是想利用史蒂夫的数学才能，并善待这个孤独的年轻人。她对自己的意图误导了他感到内疚。然而，内疚并不是一种恰当的反应，因为珍妮特本想客气而委婉地对待史蒂夫。当她不得不告诉他真相时，他无法接受。

当局不会或无法为珍妮特提供她认为需要的保护。珍妮特的精神创伤是面对一个情绪不稳定的人的威胁行为，这个人还可能使用暴力。她听说过其他以悲剧告终的此类案件，她不希望这种情况发生在她身上。她千方百计想从当局那里得到帮助，但效果始终不理想。除了一丝内疚和她对史蒂夫的恐惧外，珍妮特没有因为这段单恋而产生重大的心理问题。

然而，史蒂夫会怎么样？我们无从断定。他行为不当，他无法控制自己的强烈欲望，他不善社交，从这些症状来看他似乎有精神病。然而，他的外表正常，智力和能力都比一般人强。他非常需要某种治疗，否则，他极有可能做一些会导致伤害他人、自己入狱的事情。

社会似乎无法防备可能降临到史蒂夫、其他许多生活在社会边缘的男男女女以及他们的潜在受害者身上的悲剧。更糟糕的是，社会似乎也不愿意投入足够的资金和人力来防止此类悲剧，或在悲剧发生时加以防范，而宁愿忽略它们或相信它们会消失。

除了有关精神失常，这个案例从根本上讲是一个学习如何更好地应对缺爱的人对爱情的渴望的问题。要想在爱情游戏中表现出色，人们必须相信自己足够好，不要向任何对自己好的人投怀送抱，也不要仓促行事，更不要为了欲望而威胁或实施暴力。我们也必须小心，不要以为渴望拥有某人的冲动或支配了某人的注意力就代表着爱情，就像我们大多数人所经历的那样。[8]

珍妮特和她对史蒂夫的拒绝远比大多数单恋的例子更具戏剧性、更消极。虽然年轻人求爱遭拒很常见，但史蒂夫的案例中极端和消极的经历却并不常见。它们只会让被拒者感到失望和自尊一时受挫，让拒绝者感到内疚。

那么到底是哪里出了问题呢？根源在于史蒂夫无法摆脱过去。就像古希腊悲剧那样，仿佛命运早就注定了会发生什么，他的行为处事展现了他早期对自己和他人的思考和感受的方式。史蒂夫一开始就错误地构建了意义，首先是他以为珍妮特对他有意思，其次是珍妮特拒绝他是因为他不可爱。通过将自己视为受害者，他可以至少在表面上否认自己有任何问题，或者这场闹剧主要原因在他自身。这是一种心理疾病，它在等待一种刺激，这种刺激会激活它并将它带到不可避免的结局。

爱的多面性

因为爱有很多不同的含义，所以有很多近义词。这一组恰好是我们所关注的，包括喜爱、依恋、温柔、奉献、友好、尊重、崇拜、奉承、热情和激情。

另一组似乎差得远点，包括喜欢、高兴、享受、愉快、喜爱和癖好。这两组词远不能涵盖我们能找到的近义词清单。

哪个词最能表达爱的含义在很大程度上取决于我们所考虑的是爱的哪个方面。我们有必要弄清楚"爱"这一概念有多少不同的含义，了解在我们的社会中或者对一般人来说这个含义所反映的爱的重要性。

但是，爱情对于一对恋人来说可能意味着不一样的经历。换句话说，爱的个人意义因人而异。因此，一方可能会消极地认为爱牺牲了独立和自我，而另一方则仍然为此着迷。有些伴侣将爱与性紧密地联系在一起，但另一些则不然。对这些人来说，一方的愿望可能是分享自己的思想、目标和经验，而另一方可能没有兴趣或能力进行分享。伴侣间的感受和表现力也可能不同。一方可能对这段关系很投入，而另一方却不然。

爱情关系呈现出的模式和情绪千差万别，有的是幸福的源泉，有的是痛苦的根源，有的生机勃勃却也矛盾重重，有的相安无事却心如死灰。史蒂夫已经经历了一段恋爱史，这段恋爱史很可能成为他未来恋爱关系的模板。他必须首先学会认识到自己是值得被爱的，或者将注意力从寻求爱情转移到通过投入其他的社交和工作来让自己得到认可。他必须处理好自己的过去，以及他早期与女性交往时所表现出来的无用的个人意义。我们不清楚他自身是否有力量来实现这点。

爱情也与文化价值观纠结在一起。不仅不同文化对爱情的看法不同，而且这些看法在西方历史进程中也发生了巨大的变化。例如，爱情曾经被认为与婚姻无关，婚姻是一种社会和商业关系，以养育子女为其主要社会事务。婚姻是由父母而不是年轻夫妇协商达成的，而爱情并非协商内容。有时夫妇们被告知他们要学会彼此相爱，这在某些情况下可能会发生。有些读者会记得那部非常成功的音乐剧《屋顶上的小提琴手》（*Fiddler on the Roof*）中的特维和戈尔德唱着"你爱我吗"。我们的文化倾向于浪漫地定义爱情。

我们相信，对爱的渴望可能一直是人性的焦点，哪怕是不强调爱情的包办婚姻。人类生物学和我们社会存在的本质可能决定了我们进化的祖先中需要产生浪漫爱情关系。毕竟，爱定义了两个人之间的一种关爱关系，没有这种关系，人们就会容易感到孤独和痛苦。

当人们被要求说出最重要的情绪时，爱（以及它的对立面之一——愤怒或仇恨）通常位列榜首。爱情作为一种情绪的情况实际上有点复杂，虽然爱总是情绪化的，并非所有心理学家都将其视为一种情绪。其中最复杂的是爱有多种类型。

虽然浪漫之爱和与性无关的伴侣之爱（如兄弟之情和父母之爱）有很多共同之处，但这两种爱在重要方面也各不相同。我们尚不确定浪漫之爱是否应该由包括异性恋或同性恋的性取向来定义。造成这种不确定性的主要原因是没有爱情也可能产生性欲，而且，想必浪漫之爱内涵中的许多态度也可以在无性或没有激情的情况下存在。

爱的积极或消极体验

虽然我们经常认为爱是一种积极的体验，这也是为什么我们把它放在这一章中的原因，但文学作品提示我们这种体验是多么地丰富多彩。它有时被理想化为一种狂喜的精神状态，一种耗尽精力而回报丰厚的激情。但也有人谴责它是冲突、痛苦、沮丧和不快乐的根源，是一种愚蠢行为（特别是单恋），是一种如果想要内心平静就必须避免的行为，也是一种为社会所接纳的疯狂状态。

在塞万提斯（Cervantes）的《堂吉诃德》（*Don Quixote*）中，我们有一个理想化的、积极的但却令人着迷的爱的例子。主人公有点疯狂，自封为游侠骑士。由于非理性的理想主义，他总想做点好事，他执着于一个在旅行中遇到的名叫奥尔东扎的妓女的纯洁。他称她为杜尔西尼亚，可以翻译成"甜蜜的梦"，他对她的纯洁的执着最终使她放弃了旧的生活方式，从而与他心目中的理想形象一致。

在萨默塞特·毛姆（Somerset Maugham）所著的小说《人性的枷锁》（*Human Bondage*）中，爱情被看成一种似乎是非理性的痴迷。菲利普——一个跛脚的非常不自信的男人，成了米尔德里德的情感奴隶，却无法尊重这个粗俗、肤浅、轻率的女人。他对自己的迷恋无能为力。他以能和她在一起为生活目标，却诅咒自己的命运。他自己选择了米尔德里德的奴役，这让他大部分时间都很痛苦。从真实意义上说，史蒂夫对待爱情的方式也是一种强迫性的束缚，因为他看不起自己而又迫切需要得到女人的爱和欣赏。

爱作为情绪或感情

我们需要区分作为一种强烈情绪的爱与作为一种感情的爱。当我们描述一方（或双方）对另一方的爱时，我们说的是作为感情的爱；而作为情绪的爱只是偶尔被唤起。无论何种强烈的情绪，我们都无法忍受稍长时间的体验，更不用说是经常性的情绪，因为它会消耗我们。

爱的强烈情绪在恋爱关系中穿梭。它被激发的原因可能是对方的出现、某次交流、一个有利的时机、一种浪漫的气氛，看到或听到对方，也许是更生理性的东西，比如性激素的激增。

即使在最浪漫的爱情关系中，当恋人不得不去工作或分离时，他们通常会投身其他事情，并不太可能主动感受爱的情绪，除非在独自一人或想起对方的特殊情况下；否则，如果他们不断被爱消耗，他们就无法有效完成工作。大多数稳定的关系，无论是婚姻关系还是其他关系，根据具体情况也包含许多其他情绪，如愤怒、焦虑、内疚、羞耻、解脱、快乐、骄傲、同情，还有作为情绪的爱。但是，作为社会关系的爱，与作为情绪的爱不是一回事。

爱作为一种强烈的情绪是一种被唤起的状态，在这种状态下，爱是在与所爱的人的特定遭遇中体验到的，无论这种遭遇是想象的还是真实的。不论是否做爱，当相爱的人体验到相互的爱和激情的感觉时，爱就周期性地出现。当爱消逝，爱的感觉被唤起的频率会下降或完全消失，尽管有时它也可能被重新点燃。

爱的种类

除了异性恋和同性恋的爱情，还有不止一种的爱。最重要和有趣的是浪漫之爱和伴侣之爱之间的对比，后者包括兄弟之情和父母之爱。正如我们将在其戏剧性的情节中看到的那样，这些爱的不同种类相互叠加，但我们应该看到其中的重要差异。

浪漫之爱

到目前为止，我们谈论的主要是所谓的浪漫之爱。这通常包括性亲密，并且是仅指恋人间的。浪漫之爱符合西方现代的婚姻观念，即理想的婚姻形式是以爱情为基础的。我们对这种爱的社会理想认为，恋人之间相互尊重、关系平等，可以但并非必须有一定程度的性欲激情。正是性亲密将浪漫之爱与伴侣之爱区别开来。

浪漫之爱的戏剧性情节对我们大多数人来说都很清楚：渴望或实施感情和身体上的亲密，通常但不一定会得到回应。是否得到回应的问题性质可以表明一个人爱却不被人爱，这就是我们之前所提到的单恋。在这种情况下，爱是希望爱和得到爱的愿望的结果，而不一定是事实上得到回应的被爱。

爱会带来强烈的冲动去接近伴侣，触摸对方，互动以获得彼此的性满足。在爱情中，我们渴望温暖和温柔。我们关心和关切对方的幸福。但我们在爱人身上看到的吸引力取决于文化和个人。

在我们的社会中，求爱是一件复杂的事情。这是应对过程在关系中变得特别重要的地方。可能遭到拒绝是必须面对的难题，这对某些人来说可能是毁灭性的。在大多数健康的爱情关系中，求爱是一个反复试错的过程，只有在有现实证据表明有积极的反应时，才逐步推进。

缺乏积极的回应往往会让我们大多数人感到沮丧和失望，事实上可能会终止进一步的尝试。这种求爱的过程，以及保护一个人免于自尊过度受伤的谨慎，史蒂夫和萨默塞特·毛姆在《人性的枷锁》中塑造的菲利普这一角色都没做到。两者在某种程度上都特别容易受到由此产生的依赖性依恋的影响。当它以这种形式出现时，这种依恋可以被称为爱，尽管我们大多数人会将它斥为病态。

对许多男人和有些女人来说，所追求的对象是求爱的主题。在追求所爱的人的过程中，尽管有证据表明对方不感兴趣，追求者至少会持续一段时间努力让对方感兴趣。我们的社会对坚持这样做是否恰当未置可否，这使得当前人们对如何处理性骚扰、性袭击和约会强奸争论不休。即使女人或男人带有私心，努力争取而得到也被视为公平竞争，从而导致真实的意图和动机更加混淆不清。

也有一些女性积极煽动男性的兴趣，令他们即使没有动心也来求爱。在这种情况下，男性以为自己扮演的是刻板的男性进攻者角色，而事实上恰恰是女人在巧妙地进攻，却又让自己看起来并不是主动的。

被对方拒绝还坚持不懈地追求等同于心理问题，并且被认为是危险的。通常，"强迫"一词被用来形容这种行为，这意味着一种内在的强迫症，而不是对实际发生的事情的反应。跟踪者也属于这一类，他们不断与声称爱慕或崇拜的对象进行不被欢迎的接触，有时具有威胁性或暴力性。

性骚扰是一个心理问题，也是一个政治问题。最近，它甚至影响了美国联邦最高法院法官克拉伦斯·托马斯（Clarence Thomas）的当选，安妮塔·希尔（Anita Hill）指控他曾经有性骚扰行为。数百万人在电视上观看了两方的证词，引发了关于谁在说真话的激烈辩论。毫无疑问，美国社会对性骚扰的关注可能改变了我们的浪漫之爱的表达模式，尤其是在工作场所。有人对此表示欢迎，也有人责难。

求爱的问题在那些自卑者身上尤为严重，他们最有可能因为被拒绝而羞愧难当，自尊受挫。我们可以从这种脆弱性中看出爱与愤怒之间的密切联系。在不顺利的求爱中，一方或双方可能会在没有亲密关系示意的情况下太快走向亲密。一个危险是，求爱者可能陷入一种不可能圆满的单方面关系之中。另一个危险是不情愿的一方在受到不当行为指责时的怨恨，甚至是公开羞辱。

在一段持续的关系中，失恋也会带来对自我形象的伤害和损伤一类的危险，反应可能是危险的愤怒，甚至是沮丧和对失恋的哀伤。在我们的社会中，寻求和维持爱可能是最复杂、最敏感，包含最多情绪风险的人际关系。

责任感与作为情绪的爱没有直接关系，尽管它可能是某些人坠入爱河的一种条件。爱我，但不仅仅是爱我的身体，可能是直接或间接传达给未承诺者的信息。责任感表明一个人对伴侣的幸福有着稳定的关注，这也是社会对真爱的常规定义。责任感意味着当关系中不可避免地出现对爱无感或爱完全消失时，对其忽略不计的意图。

我们的社会理想是对伴侣和孩子负责，这就意味着持续的养育，哪怕感情发生变化甚至是分居或离婚后也是如此。如果激情很少或永远不会再次出现，或者在没有爱的情况下关系难以维持，那么这种责任感可能会消失。在这种情况下，我们可以离婚，以此来解决经济、育儿、社交和心理调整等问题。

对爱和责任感的态度因文化和历史时期而异。社会关注婚姻记录，保护伴侣的权利，维持他们的相互义务，确保他们待在可以预测和运行的社会和工作范围内，养育子女，维护社会认同的价值观。因此，责任感虽然并不总是个人的、情绪的，但它有着重要的社会作用。

即使在今天的一些社会中，结婚的决定也是出于经济和社会的原因，而不是情绪的。然而，请记住，我们认为爱是一种具有不同品质和模式的情绪，无论它是否遵循某种社会理想，也不管我们是否欣赏这种理想。

将浪漫爱情理想化并将其与责任感联系起来，自然会使我们对爱情及其稳定性的期望变得复杂。这是人们在处理恋爱关系时犯的最严重的错误之一。许多婚姻上的失望都源于浪漫和不切实际的观念，认为爱情是一种永恒的心态，在这种心态中，夫妻双方把对方当成偶像来崇拜，而且从不动摇。

爱情作为一种情绪的问题在于，激情时起时落，无法在长时间内每时每刻维持不变。长期的关系不适合于持续的激情或爱的强烈情绪，但当关系中的其他考虑因素退居次要地位时，在有利的条件下，积极的爱的情绪所需要的意义会不时浮现出来。

伴侣之爱

伴侣之爱也以亲密和爱的感觉为中心，其愉悦源于对彼此幸福的积极关注和关心。其戏剧性的情节、渴望或投入感情通常是相互的，但不一定必须如此，这与浪漫之爱非常相似。父母爱他们的孩子，孩子爱他们的父母。女人可以爱她们当成好友的愿意相处的其他女人，没有任何明显的情色成分。男人也会对其他男人感到爱，尽管在我们的社会中，由于他们背负的男性的定义，他们有时会对这种爱感到不安和压抑。对许多男人来说，谈论友谊比谈论爱更容易。

父母养育孩子的责任感往往很强烈，通常是单方面的，不像浪漫之爱那样。父母可能会继续照顾孩子的需要，即使孩子没有回报他们的爱。不过父母仍然渴望这种爱，而这种爱的缺失是失望、愤怒、内疚或羞耻的根源。

父母对孩子的爱是很难分析的，因为它的差异性太大。虽然我们对它有解释，但我们的想法往往只是猜测。一些家长认为，生养和照顾孩子是一种义务，一种道德上的需求。爱的情绪并没有真正进入其中，这只是一个有关责任的问题。

尤其是现在，许多妇女不愿生孩子，选择职业而不是家庭。然而，尽管一些女性在刚进入成年时选择这种排斥家庭的态度，但随着生育年限的缩短，她们可能还是会决定想要这种经历。是什么促使她们改变心意？她们是否像人们渴望爱情一样渴望孩子？很难说。对有些人来说，生养孩子被视为丰富人生的重要的，甚至是必要的内容。有些人相信，孩子们在自己年老时会提供陪伴和照顾。还有一些人，似乎有着爱和关心孩子的强烈意愿，从他们自己的童年开始就迷恋为人父母。还是孩子的时候，她们就经常扮演妈妈的角色，并期待这成为她们成年后生活的一部分。

想要照顾婴儿的倾向可能有某种生物学上的原因，婴儿在很长一段时间内都非常依赖这种照顾。我们通常认为，女性怀孕后会出现这种倾向。但这不能解释父母对领养子女强烈的爱。也许对孩子的渴望与女性荷尔蒙及其对大脑的影响有关。然而，并不是所有的女人都有这种感觉，而男人也很能体验强烈的父爱。也许对雄性来说，这种倾向是天生固有的，但其表现方式不如女性明显。

另一方面，我们可以从我们从小长大的社会中了解到，我们应该以某种方式感到，孩子和家庭是美国梦的一部分，是一种能够保持社会结构完整的共同理想。或者，我们寻找爱是因为我们非常脆弱，需要他人关心，承认我们作为个体的重要性和优秀品质，或者与我们联合起来应对生活的需求和机会，在世上求得生存。爱可能有很多复杂的动机。

我们已经触及了一个传统而令人烦扰的问题：我们的感受在多大程度上受到生物学的影响，在多大程度上受到社会经验的影响？就这一点而言，同样的问题也可以被问及浪漫之爱。浪漫之爱到底是一种情绪，还是纯粹的生物学和荷尔蒙的事件——事实上，是欲望而不是爱情，我们用委婉的爱来让它更容易被社会接受。我们后面要探讨的是，任何情绪的来源都不可能将生物学与社会经验分离，包括爱。我们将在第 9 章中看到，这两者无疑都起作用了。也许可以说，人类拥有爱的情绪这一能力，而不论好坏，它对我们的生活产生了巨大的影响。

情欲在伴侣之爱中不存在，但在浪漫之爱中占据中心地位。无论是在父母之爱还是兄弟之爱的版本中，都没有性兴趣的位置，这是一种社会规则，表现为乱伦禁忌。

在即将结束对爱的情绪的讨论时，我们要注意到精神分析师从童年经历的角度来看待人际关系中爱的力量和强度。据说，成人之爱可以唤醒和重新发现儿童时期的关系，特别是儿童和父母之间的共生关系。成人的爱情中，两个独立个体发生融合。

我们也将与父母或者替代父母者的关系中所存在的问题和优点投射到爱的情绪。在某种程度上，我们在成年的爱情关系中重新体验这些亲子关系，有时是反抗它们，有时是复制它们。毕竟，我们是从父母那里第一次了解到爱。

如果我们曾试图控制或避免被父母控制，如果我们通过与父母保持距离来应对，如果我们过度依赖他们，或者如果我们对他们存在矛盾心理，例如，对他们既爱又恨，我们可能会与成年后的爱侣恢复这些童年模式。在这个过程中，我们经常在一段又一段的关系中犯同样的错误，因为同样的原因而离婚，因为我们永远背负着多次构建起来的同样的意义。

一些成年人在他们的关系中永远保持幼稚：他们可能无法去爱，不相信自己是可以被爱的，或者过于沉迷于没有回应的爱。还有的人渴望爱情，一生都无法满足。对于健康的成人关系来说，反复出现的童年模式必须以某种方式被打破。要做到这一点，可能需要洞悉我们童年时期的爱的根源，这有时可以通过心理治疗获得。

浪漫之爱和伴侣之爱是人类非常强烈的需求，它们会激起强烈的、有时无法控制的情绪。毫无疑问，文化对爱的影响是相当大的，但不管社会如何对待求爱和结合的仪式，爱的生物学因素也是关键和持久的。

参考文献

1. See, for example, Diener, E. (1984). Subjective well-being. *Psychological Bulletin, 95,* 542-575.

2. Actually, well-being is closer to a mood than an acute emotion, since it refers to how we are doing existentially. However, when people are asked to make the judgement, it is mainly an intellectual task and they are not apt to be engaged in a real feeling as they would be in a mood state.

3. See Scheier, M. F., & Carver, C. S. (1987). Dispositional optimism and physical well-being: The influence of generalized outcome expectancies on health. *Journal of Personality, 55,* 169-210.

4. Isen, A. M. (1970). Success, failure, attention and reaction to others: The warm glow of success. *Journal of Personality and Social Psychology, 15,* 294-301.

5. Sedikides, C. (1992). Mood as a determinant of attentional focus. *Cognition and Emotion, 6,* 129-148.

6. Lazarus, R. S., & Launier, R. (1978). Stress-related transactions between person and environment. In L. A. Pervin & M. Lewis (Eds.), *Perspectives in interactional psychology* (pp. 287-327). New York: Plenum. See also Lazarus, R. S., & Folkman, S. (1984). *Stress, appraisal, and coping.* New York: Springer.

7. Hume, D. (1957). *An inquiry concerning the principles of morals.* New York: Library of Liberal Arts.

8. For an interesting and systematic set of data and psychological analyses on unrequited love, see Baumeister, R. F., & Wotman, S. R. (1992). *Breaking hearts: The two sides of unrequited love.* New York: Guilford.

9. Reiss, I. L. (1990). *An end to shame: Shaping our next sexual revolution.* Buffalo, New York: Prometheus.

Passion
and
Reason
Making Sense
of Our
Emotions

第 6 章
共情情绪：感激、同情和
其他由审美体验引发的情绪

本章中描述的三种情绪密切相关，因为它们在某种程度上取决于与他人共情的能力。我们对它们的了解是有限的，但它们在我们的日常生活中很重要，它们的特性有别于其他情绪，引人入胜。

感 激

我们可以在下面的故事中看到一个有关感激的例子。

1940 年约翰 18 岁，是纽约城市学院的大三学生。这所大学为贫困学生提供一流的免费教育。为了应付诸如餐食、书籍和杂费等开支，约翰需要一份有偿工作，而在那个年代，这类工作是非常稀缺的。

他通过给学院里的学生理发赚了一些钱。他曾在夏令营当过辅导员，在那里他学会了把孩子们的头发剪得相当好。他在学院的不同地点张贴广告，标出他可以提供理发服务的课余时间。他只是预约理发，每次收费 20 美分，比附近的理发店低 5 美分。在大学课堂开始前，他还亲自上讲台宣传他的服务。

纽约城市学院的学生们非常同情这位年轻的企业家，何况还有 5 美分的优惠，所以不久他的理发生意就红火起来。然而，有一天，一名警察找到了他，告诉他必须停下来，因为他没有执照。显然，当地的理发师从学生那里得知了约翰的生意。执照太贵了，约翰买不起。

这时，一位知道他在业余时间帮人理发的教授询问起他的生意。当约翰提到这个坏消息时，教授问他是否愿意在纽约市中心为他做研究报告，每小时 50 美分。这个工作机会对约翰是雪中送炭，他非常感激。

就这样，约翰去为教授整理并提交报告，每周工作 5 天，从早上 5 点到 10 点。然后他赶去上第一堂课。几个月后，他得到了一份更好的工作，为研究报告本身做计算，每周工作 30 小时，工资不变。他找到了提高计算效率的方法，在一半的时间内就能完成工作。当然，这对他每周 30 小时的实得工资产生了威胁，如果他告诉教授他只需要 15 小时就可以完成这项工作，那么他的实得工资将减少一半。

约翰对这个进退两难的选择感到烦恼。经过深思熟虑，他决定告诉教授。教授说他对约翰的创新程序非常满意，并对约翰的诚实表示赞赏。他说他只想看到工作完成。所以，此后无论研究报告每周实际需要多长时间，他都将获得与以前一样的报酬。这保障了约翰的收入，又使他有更多的时间学习。他一直为教授工作到毕业，并在第二次世界大战中应征入伍。

就教授而言，给予约翰这份工作本身可能并不是一种特别慷慨的行为，因为他需要有人完成这项工作，并且看出来约翰是一个有能力又上进的年轻人。然而，约翰非常感激他的教授，因为教授如此仁慈和宽厚，为了他而改变雇佣的条件。他认为这一行为非常慷慨。

教授给了约翰一份绝妙的礼物，这使他获得了相当高的绩点，获得继续读研的机会。他从未忘记教授的好意。在服完兵役后，约翰开始了为期几年的研究生学习，拿到了博士学位，获得了助理教授的职位，后来在他的领域里广为人知，备受尊重。

50 年后，当约翰得知帮助他的大学教授正在庆祝他的 80 岁生日，他热情地写信给教授，回忆了教授的慷慨资助以及对他的意义，再次表达了他的感激和谢意。

当慷慨赠予的接受者最终能够帮助其他也遇到困难的人取得成功时，这是人生早期那些非常积极的经历在鼓励人们做出类似的行为。约翰一直心存感激，他经常通过帮助其他有潜力的学生来回报他收到的礼物。好意就这样延续。

心理分析

约翰的感激之情的个人意义在于，他坚信教授不遗余力的帮助，给他的生活带来了积极的效果。这份礼物没有附带条件，也不牵扯个人利益，因此约翰认为这是无私的。礼物被给出时充满善意，他作为接受者又真的需要，这都让他很容易带着感激之情接受这份礼物。

由于这份礼物对他努力建立自己的职业生涯意义重大，约翰在自己成功后仍对它记忆犹新。约翰在自己的年轻学生需要时也送上这样的礼物，他相信在某种意义上，他是在以这种方式回报教授的善意。

感激的多面性

感激的同义词很少，所谓的同义词包括感谢、欣赏和感恩，但似乎并不包含我们所要表达的核心含义。

感激的戏剧性情节是赞赏一份无私的礼物。尽管有时人们会感受强烈，但大多数情况下，感激是一种温和的情绪。它的唤起基于得到实质帮助，比如得到金钱、有人愿意让你搭便车上班或开车送你到医院、得到有用的信息，以及得到所需的情绪支持等。[1]

每件礼物都维系了两个人——送出者和接受者，礼物将他们锁定在一种比表面上更复杂的关系中。根据相关人、礼物送出的方式和接受的方式的不同情况，这种关系携带重要的意义，在给予和接受的行为中唤起完全不同的感受。

这就是共情的作用。慷慨地赠予意味着对接受者感同身受。慷慨地接受礼物也有着同样的意思，因为在表达感激之情时，人们通常能感觉到赠予者的积极意图。因此，为了了解感激情绪的存在与否，我们必须考察施与受之间的互动，以及施与受发生时的情绪。

当接受者感觉到某样东西是为了个人利益而给予的时候，感激之情就会消失、减弱或摇摆不定。在这种情况下，感激的个人意义不是利他主义的礼物。例如，如果赠予者只是想要显摆或赎罪，礼物可能会不带感激地被接受，感激可能是勉强的，或者礼物可能会被拒收。如果礼物意味着未来将有一个不想接受的任务，也可能被拒绝。如果在这些条件下接受礼物，很容易产生怨恨、焦虑或羞耻，而不是感激。

即使提供礼物的人只是在完成他们的工作，比如护士、医生或公职人员帮助他人，如果所做的被视为超出职责范围，接收者通常会感激。在工作中额外的关心和体贴被视为利他的礼物。约翰就是这样评价教授的决定的，这一定花了教授本可以用在自己身上的钱。这一决定也带来了良好的结果，增加了约翰作为受雇者的忠诚和勤奋，也增加了他完成学业的概率。

感激的主要基础是一个人需要帮助，而另一个人自愿提供所需要的东西。所需要的可能包括金钱、住房、食物、关注和关爱，或者在我们残疾或生病时所需要的照顾。有人可能会认为，我们越是需要帮助，就越有可能感受到感激之情。然而，事实往往恰恰相反，尤其是当我们认为我们的需要是不合理的或是会引发羞耻时，在这种情况下，我们可能会讨厌这种赠予。

个人观点的差异在感激中很重要。例如，在美国大萧条时期，约翰并不怨恨自己的经济困难——差不多每个人都很穷，所以他能够感激教授的体贴。其他人可能会怨恨他们的贫穷，他们指责社会，因此富人成为嫉羡的对象。许多人认为，作为被剥削的受害者这是他们应得的，因此没有任何感激的情绪。

对许多人来说，需要帮助是一个心理问题，尤其是在崇尚个人主义的社会。不能照顾自己或成为他人的负担是痛苦的，是有损自尊的。我们敬佩那些独立自主、对社会有用的人，而如果一个人要从别人那儿得到什么，那是特别可耻的。

给予和接受的价值观和行为模式是完全不同的。当人们愿意付出时，他们通常会感觉良好，并期望他们的慷慨会受到欢迎和赞赏。然而，接受者往往觉得对方赠送礼物时自己的感受没有得到关注。他们可能被认为应该感激，但这对一些人来说是一个令人不快的要求。当赠予者大张旗鼓地表示他们的慷慨时，受赠者往往会感到受人庇护。尽管有良好的意图，但提供援助的方式可能是笨拙和伤人的，由此给接受者带来的压力提供援助者往往无法理解。

通过观察人们向他人提供社会支持的方式以及这种支持的心理影响，可以很好地佐证捐赠者和接受者之间的问题。正如我们所说，支持可以是物质的、信息的，也可以是情绪的，比如试图让一个需要帮助的人感到有价值和被关心。[2] 其中，情绪支持可能是最重要的，也可能是最麻烦的。当某人因疾病或挫折而受煎熬的时候，其配偶和朋友经常试图给予情绪上的支持。然而，这种情绪支持往往粗制滥造，根本不具支持性，因此接受者感觉更糟而不是更好。

比如当他人患有危及生命的疾病时，人们用来支持他的所言所行，哪些是好的，哪些则不然？一种常见的反应是试图给予口头鼓励，说患者会康复。如果这个话来自一个没有专业背景且不知道病情发展规律的人，这不太可能有帮助，甚至可能会让人恼火。试想一下，一个朋友说了"患者应该过好每一天"这样的陈词滥调，这种说法不讨人喜欢，它把患者划到罹患绝症的悲惨境地，而且这个建议说起来容易做起来难。

再设想人们常常对重病的人说的试图表达关心和同情的话："我知道你的感受。"没有这种经历的人怎么会知道死亡或离开所爱之人的感受呢！这句话实际传递的信息似乎暗示患者的困境不那么重要，而这种暗示通常不会被患者放过。

比这两种善意但不具支持性的陈述要好得多的是，你只是倾听和关心，或者表达对他人遭受痛苦的悲伤。表示你愿意在需要时提供一些帮助，如"我能做些什么来帮助您吗"，也会受欢迎。当提议看起来真诚、没有无理要求或保留，并且恰好符合需求时，接收者会感激。在这一点上，对处于困境的人的思想和感受表现出适当的共情是提供有用的情绪支持的关键因素，这样方能收获感激。

许多年前，一项有意思的研究探讨了情绪支持的质量。该研究针对的是男性研究生，他们在花了几年时间攻读高级学位后，面临着一次至关重要的面试。[3] 在许多情况下，他们的妻子往往会试图安慰他们以缓解面临考试的压力。例如，一位妻子说："真的没什么可担心的。你以前参加过考试，成绩很好。我希望你能以优异的成绩通过。"

一些读者会立即意识到这种善意的情绪支持哪儿出问题了。为什么这句话没有起到支持作用，也没有唤起丈夫的感激之情？首先，研究生正常的担忧被妻子否认，妻子的陈述质疑了他认为自己的雄心壮志受到威胁。任何听到这番话的研究生都容易感到被误解和被削弱，被抛下独自面对他所感受到的威胁，尽管妻子本意是想安慰他。

其次，本来是想安慰，却表达了他会做得好的期望，实际上起到相反的效果。在一个已经被解读为存在威胁的情况下提出做好的期望，这产生了更大的压力，让接受者感到更多而不是更少的焦虑。

对于一个对即将到来的考试感到不安的学生来说，老师能说的最糟糕的事情之一就是相信学生会考好。虽然积极的期望是一种表扬，但即使是有能力的学生（他们可能真的认为老师是误判了）也会开始担心他们的不足会在考试中暴露出来，从而使老师的积极关注变成失望和尴尬。即使是成功人士也觉得自己是侥幸取胜，他们被众人夸赞的能力其实被大大高估了。

如果老师们说，不管考试结果如何，他们都会继续高度认可学生，这在情绪上会更有帮助。我们认识的一位好老师经常告诉学生，她不特别看重考试，因为她发现优秀的学生往往考得很差，而平庸的学生往往考得很好。事实上，这常常是正确的。鉴于这样的说法，尽管可能仍然有很大的压力，但学生们不必太担心如果做得不好会失去老师的尊重。这位老师的话没有增加压力，而是减轻了一些压力。

设想一下学生的妻子（或丈夫）在同样的情况下可以怎么说。比方，她可能会说："我也很担心。但是，我们以前一直都考得不错，而且即使这次不顺利，我们肯定还有机会。尽你所能就好了。"这样的说法非常有洞察力，是有力的支持。它承认并接受伴侣的焦虑，认为它是合理的。但它也提供了有效的保证，即失败不会是一场彻底的灾难，因为这对夫妇可以共同应对危机。尽力而为的说法也不会带来正向期望产生的额外压力。

尽管有良好的意图，但妻子说不用担心的那个学生很可能会对她的不理解和所增加的压力感到愤恨而不是感激。另一方面，那个妻子让他尽力而为的学生多半会感激她非凡的敏感和理解所带来的好意。

因此，如果我们没有学会如何有效地给予情绪支持，可能就会弄巧成拙。除了这些给予方的问题外，接受者自身的个性特征可能会削弱他们的感激之情，或使他们倾向于怨恨他们生活中的恶劣条件和他们对帮助的需要。有些人很难毫无怨恨地接受任何帮助，因为他们觉得这样会贬低自己。能够接受帮助，就像能够慷慨地给予帮助一样，是一项重要的人际交往技能，这是一项需要学习的技能。它也和给予一样，包括应对需要帮助的压力。

我们了解到，在现实中，给予和接受的社会互动远比我们所见到的要复杂。要有效和优雅地完成这两个任务通常都比想象的更难。感激之情取决于给予者送出礼物的方式，以及接受者对此的评价，这为给予者和接受者都提供了这个动作所带来的个人意义。

同　情

和感激一样，同情也是一种复杂而独特的人类情绪。下面这段小故事中的主人公在自己的工作中感受到太多的同情。

朱迪思觉得护理是她的使命，因为她一直想减轻别人的痛苦。护理对她来说似乎很理想。当她完成培训后，她成了一家儿童癌症医院的病房护士。起初，她是一位高效、受欢迎的护士，深受父母和孩子们的称颂。

但几年过去后，朱迪思越来越为她经常看到的孩子死于晚期癌症、饱受治疗之苦以及父母陷入情绪困扰而感到苦恼。当然，许多儿童也从治疗中受益，治愈出院。然而，对朱迪思来说，这还不够。让她极度苦恼的是，她经常看到年轻的孩子们治疗无望。面对绝望的医疗状况，他们坚强或积极的态度常常让她痛哭。

她再也无法与父母或孩子的痛苦保持距离，而这是大多数成功护士采用的应对方法。与离开病房时能忘记痛苦的护士不同的是，朱迪思在吃饭、读书时，特别是当她半夜醒来时，总是保持着这种悲怆。她开始躺着好几个小时睡不着，重新回顾这一天的痛苦。她开始变得烦躁易怒，对她先前关心的患者和家属发脾气，工作也完成得很差。其他护士提醒她，她对患者的悲剧太投入了。

她饱受焦虑和抑郁之苦，结肠炎的症状日益加重，无法享受生活，并开始认为自己根本不适合当护士。她饱受所谓的倦怠之苦。她感觉完全失败了，寻求了专业帮助，并在多次拜访治疗师后决定，她应该在干满两年后辞职，另谋职业。

朱迪思最终在一家银行找到了工作，并晋升为负责贷款的副总裁。即使在这份工作上，她也不得不时不时地在拒绝急需的贷款时磨炼自己。但在银行里，她似乎更容易应付，因为她不会直接面对被拒绝者，不像在医院里她熟知孩子们及其家属。

心理分析

在朱迪思的案例中，同情的个人意义是为处于困顿中的他人感到痛苦，并致力于帮助他人。她的经历与普通的同情不同，她遭受到痛苦是强烈的。我们大多数有同情心的人都认识到，我们不能让自己沉溺于他人的痛苦之中，或者，如果我们无法控制自己的情绪，就应该避开他人的痛苦。我们大都知道，如果自己情绪不好，就无法帮助那些受苦受难的人。因此，我们学会通过与之保持足够的距离来应对过度的同情，这样就不会那么痛苦。只有偶尔，也许是事发突然，或者当别人的痛苦与我们的痛苦太接近时，我们才无法控制自己的情绪反应。朱迪思在感受同情的时候陷入其中，就是无法保持足够的距离。

很有可能，导致这一性格特征的决定性经历是她在八岁时母亲死于一场痛苦的癌症。她的父亲保护她免受最严重的痛苦，大部分时间他都设法把她送走。她也不太喜欢她的母亲，使得这场悲剧尤其复杂。

由于父亲的保护，她免受许多事情的侵扰，也因为她对母亲没有太多同情，所以她没有表现出应有的强烈反应。自从她知道发生了什么，她对自己的冷漠感到相当内疚。这让她决定进入护理行业时忽略了她是多么容易受到同情的困扰。

内疚似乎是这里的焦点，它为我们提供了理解她过度反应的主要线索。她因母亲的悲剧而感到的内疚被压抑了下来。她难以面对受到病痛折磨的人，因为她没有怎么照顾病重的母亲。我们认为她觉得必须像他人一样感受痛苦，以此来否认她对母亲的痛苦的漠不关心以及因此产生的内疚。

虽然朱迪思显然选错了职业，但当她发现自己的弱点时，她明智地离开了护理行业。新的职业不会让她想起母亲的痛苦和童年时代自己未能给予关心的内疚，也不那么必须分担他人的痛苦。

同情的多面性

有几个常用词的含义与同情相似，例如同感、怜悯和移情，但每个词的侧重点略有不同。同感有时被定义为与他人合拍，如西班牙语中的 simpatico。然而，大多数情况下，我们认为同感就是感受到同情。怜悯也被认为是同情的同义词，但对许多人来说，它意味着一种更为屈尊或轻蔑的态度，在这种态度下，遭受痛苦的人被视为低人一等，甚至可能应该对自己遭遇的困境负责。在怜悯中，一个人将自己与受苦的他人分离。有时我们甚至在生气时说"我可怜你"。

同情的另一个同义词——移情，具有特殊的含义。在移情中，一个人被认为与另一个人经历了同样的情绪，不管它是什么。事实上，根据对方感受的不同，移情不是一种特征总是相同的单一情绪，而可能是一系列积极或者消极情绪中的任何一种。可以说，在移情中，我们模仿他人的情绪。我们想象自己处于他们的境地中。

虽然移情不是一种情绪，但它是一种非常重要的人类能力，是同情的基础。它在儿童时期就开始表现出来，需要有能力认同他人并感知他们的困境。只有我们能设身处地为他人着想，我们才能理解他们，并向他们表达同情。当我们看到戏剧或电影中人们的快乐或痛苦时，我们想象自己处于他们的处境，并体验他们的某种感受。这种独特的人类行为是理解他人和欣赏他人经验的主要机制之一。

同情不同于移情，移情是我们理解他人的情绪，而同情是一种我们自己产生和体验的单一的情绪状态。虽然我们因为能够识别和移情而可以感受到同情，但同情是我们自己的心境，而不仅仅是另一个人情绪的复制品。

同情的个人意义是一个人了解到另一个人像自己一样遭受痛苦，应该得到帮助。唤起同情的事件是看到一个人并意识到此人的困境和痛苦。如果我们自己也经历过类似的痛苦，我们会更为同情，这使我们更容易理解和富有同情心地评价他人的问题。同情的戏剧性情节是被另一个人的痛苦所感动，并希望提供帮助。

我们前面说过，情绪总是需要一个个人目标，这个目标要么由于我们与他人的关系而得到促进，要么就是由于我们与他人的关系而受挫。同情的情绪中也有目标吗？在亲人陷入困境的情况下，我们一眼就能看到。既然我们爱他们，我们就对他们的幸福负责任。我们的目标是看到他们安全且快乐。当他们发生不幸时，我们就很苦恼。

然而，陌生人的情况更复杂。在我们关于焦虑的讨论中，我们已经谈到了对一个有序和公正的世界的愿望，这个愿望（目标或需要）也适用于同情。如果人们遭受不必要的痛苦，正义便受到了侵害。一个相关的目标是，如果我们自己陷入困境，就会希望有人来帮助我们。那些对利他主义存疑的人有时会将众所周知的好心人解释为文明的私利。要不是上帝恩宠遭殃的可能就是我。

移情能力和由此产生的同情心似乎是一种自然的、常见的但并非普遍的人类特征。事实上，我们把一个对他人没有同情心或共情的人称为不善社交者。然而，在某些情况下同情会缺席，这表明同情的能力显然很容易被超越。

有个帮助我们克服同情的过程是在情绪上与遭受痛苦的人保持距离的能力。实现情绪距离的一种方法是将他人的人性剥离（见第 8 章）。例如，我们说穷人懒惰，敌人狡猾残忍，都是在侧重兽性而非人性。如果我们可以做到这样看待他们，我们就不必对他们的痛苦感到同情；否则，我们怎么能如此轻易地发动战争，投下致命的炸弹来杀死那些并不确定是敌人的人？为什么有些人喜欢折磨他人并从他们的痛苦中得到快乐？同情和其他人类值得称道的品质一样，似乎是一朵娇嫩的花朵，很容易在恶劣的生活条件下、通过训练以及人类忽略邪恶或使之合理化的非凡能力下枯萎。

感受和表现同情的程度存在很大的个体差异。有些人（比如朱迪思）被同情压垮了。我们已经将她的特别脆弱解释为她对母亲临终时的痛苦漠不关心而产生的压抑的内疚。无论如何，对于朱迪思这样的人来说，苦难是无法忍受的，是极度痛苦的。

其他人则能够躲开这种感觉。当感到同情的人没有被情绪压垮，又不至于太冷漠和疏远时，同情可能对他人是最有帮助的。富有同情心，同时又乐于助人，需要相当的敏感性和自我控制力。

每当护士和医生对患者履行专业责任时，为了避免过于沉溺于他们的痛苦之中，他们必须制造出一种情绪上远离患者的形象。手术时，外科医生将注意力集中在作为物体的组织和器官上，而不是有情绪的人。也许这就是为什么外科医生在手术前后总是对患者如此疏远和冷漠的原因。不然他们怎么能从人身上切下一块来治好他们的病呢？不然护士们怎么能忍受他们照顾的患者的痛苦呢？不然护理人员和其他急救小组如何能够在不给自己带来过度痛苦的情况下帮助被碾压和流血的伤者呢？要做到这一点，他们必须与他们要处理的痛苦保持一定程度的情绪距离，这是他们工作中的一个常规特征。有时，他们得费很大的劲来获得足够的情绪距离才能完成工作。

想象你于 1989 年 10 月 17 日在加利福尼亚州奥克兰的洛马·普里塔地震灾难中担任救援。距离 880 号州际高速公路柏树街高架桥不到 1 英里 ① 的地方在交通高

---

① 1 英里 ≈1.61 千米。——译者注

峰时间坍塌，造成 42 人被掩埋致死、108 人受伤。一项细致的研究对 47 名负责清理垃圾的男性工人进行了详细访谈，他们的工作包括从汽车中找到尸体。[4] 这些访谈说明了部分痛苦的来源，以及这些男性应对他们不得不忍受的恐怖的景象和气味的方式。一名工人描述了尝试让自己相信受害者死亡时没有遭受痛苦。这次采访让读者近距离地看到这种应对的画面。

> 那天晚上我们又拽出了其他尸体……我看着他，试着在我的脑海中分析他，我又一次发现如果我想到他的死亡是突如其来的，我自己会感觉好些。他可能看见危险来临，但他死得太快了。那个女人，我总是拿不准她是不是瞬间就死了。如果我还记得我那时在想什么，天哪，我是这么想的，如果这些人不是当时毙命……我很难受……我们能够更快地找到他们，我们能拯救他们的生命吗？
>
> 她在座位上，就像她被反弹回来成那样，很好。如果她不是被反弹到座位上的话，她就是略微转身望向驾驶员。所以我真的有一种直觉，我的上帝，她当时还没死，她仍然清醒，她试图和她的男朋友、丈夫、兄弟，甭管那人是谁，说话，但你知道她当时已经死了，因为没有人能像那样遭到胸部一击之后还能活着从身体里取出整个转向柱。这让我困扰了很长时间。我现在好多了。

工人们的心理问题往往因腐烂的可怕气味、撕裂的尸体以及有时需要切断身体部位以将受害者从他们被挤成一团的汽车坟墓中解救出来而变得更加复杂。虽然气味本身很可怕，但我们认为，它给人们带来的最重要的威胁是看到尸体后意味着什么——他们自己的身体在死后会分解腐烂。我们的尸体防腐手段和火葬传统通常能阻止我们意识到这种腐烂，以及它所暗示的死亡之后会发生的事情。在葬礼上看到的尸体会被处理得尽可能地栩栩如生、不难看。东正教犹太人没有防腐或火化的传统，但他们会很快埋葬死者。虽然下面引述的这位工人主要谈论的是腐烂尸体的难闻气味，但我们认为，他其实正是在对这种可怕的关于死亡本质的个人意义做出反应。

> 腐烂的肉真的很臭，尤其是当它可能已经超过 10 天。这是一种非常令人讨厌的气味，非常可怕。我们试图把维克司牌香草糖放在自己鼻孔里来

掩盖它，这在一定程度上有点用。但基本上，这些事情你不得不去做，你只要去做就行了。我和一些消防队员谈过……关于气味，他们教了我一个窍门（现在我明白为什么大多数消防员都有胡子了）。他们会用维克司擦胡子，所以我总是确保身边有一人带着维克司。

里面的气味真的很难闻。我们俩都开始呕吐了。然后，出于某种原因，当我们开始呕吐时，我们只是开始大笑。我笑了，然后马歇尔笑了，我们笑了大概 15 或 20 分钟。我们坐在这辆面包车里笑个不停，笑声一直在车里回响，下面还有人。我真的认为要让人看到会认为我真的疯了。他们真的会以为我疯了。

另外两幅画面强调了情绪上的隔离是一种成功的应对方式。一名工人这样描述处理遗体的经验。

工具非常原始，真的好难。在这里，你的胳膊肘伸进了某人的肠子去切断他的脊柱，这不是一件很容易的工作。你浑身都沾满了肉，真恶心。这真是太恶心了，你只能想着你在做事，你的任务就是把它干好——把这具尸体、你所爱的人或去世的母亲弄出来。我想很多人都这么想——我们现在都这么想，也这么觉得。

我们不得不把他的头弄断，然后把他拖出去……在我看来这好像不是真的。就好像你只是在那里工作，而这似乎并没有发生。我们只是在剩下的四天里继续做这类工作。我把自己圈在自己的思维里。我真的没关注。我就是在做我自己的工作，我没有真正关注发生了什么。

另一名工人提供了以下情绪隔离的经典例子，他像一位医学专家一样谈论那些尸体，而他其实不是。注意他经常使用情绪隔离的"有趣"一词。

尸体就是尸体。他们中的一些比其他人的更难看。从医学角度来看，从我的工作角度来看，有些是非常有趣的。你知道，这是一个挺有趣的工作，有其病态的一面，但我们在这里要研究的科学原因是什么真正导致了这个人死亡，这是非常有趣的。

你可以很明显地感觉到，这些人正在努力不被这场悲剧的受害者所遭受的痛苦所压垮，不被意识到同样的事情可能发生在他们自己身上而压垮。要应对这种起源于共情且导致同情心失控的问题，最常用的方法是保持足够的情绪距离。这就是工人们在这些真实的场景中试图做到的。

由审美体验引发的情绪

大多数人对电影、舞台戏剧（包括歌剧）、绘画、雕塑、音乐、科学发现、日落和北极光等自然场景的景象和声音都会产生情绪上的反应，他们对这些场景感到敬畏或惊奇，可以与宗教体验相比拟。审美体验如何激发情绪是一个令人着迷的问题。

为了激发情绪，人们必须积极地去感知呈现给他们的东西的意义。我们努力理解绘画、音乐、戏剧、电影的内容，并有意识地寻找这些艺术形式中的意义。例如，在一部戏剧或电影中，我们寻找情节，试图理解动机，所刻画的每个角色身上发生的事情的意义，等等。我们似乎很享受这个过程，毫无疑问，这些故事中最动人的部分揭示了人类痛苦和快乐的主要来源。

与共情一样，审美情绪也不是单一或独特的。审美体验可以激发本书中讨论的15种情绪中的任何一种。情绪，无论是愤怒、焦虑、希望、悲伤、喜悦还是其他什么，都取决于所描述事件的个人意义。因为没有某种情绪是仅仅由审美体验引发的，我们就不提供详细的案例，而是探索一些审美体验的场景，以展示它们独特的人性。

让我们看看电影和戏剧、音乐和艺术这三种主要的审美体验是如何唤起情绪的。我们从电影和戏剧开始，因为它们对我们大多数人来说是最容易理解的。此外，与其他审美体验相比，我们更容易理解它们是如何唤起情绪的。

电影和戏剧中的情绪

毫无疑问，在观众面前讲述或表演人类事件的叙事故事从人类历史的开端就打动了人们。现代电影和电视所演绎的悲剧和喜剧故事也有同样的作用。我们通常在剧院或舒适的家中观看其他人与成败、损失、冲突、悲剧和胜利的争斗。

戏剧的情节涵盖了人类情绪的全部范围以及引发这些情绪的情景。所有的角色我们都能在自己的生活中见到，有的软弱，有的坚强，有的贪婪，有的富有爱心且甜美可爱，还有的面目可憎招人讨厌，或者充满英雄气概，或者愚不可及，或者滑稽搞笑。

根据故事的不同，观众通过专注于角色的表演来表现其情绪参与。如果观众不被感动，他们就会离开，或者感觉无趣和无聊。我们看到和听到观众鼓掌，对人物感到愤怒、笑、哭或默默地体验幸福或痛苦。只有情节不能打动观众时才不会有情绪表露。这意味着，要想受到观众欢迎，一部戏剧就得描述对观众个人有意义的现实生活主题，并且必须通过我们所讨论的一个或多个情绪的戏剧性情节来唤起情绪。

如果一部戏剧感动我们，剧作家必定已经敏锐地理解了人物及其情绪。剧作家们还必须善于构建一个能最大限度地感动我们的情节。这并不是说观众中的每一个人都受到了同样的感动，或者一定经历了同样的情绪。我们每个人都有一些不同的个人理解。但成功的电影和戏剧通常会唤起大部分观众的情绪。

正如我们所说，设身处地为他人着想，感受他人感觉的能力，我们称之为移情，是人类的一种心理特征，电影制作人和剧作家利用这种能力来唤起情绪。要在戏剧中运用这种能力，就需要对社会关系的运作方式有充分的了解。

这里，我们再次看到了个人意义是每一种情绪的基础这一原则。当我们坐在剧院里，电影或戏剧中发生的事情触动了我们的内心，而观众的在场和行为进一步强化了我们的感受。不仅仅是舞台上的人们的经历故事让我们投入到故事中。故事中描述的内容得在某种程度上符合我们的个人情况；我们得在某些方面像舞台上所描绘的人物。如果他们的困境与我们的不同，我们不会有反应。

剧作家利用了我们的恐惧、愿望和弱点。如果剧作家很有技巧，我们就可以更深入地了解剧中的每一个角色，他们的欲望、挫折、苦痛经历，以及使他们陷入困境的悲惨错误和缺陷。我们理解他们。我们都有自己喜欢的情节，这些情节反映了我们自身性格和生活经历的特殊特征。

这就好像我们是亚瑟·米勒（Arthur Miller）的悲剧《推销员之死》（*Death of a Salesman*）中痛苦的妻子、悲惨的推销员丈夫，或者两个困苦的儿子之一。这出戏就像希腊悲剧一样，走向不可逆转的结局，就好像发生的事情是上天注定，无法改变。请允许我们为从未在舞台上看过该剧或其多个电影版本的读者简要描述一下情节。

年迈的推销员威利·洛曼疲惫不堪，精疲力竭，一生大部分时间都在旅途中度过，现在已无法成功销售他的产品。时代变了，一位老朋友的儿子接管了这家公司。威利爱极了两个儿子中的比夫，比夫在高中时是足球明星。他这样做，似乎想通过这个男孩让自己不成功的生活重来一次。他不断埋怨比夫没有生活目标。

比夫反过来抱怨说，他的父亲错误地把他塑造成了一个英雄的形象。由于父亲所提供的信息令人迷惑，他不知道自己是谁，也不知道自己如何融入这个世界。他认为自己没有什么天赋，或者就像他用哀伤的语气所说的："我只是个一文不值的人。"比夫的弟弟海比倾向于远离这种麻烦的关系，肤浅幼稚，贪图享乐，似乎不太在意其他家庭成员的情况。

推销员的妻子，也是这两个儿子的母亲琳达，一直试图让他们更加关心他们父亲的困境，她认为丈夫有自杀倾向，她已经找到了他这一意图的确切证据。威利·洛曼时而傲慢自负，时而低三下四，被新老板不留情面地解雇。她想让孩子们振作起来，能帮助他们的父亲。但由于他们自己糊里糊涂、漫无目标的生活，他们帮不了也不想帮。父亲总是尽最大努力，但儿子们似乎对他们的父亲毫无同情，做妻子和母亲的感到很痛苦。她急切地向他们呼喊："小心啊。"

在一次倒叙中，比夫在高中的时候，有一次赶往波士顿去见出差推销的父亲，却无意中撞破他父亲在酒店房间里的婚外情。这是一种幻灭的经历，令他对他早先崇拜的父亲形象轰然倒塌。观众们明白，这种痛苦的经历是比夫后来士气低落和迷茫的主要原因。该剧悲情结束时，父亲自杀身亡，母亲苦苦恳求儿子们尊重这个被生活击垮但仍有尊严的男人。

当我们观看这部美国戏剧界最伟大的戏剧时，我们和这位悲剧性的父亲站在一边。当他生活在过去的幻想中，或者当不耐烦的年轻老板侮辱他时，我们都不忍看着他出丑。或者我们是比夫，一个对自己的身份感到迷惘的儿子，一个无法实现他父亲对他不切实际的理想的儿子，一个无法振作起来的儿子。有些人可能会认同比夫的兄弟，尽管他的角色在故事中并不那么重要。如果我们认同推销员的妻子，我们会有不同的感受，她惊恐地眼睁睁看着丈夫走向自我毁灭的痛苦历程，面对即将到来的悲剧，她无助而痛苦。

我们认同哪个角色取决于角色是否与我们自己的生活的重要特征相关联、如何关联。这位剧作家的天才之作使我们能够将自己和我们所爱的人跟剧中角色对号入座。这些事件所表现出来的真实性取决于故事情节和我们自己的经历有多相似，也取决于人物和问题刻画得有多深入。拙劣的文字、情节、人物刻画和表演会削弱作品情绪的影响。虽然观众看到的只是一个作者想象的故事，由我们不认识的人表演，但它可以把我们带入一个饱含着的内心深处个人意义的逼真世界。

这并不是说我们一定有剧中所描绘的特定经历，而是演员的经历和社会关系与我们自己的不如意的经历和人生关切极为相似。我们不需要成为一名推销员来感受威利·洛曼的处境，也不需要成为妻子或母亲才能体会威利妻子的感觉。这部戏创造了我们理解的人生主题，我们对剧中故事做出了真实的反应，体验到角色的痛苦，就好像这是我们自己的一样。

我们在观看戏剧和电影时所体验到的情绪强度很可能比我们自己生活中类似事件的情绪强度要弱。[5] 如果不是这样，我们可能都痛苦得无法看完戏剧，情绪迅速爆发，不可收拾。然而，我们通常知道，我们身处剧院的安全之中，而不是实际生活在剧中所描述的事件中，这也是我们对戏剧的情绪反应不会失控的一个重要原因。当我们最终站起来准备离开时，也许会喉头哽咽、热泪盈眶或强忍泪水，当我们走过剧院过道然后回家，我们很快就会回到现实生活的世界。

音乐中的情绪

音乐学家和心理学家认识到音乐会触发情绪，但其中机制尚不清楚。简而言之，欢快的音乐主题似乎部分来自快节奏、轻旋律序列和主旋律和弦，就像约翰·施特劳斯（Johann Stauss）的华尔兹那样。悲伤和忧愁的音乐主题似乎源于缓慢的节奏、沉重的音乐序列，以及小调和弦和减小调和弦。据我们所知，除了极少数例外，[6] 几乎没有人试图系统地测量音乐所产生的情绪，或者系统地将音乐结构与情绪联系起来。

电影的音乐背景设计是为了伴随情节，呼应表演所唤起的情绪。例如，一部情节聚焦于恐怖或恐惧的电影的背景音乐被设计成令人不安的，一部关于军事胜利的电影的背景音乐是欢欣鼓舞的，而一部喜剧的背景音乐则是轻松愉快的。这表明作曲者凭直觉就懂得如何为这些情绪配乐，即使所使用的原则并不令科学家们满意。

一种探究音乐唤起情绪的原因的理论认为，这是人类神经系统设计的方式，但它具体是如何工作的还不清楚。当我们听音乐时，我们可能会感到不安、高兴、生气或悲伤，这取决于我们的神经系统对特定声音模式的反应。依照这个观点来看，这不需要学习，这就是我们这个物种的构造方式。

另一种相反的理论是，我们在过去与音乐的联系中学习情绪的意义。如果没有特殊的训练，亚洲音乐不容易立刻被西方人理解；反之亦然。当我们听到先前与愤怒、焦虑、悲伤或喜悦的经历有关的音乐模式时，我们会感受到这些情绪。这只是一个条件作用的问题。

当音乐和戏剧结合在一起时（例如在歌剧中），音乐如何传达情绪的问题就更复杂了。莱翁卡瓦洛（Leoncavallo）的歌剧《帕格里亚奇》（Pagliacci）中的咏叹调深深打动了我们，剧中一个小丑悲剧性地唱出了他妻子内达现实生活中的不忠——他自己扮演的角色也经历了同样的不忠。但是，即使没有音乐，他的痛苦也有极大的情绪感染力，我们到底是因为他的伤痛故事而感动，还是我们对旋律和声音中传达的悲情做出了反应？

毫无疑问，故事和音乐是相辅相成的。它们结合在一起提供了最充分的情绪影响。在歌剧中最激动人心的咏叹调"Ridi Pagliaccio"，翻译成"笑，小丑"，帕格里亚奇唱道，他必须在心碎的时候扮演小丑的喜剧角色。卡鲁索的声音总是在咏叹调的同一点上突然中断，这有效地表现了他的心碎，对观众极有情绪感染力，就像他在哭泣一样。然而，咏叹调结束时长时间没有歌声的静默似乎也有很大的情绪感染力。

伟大歌剧的作曲家和剧作家一样，在他们的音乐剧中捕捉观众的情绪。他们是如何做到的，这是一个深奥的问题，对此我们似乎没有合适的答案。无论如何，随着帕格里亚奇在现实生活中对妻子的不忠越来越抓狂，对她的威胁也越来越大，观众对即将到来的悲剧的焦虑也不断积累，最终内达在被杀之前的恐惧也一览无余。

设想你自己是一名演员，角色确信他的妻子不忠，而你也相信你的妻子和她的情人会一起私奔。如果你被强烈地打动了，很可能是因为你自己生活中的某些东西与你所看到和听到的东西相一致，比如说，先前的失恋或被背叛的经历，对这种可能性的焦虑，或者对经典的人类冲突了解深入，以至于很容易想象自己身处其中。

如果你想到那些让你深受感动的电影或戏剧，你可以试着对自己的戏剧体验进行这种类型的分析。问问你自己，你体验到哪个角色的感受，为什么。你经历了什么样的情绪？情节如何切合了你自己的生活和你的关切？你可能会发现某些主题指向你在自己身上能看到的弱点，而你可以从中有所感悟。

情绪与艺术

我们也被绘画和雕塑具象所传达的个人意义所打动。例如，如果你仔细研究弗朗西斯科·戈雅（Francisco Goya）的著名画作《五月三日》（*The Third of May*），这幅画描绘了拿破仑战争期间的一次行刑，要从情绪上体验它，你必须花时间让自己投入其中，并理解所发生的事情的个人意义。细心的观众看到的是前景中白衬衫受刑者的最后一个绝望的姿势，他伸出双臂，怒视着没有露脸的行刑队。正如历史学家肯尼斯·克拉克（Kenneth Clark）所说："他的死是荒谬的，他知道这一点。"[7] 人们在观看这幅画时，除了能感受到对画家高超技艺的喜悦，也能感受到的情绪可能包括由邪恶、恐惧、焦虑和同情引起的绝望的愤怒。

非写实主义或抽象绘画和雕塑所传达的个人意义通常对观众来说并不明显，人们也拿不准它们的情绪意义。如果它们确实激发了很多人的情绪，那一定是因为它们所传达的象征意义，它们是无意识的，几乎感觉不到。有些仅仅是取悦观众的有趣而愉快的设计。有些则把颜色作为传达意义和情绪的主要手段。

分析心理学家卡尔·荣格[8]最初是弗洛伊德的门徒，他提出符号具有我们没有意识到的普遍意义，会影响我们的情绪。一些最明显的例子是鸡蛋，它经常被用来象征春天或开始；拥有大乳房、骨盆和腹部的古代女性雕像，意味着它们所象征的性欲和生殖功能；门和门户是阴道的象征；男女共同进餐象征着性交；而剑、枪和笔则是男性性欲或侵略性的象征。

然而，今天，心理学家更倾向于认为符号的含义因个体而有所不同，而不是普遍的。对弗洛伊德来说，梦可以揭示我们高度个人化的符号景观，在精神分析中，人们可以在训练有素的治疗师的帮助下通过自由联想解析这些意义（关于心理治疗技术的讨论，见第13章）。无论如何，为了理解非具象艺术可能产生的情绪，我们需要研究我们头脑中更深层次、相对难以理解的特征。

我们并没有把敬畏和惊奇这样的精神状态当作情绪，因为这些术语有不止一个含义，而且坦率地说，我们不太确定如何处理它们。敬畏既有可能是恐惧，也有可能是由于世界的新发现、宇宙的广袤、生命和智慧的非凡天赋而激发的惊奇和喜悦的积极内涵。这些显然是情绪的状态，可能还混合了其他情绪。这些词也有其精神内涵。

例如，想象一下，当科学家第一次凝视显微镜，观察到从未见过的微生物在一匙水中游动时，可能会有什么感觉。有人能对从此改变了我们对自然和生命的看法的这样一瞥保持超然吗？

在观看艺术家的作品或令人叹为观止的自然景观时，我们会感到敬畏、惊奇、神秘感、对死亡和未知的恐惧、平静，或是一种引向信仰和信任的精神归属感。我们对人类心智的理解在这些情绪反应上仍然知之甚少。

关于审美体验的情绪特别引人注目的是，与所有其他情绪一样，我们从这些体验中构建的个人意义会唤起情绪，而这样做对我们所有人来说都是自然而然的。它们具有相同的特定意义，触发我们在前面五章中所探讨的每一种特定情绪。

　　审美体验虽然有如此的重要性和情绪力量，但值得注意的是，在实际生活中，作为情绪来源的审美体验很少受到科学关注。毫无疑问，艺术创作——希腊和莎士比亚的悲剧、现代戏剧和电影、意大利文艺复兴时期的绘画和雕塑，以及古典时期的音乐——之所以在人类生活中发挥如此重要的作用，是因为它们能打动我们。它们会唤起情绪，这在人类体验中是永恒的。情节和人物的细节可能会改变，但这些作品所触发的情绪正是它们在人类社会中得以延续的原因。

参考文献

1. For one of the rare discussions of gratitude, see Klein, M. (1957/1975). *Envy and gratitude and other works* (1946-1963). London: Hogarth Press.

2. Schaefer, C., Coyne, J. C., & Lazarus, R. S. (1982). The health-related functions of social support. *Journal of Behavioral Medicine, 4,* 381-406.

3. Fascinating research on this type of stress and social support has been published by Mechanic, D. (1962). *Students under stress: A study of the social psychology of adaptation.* New York: The Free Press. Reprinted in 1978 by the University of Wisconsin Press.

4. Stuhlmiller, C. M. (1991). An interpretive study of appraisal and coping of rescue workers in an earthquake disaster: The Cypress collapse. Doctoral dissertation in Nursing Science, University of California Medical School, San Francisco, CA.

5. For some recent but incomplete discussions of this, see Walters, K. S. (1989). Aesthetic emotions and reality. *American Psychologist,* 44, 1545-1546; also Frijda, N. H. (1989). Aesthetic emotions and reality. *American Psychologist,* 44, 1546-1547.

6. For example, Clynes, M. (1977). *Sentics: The touch of emotions.* Garden City, NY: Anchor/Doubleday, for research that supports this idea.

7. Clark, K. (1970, p. 95). *Civilisation.* New York: Harper & Row.

8. Jung, C. G. (1960). Symbol formation. In H. Read, M. Fordham, & G. Adler (Eds.), *The collected works* (Vol. 8, pp. 45-61). (Trans, from the German by R. F. C. Hull.) New York: Pantheon (copyright held by Bellinger Foundation, Inc.).

Passion
and
Reason

Making Sense of Our Emotions

第二部分
如何理解情绪

Passion
and
Reason
Making Sense
of Our
Emotions

第 7 章
情绪的本质

我们已经了解了每种情绪的独特之处，现在我们转向讨论这些情绪的共同点，或者说它们有哪些本质特征。我们已经看到，由我们自己构建的个人意义是如何塑造我们将要体验的情绪的。我们远远没有失去理性，我们已经看到了情绪是如何从智能生物的思维过程中产生的。显而易见，毫无疑问，人类的情绪和思想是不可分割的。这一章就是要从心理学的角度来阐释它是如何运作的。

本　质

情绪的本质由六种心理要素组成。它们包括：（1）个人目标的达成情况；（2）自己或自我；（3）评价；（4）个人意义；（5）激发；（6）行为倾向。我们将逐一讨论。应对可以被视为第七个要素。然而，因为它是独特的，在人类进化中如此重要，我们留到下一章再进行阐述。

个人目标的达成情况：情绪的启动机制是什么

并非生活的所有方面都涉及情绪。我们可以准备早餐、遛狗、开车上班、在餐馆吃午饭、送孩子上学、与同事和朋友聊天、看电视，等等，而不带任何明显的情绪。当然，为了参与这些行动，我们受到某些激励，我们还须有某种隐隐约约的计划。

但这些行为基本上是不相关的，尽管可能是令人愉快而且舒适的。它们本身并不涉及情绪。有人曾经提出，我们时时刻刻都有情绪，哪怕只是温和的；然而，在大多数情况下，我们日常生活中的许多经历都不带有明显的情绪。激发某种情绪的关键是有一个目标处于危险之中。换言之，在有情绪的情况下，我们被激励去获取一些东西或阻止一些不想要的事情发生，而在不带有情绪的情况下，情况并非如此。

触发情绪需要两个动机因素。首先，事件必须由平常的状况转变为涉及个人伤害或利益的遭遇。换句话说，与情绪邂逅需要触及我们想要或不想要发生的事情。我们渴望实现一个目标，而在一次事件中遇到的另一个人要么影响，要么威胁，要么阻挠目标的实现。目标越重要，我们越是希望事情的发生与否，情绪就会越强烈。如果眼下没有一个重要的目标，遇到另一个人或进入某种物理环境就不会触发情绪。

其次，无论是已经发生的还是潜在的，我们判断目标结局的方式决定了情绪是积极的（由于利益）还是消极的（由于伤害）。

这两个因素结合在一起，使我们遇到事情会产生情绪，并决定我们对所发生的事情是积极的还是消极的。如果你回想一下第 2 章到第 6 章中给出的案例，你会发现，当个人目标的达成受到威胁时，所涉及的情绪就会发生，并且有些事情的发生阻碍或促进了目标的实现。

夫妻争吵案例中愤怒的妻子希望得到丈夫更多的关注，并被他表现出来的漠不关心所激怒；焦虑症发作的年轻心理治疗师希望表现得有能力掌控局面，但在治疗组中出现一个与他自己患有相同问题的患者时，他感受到了威胁；沮丧的寡妇需要一些希望，希望她能在丈夫去世后找回曾经的意义，获得新的意义，这将使她能够重新投入生活；单相思的男人希望得到他所看中的女人的爱作为回报；选择了护士作为自己职业生涯的女人发现自己在看到患者遭罪时无法控制自己的痛苦，不得不放弃护理行业。每种情绪都是如此。

现在，让我们看看前面提到的一些日常事件上会发生什么。如果我们认为做早餐是一件烦琐的家务事，那么做早餐就有负面的情绪意义。也许我们认为我们的配偶，或者仍然和我们住在一起的不工作的青少年，应该负责做早餐。如果我们的目标是不被要求做早餐，那么我们很容易为不得不做而感到苦恼。

对于其他有着不同目标模式的人来说，把这顿饭准备出来可能会带来极大的满足感，甚至是幸福感。例如，想象一下，一位上了年纪的母亲，她总是为自己的孩子和丈夫准备早餐，但现在孩子们有了自己的家庭，而丈夫却不吃早餐。偶尔有机会再次这样做，让她觉得自己很有用，也使她感到快乐。

或者再举一个例子，去餐馆吃午饭可以让我们从无聊和繁重的家务中解脱出来，这当然是我们愿意的。但是，如果我们被安排在一张位置不好的桌子上，并且认为我们应该得到一张更好的桌子，那么通常令人愉快的餐馆小憩会带来负面情绪，比如愤怒。如果我们不好意思这么做，那么想说点什么和想避免引人注目或受到批评之间的矛盾可能会产生焦虑或羞耻感。本来应该是一件令人愉快的小事，却变成了我们被对待的恶劣程度以及这对我们的社会地位意味着什么的情绪负担。

当我们有一个重要的会见，却在上班路上遇到堵车又没有留出足够多的时间，开车去上班的日常小事就会让我们感到焦虑。在这种情况下，受阻的目标是及时赶到以完成手头的重要业务。然而，如果我们在正常时间离开家，上午没有预约，我们就会像往常一样从容地去上班，没有任何特别的情绪。如果我们提前出发，遇到交通堵塞可能不会让我们心烦，因为我们不用赶时间。

在这些情况下，我们可以看到，当环境导致了受损或获益，事情的个人意义发生改变，情绪困扰就会发生。当一个目标得到了满足，带来了个人利益，我们就体验到了积极的情绪。而当一个目标受挫，我们就会经历消极情绪。各种各样的情绪都源于个人目标的达成情况。因此，一个本来无关情绪的日常活动会带上情绪，因为我们现在根据所发生的事情构建的个人意义已经从一个常规事件变成了一种伤害或利益，我们因此也会体验到积极或消极的情绪。

自己或自我

情绪中的另一个心理要素是自己或自我的参与，这在上面提到的饭店餐桌场景中可以得到例证。我们都有保护和提升自己或自我的目标，因此当我们被诋毁或被恭维时，我们会相应地感觉不爽或者舒服。在饭店里，因为我们被安排在厨房附近的最后一张桌子上，这个待遇比我们想象的要差，所以我们的自尊心受到伤害。

"自己"一词通常指的是我们心目中自己的形象，即人格中的"他我"的部分。我们在成长过程中和整个人生中都有自己的某种形象，它受到别人对我们印象的影响。例如，父母或老师可能传达过这样一些概念给我们，例如我们在智力上是愚笨或是聪明的，长得好看或是不好看，懒惰或是精力充沛，等等，这就成为我们自我形象的基础。

"自我"指的是"本我"，它决定我们去做什么以及如何与世界联系，是某种负责我们事务的执行者。自我把我们内心的许多往往是矛盾的倾向结合在一起。它让我们在生活中不断前进，沿着多少是稳定的道路上前进，而不是无序地向多个方向乱冲。它确保我们的日常行为中保持完整和始终如一，而不是经常或反复的混乱不安、苦恼不堪和不知所措。

自己和自我这两个术语经常互换使用。在这里，我们有时引用或转述他人对该术语的使用时，我们指的是自己或自尊。然而，在大多数情况下，当我们使用术语"自我""自我认同"或"认同"时，它们在意义上是一样的。它们表明我们的身份，以及我们对身边社会有何功能。[1]

著名哲学家、心理学家威廉·詹姆斯（William James）[2]在其著作中仅使用了"自己"一词，并将其作为其心理学论著的一个核心内容：

> 可以被视为心理学的直接数据的是个人自身而不是思想。普遍的意识事实不是感觉和思想存在，而是我思考和我觉得。无论如何，心理学不能质疑个人自身的存在……我们自然处理的唯一意识状态是在个人意识、思想、自己、具体的特定的你和我之中。

完整、稳定的自我认同是我们心理构成的重要组成部分，它影响着我们的情绪生活。成人情绪的产生往往是因为保护和增强自我认同的目标得以实现，比如骄傲，或者受到挫伤，比如愤怒、内疚和羞耻。我们只需要回想前面几章中的一些情绪，就可以看出我们的自我同一性对于我们所体验的情绪是多么重要。

我们愤怒是因为身份被他人贬低，例如我们被冒犯或被认为不如我们现在或想要的状态。回到餐馆里，被安排在厨房旁边的餐桌就反映了一种被贬低的地位，这让我们很恼火。

性不忠是引发嫉妒最常见的原因，我们认为这是个人背叛。在我们的文化和很多其他文化中，性不忠首先是对我们视为个人权利或特权的侵犯。嫉妒情绪中强烈的报复冲动源于受伤的自我。这里可以想想奥赛罗的嫉妒。

另一方面，焦虑相比之下更为微妙。我们焦虑是因为关于自己和世界的个人意义——我们心理存在的核心所在，受到了威胁。想想第 3 章中的实习治疗师，他对自己的定位是一个知识渊博、有能力的人，但他突然发现自己无法掌控他的治疗小组。不利的生活条件引发的其他情绪也是这样。

从积极的方面来说，当我们的自我身份认同因我们某个被认可的成就而增强时，我们会感到自豪。想想麦西亚夫人和她的儿子、她的生命之光。或者，当有人在不伤害我们自尊的前提下主动馈赠，我们会感到感激。回想一下那个贫穷的大学生，他的教授用丰厚的薪水为他的职业生涯提供了支持。在爱情的例子中，我们在一段恋爱关系中希望从伴侣那里获得相互的积极的尊重。在所有这些情绪中，我们的自我都深深地卷入其中。

评价

智能生物感知并理解周围的世界。为了生存和繁衍，它们需要判断事物对它们的福祉是否重要，以及其实现方式。没有个人意义就没有情绪。评价是对这一意义的评估判断。它是情绪发生所依赖的主要推理过程，是情绪发生程序的核心。我们在第 2 章到第 6 章中经常提到它。哺乳动物、鸟类和灵长类动物，包括人类，都在不断地收集有关环境和自身的信息，寻找关于自身生存的线索，并确认需要采取哪些措施来进行保护和提高。

评价需要智力，依赖于我们对世界事物运行方式的了解。从婴儿期开始，我们就学习了解当某些事件发生时可能引发的事情以及可能采取的措施。所有生物都得解决对自身完整性的威胁，无论是来自捕食者、疾病、事故，还是人类所特有的社会关系。它们还要考虑繁衍的机会。

人类可以预测未来并为之计划。我们获得有益于自身的利益，影响我们希望和不希望发生的事情。这种能力使我们拥有极其复杂的社会和社会关系以及丰富的情绪生活。

评估主要包括两类判断：其一，我们必须决定我们是否与正在发生的事情有利害关系。有利害关系意味着某种目标已经牵涉其中。例如，在赌场赌博中，赌注通常是金钱。如果没有利害关系，就不需要对正在发生的事情采取行动，也不会触发情绪。至少目前，这种情况与我们的利益无关，我们无须参与其中。然而，如果结果与个人利益相关，我们就不会不感兴趣，而是会参与其中，并且激发情绪。

其二，如果我们已经确认某个情况对我们的个人福祉很重要，我们必须评估我们采取行动的选择。什么是必须做的？这样做有效果吗？我们能做这个必须做的事情吗？不同行动方案的后果是什么？它们安全吗？哪一个方案最好？因此，评估包括对我们能够如何处理问题的评估。

例如，假设我们住在高层酒店，被一场火灾惊醒，我们必须迅速查找最近的出口位置。我们可能已经读过房间门上的说明，它告诉我们该走哪条路。在这种紧急情况下，我们可能满脑子都是要做什么和不要做什么的警告，例如，走楼梯而不是电梯，小心地开门，用湿毛巾捂住鼻子和嘴，贴近地面爬行以避免吸入烟雾，等等。

虽然我们可能会感到焦虑或害怕，因为我们可以回忆起读到的有关致命火灾的文章并将火灾评估为危险的，但我们至少会准备好采取适当的行动。情绪所依赖的评估通常是一个复杂的判断，关于我们在与环境的接触中以及在我们的整体生活中做得如何，以及如何处理潜在的伤害和利益。

评估不仅仅是被动地接受有关环境的信息。它必须始终在我们的个人议程——目标、信念和环境特征，例如与我们互动的人——之间积极协商。如果我们只关注我们想要的东西，我们会根据自己的愿望做出反应，但却会因为脱离现实而无法实现。如果我们只关注外部要求、限制和资源，我们将无法摆脱外部世界的奴役，令自己的愿望受到挫败。任何一种极端都会给我们带来麻烦，导致不必要的痛苦和问题。

在一个复杂的世界中，这种协商工作绝非易事，其协商的有效性标志着在任何情况下成功与失败之间的区别，也标志着大体正常的情绪生活与脱离现实的情绪生活之间的区别。这种协商之所以困难，一个原因是情绪状况往往模棱两可，让我们无法确定什么是应该进行考虑、感受和采取行动的。另一个原因是，这些状况往往非常复杂，我们无法关注所有可能相关的事情。所以我们必须有所选择。但是如果我们选择了注意错误的事情，我们就很容易做出错误的决定。

正在发生事情的不确定性恰好是人们以不同方式解读正在发生的事情的主要原因之一。因为人们的目标和信仰各异，所以现实不止一个而是很多。以下是同一事件有着不同评估的例子。两位女士坐在餐厅的餐桌旁，都注意到一位朋友的丈夫正和一位可爱的年轻女士在一起亲密交谈。正在发生的事情模棱两可：一个人把这种情况理解为朋友的丈夫出轨而义愤填膺。另一个人更了解这个家庭，她认出年轻女士是丈夫从外地来的外甥女，所以她没有特别的情绪体验。同一事件因而有了两种评估，从而引发两种不同的情绪反应。

影响我们行动和反应的并不一定是实际发生的事情，也就是客观现实，而是我们如何理解它。引用莎士比亚在《哈姆雷特》中的一句话："世上万事本无善恶，就看你怎么想。"一点不差，我们也经常听人说起，情人眼里出西施。

个人意义

个人意义是评价的产物，它能激发我们的情绪。激发情绪的通常是人与人之间的关系，例如父母、孩子、兄弟姐妹、情人、朋友、看护人、上司、下属、教师、学生和竞争对手。这意味着个人意义也是与之相关的，也就是说，关系对我们的福祉的影响与个人意义息息相关。

我们生活中的某些人对我们非常重要。我们一心为了他们或他们的事业，因此，他们的行为和反应对我们有很大的影响力。他们可以帮助我们实现我们想要的，但同样也可以挫败我们想要的。例如，在婚姻中，我们对发生在这段关系中的各种事件会有许多不同的情绪反应。个人意义随着伴侣之间的行为和反应的变化以及他们必须处理的事件而不断变化。回想下那对早餐时激烈争吵的夫妇，他们曾经那么愤怒，但后来经历了一连串的内疚、焦虑和爱的感觉。情绪源于夫妻双方的互动所产生的意义。

让我们更仔细地考虑一下，我们说情绪是指对指向关系发展结果的个人意义的反应，这到底意味着什么。要激发情绪，我们的目标必然遇到对实现目标有害或有益的行为。同样的行为不会让所有人心烦，也不会以同样的方式发生影响。冒犯一个渴望被别人高看的人来说是毁灭性的，但却影响不了那些并不在乎冒犯者如何看待他们的人，也影响不了那些认为这种冒犯不值一提甚至是滑稽可笑的人。

所发生的事情对个人的意义取决于关系中其他人的行为方式。我们的目标、对自己和世界的信念，以及与我们在关系中的他人的行为，共同产生了激发情绪的个人意义。

比如，你爱一个人，并希望这个人也爱你，但对方说的话却冒犯了你。如果你认为你的恋人不是在向你表达你必须认真对待的负面情绪，而是由于疾病的压力或当天早些时候遭受的一系列挫折做出的反应，那么个人意义就不是冒犯，而只是表明你所爱的人需要容忍和同情。如果你以这种方式对事件进行评估，你不会感到伤害和愤怒，或者你控制住这种感觉，因为你知道任何报复都是不应该的。你甚至可能还有一丝内疚感，觉得你对爱人的不体谅或不关注可能加重了爱人的烦恼。

相反地，有些人无法采取这种超然或富有同情心的态度。也许他们太脆弱，或者关系已经困扰了一段时间，在这种情况下，个人意义就成了一种不应有的冒犯。你会感到愤怒，并有报复的冲动，你要修复你受伤的自我。然而，你的恶语一出口可能就深深伤害到你的爱人，他开始痛苦地哭泣。这立刻改变了你的个人意义，从另一方的侮辱冒犯变成了你表现不佳的冒犯。这种意义上的改变会导致内疚，而最初的愤怒也会消失。

所以你可以看到，个人意义和与之相关联的情绪每时每刻、每种情境、每个人之间不断变化，传达着所发生事情不断变化的意义。个人意义很容易随着事件的发展而改变，它占据每一种情绪的核心位置，并推动着情绪的流动。

许多有趣的研究表明，事件中激发情绪的意义部分取决于一个人想要什么和相信什么，部分取决于情境的性质。我们用一个关于学校考试引起的压力的经典研究来说明这一点。研究人员想研究胃酸是如何产生溃疡的。[3] 耶鲁大学的七名男生接受了吞咽胃管测量胃酸的训练。胃管测试首先是在学生高年级的一个平和无压力的时期进行的，然后在毕业前的一个比较重要的考试日再次进行。

其中五名学生在考试压力下胃酸大幅增加。令人惊讶的是，两名学生没有表现出增长。研究者与这些学生进行了仔细的面谈以了解到底发生了什么。结果发现，两个没有反应的学生中有一个满足于达到当时常青藤盟校所谓的"绅士 C 级"，这个学生不太在乎自己的成绩，也不因考试而焦虑。另一个无反应的学生已经被他选择的医学院录取，他也觉得考试对他没有压力。

这项研究表明，由于这两名学生的个人目标和他们处境的特殊性，考试对他们来说并没有威胁，而只是完成学业和毕业的形式要求。所有其他学生在考试时都非常焦虑，导致胃酸大量增加。

你也可以从中看出为什么同样的情况下有些人焦虑而有些人不会。由于这两名学生的特殊目标和信念，考试对他们的意义和引起的情绪反应与其他学生不同。在评估个人意义时，必须考虑两个因素，即个人特征（如目标和信念）以及个人所处的环境状况（如需求、约束和机会的本质）。

这让我们回到这本书的中心主题，即每种情绪都有其独特而戏剧性的情节，这揭示了我们有意或无意带有的个人意义。要理解每种情绪，例如愤怒、焦虑、幸福、骄傲，等等，我们就要确定我们所扮演的角色的戏剧性情节。我们在第 2 章至第 6 章详细介绍了这些情节及其引发的情绪。

激发

我们现在要来看看情绪的激发，这取决于前面已经描述的前四个因素。激发仅指涉及客观的或来自社会环境的且被体验者视为具有个人意义的事件。

激发有以下四种类型。

其一，一个真实的事件会导向某种伤害或利益，或是走向某种结果的可能性。尚未发生但在预料之中的伤害被称为威胁，例如被视为对个人或社会的侮辱并因此导致愤怒的言论，或者是一次成功的工作面试，被录用后意味着快乐或自豪。

其二，事件未能消除现有的伤害或维持人们所希望的利益。假设，你打算与配偶、恋人或工作中的上司进行一次谈话来在某种方式上有所改变，如停止似乎无休止的批评。然而，谈话并没有产生预期的效果，可能是因为所涉及的谈话主题不合适或带有敌意，或是谈话对象的固执，反而带来了更多的责难，从而导致愤怒、羞耻、悲伤等情绪。

其三，事件预示着未来会出现有害或有益的情况，因此会产生积极或消极的情绪。例如，传闻租金要上涨，这将给一个人的预算带来压力，或者一个人工作的公司即将裁员，这两个事件都可能导致焦虑。又如有消息说之前提到的裁员因为公司利润增长而取消了，这带来了解脱或喜悦的情绪。

其四，如果他人没有按预期表达或提供支持，即使没有发生事件也会触发情绪。根据对其个人意义的评价不同，没有听到恭维话的情况可能会让我们感到愤怒或焦虑。同样，爱意的表达可以让我们对关系感到安心，而爱意表达的缺失会触发愤怒和焦虑，认为自己不被爱或不被欣赏。

事实上，我们所期盼、想要或需要的东西的缺失完全可以被视为一个事件，它可以激发一种痛苦的情绪。我们可能并没有意识到我们想要或需要对方的积极反馈，但是当其缺失的时候，我们感觉到的痛苦和失望提示了我们这个需求并未得到满足。在这种情况下，我们所感受到的情绪可以帮助我们了解关于我们与他人关系的心理动力学；否则的话，我们可能根本就无法识别它或者是不愿意承认它。

在大多数情绪关系中，对激发事件的寻找要离开当下，深入到关系的更大背景，以及相关者的个性。看似激发了情绪的行为可能只是持续或反复的人际关系斗争的最新表现。当我们不理解为什么仅仅眼下的事情就能触发某种情绪的时候，我们可能未能抓住这种历史背景所起的重要作用。

例如，一项关于青少年情绪的研究发现，青少年因与父母发生冲突而引起的愤怒情绪以及在这些冲突中反复出现的想法，受到亲子关系中长期存在的压力的强烈影响。由于这种过往长期形成的模式影响而激发的情绪反应，丝毫不亚于当下冲突事件激发的情绪反应。[4]

仅仅是对过去情绪事件的记忆就可以在当下激发同样的情绪。这似乎违背了我们关于触发事件是具有情绪意义的事件的定义。通常，我们不认为对过去的记忆是当前的事件。然而，记忆不是偶然出现的。现在发生的事情提醒了我们过去发生的事情。为什么会这样？

答案是，我们生活中的大多数烦恼和成功都是反复出现的，不是新的。[5] 它们构成了人们一直努力适应的基本主题——被爱或被弃、强大或无力、胜利或受害。虽然我们可能没有意识到它们，但这些往往是我们个人体验中反复出现的模式。尽管细节不尽相同，尽管我们甚至根本没有意识到，但相似的内核总是将现在与过去联系在一起。

因此，激发情绪的应该是当前事件，而不是该事件唤起的对过去的记忆。我们对生活中发生的事情的理解往往是一致的，因此我们会一遍又一遍地重复许多相同的情绪故事。

行为倾向

许多情绪［如恐惧（或我们更喜欢说害怕）和愤怒］会产生强烈的以特定方式行动的生物学倾向，这是我们从祖先那里继承的东西。行为倾向是由它对我们的心理影响而非具体的身体行为来定义的，如远离危险或对有攻击性的人睚眦必报。

我们生气的时候，会有一种强烈的、难以抗拒的冲动去攻击任何一个对惹怒我们难辞其咎的人。我们想反击，为自己报仇，恢复我们受伤的自尊，打倒或摧毁冒犯我们的人。

我们害怕的时候，会有一种几乎不可抗拒的逃离危险的冲动，特别是当我们无力通过攻击来战胜它时。恐惧通常是愤怒的搭档，就像一只低等动物忽而惊恐忽而激愤，我们根据事情的发展也会在威胁或攻击和逃跑之间摇摆不定。羞愧时，我们想要隐藏那些让我们感到羞愧的事情；内疚时，我们想要为违背道德常规的行为赎罪；快乐时，我们会有一种强烈的冲动想要彰显自己，与他人分享我们的好运；骄傲时，我们想把好消息告诉每个人，因为骄傲而"膨胀"就是这种冲动的一个形象比喻。

有的情绪（比如悲伤）的行为倾向较难发现，因为在悲伤时，我们已经接受了情况的不可改变。如果我们无能为力，就不会产生采取行动的强烈冲动。然而，我们的肢体语言据说可以通过下垂的肩膀和头部以及缓慢的动作节奏来表达失落感和无助感。快乐时，肢体语言则反向表现为张扬和分享好运的外向冲动。

行为倾向通常有助于促进物种和个体的生存。例如，一只猴子宝宝因为被妈妈遗弃（可能她已经死了）而哭泣的悲惨景象和声音鼓励其他成年猴子来帮助无助的猴宝宝。对这些哭声的同情反应可能会挽救它的生命。人类的反应也是一样的。同样，在面部表情或身体姿势中发起攻击和表现愤怒的冲动，或在濒危时掉头逃跑的冲动，无疑也挽救了许多遇险动物的生命。

内在的行为倾向可以被认为是我们所说的应对方式的生物学范畴，这将在第8章中讨论。不同之处在于，在其生物学形态中，行为倾向在没有思想或计划的情况下发生，这是我们动物遗传的自然成分；另一方面，应对更费思量、更侧重精神层面，它经常考量可以做些什么、应该做些什么来处理这个问题。

在一个复杂的社会中，我们需要谨慎地对待自己的冲动，应对由情绪产生的行为倾向显然很重要。攻击他人可能是危险的。这种行为需要加以控制，有时是完全禁止的，因为人们关注在特定的社会环境中什么是合理而被允许的，或者这些行为是否有助于实现我们的愿望。

行为倾向可能非常强大，难以抑制或转化为有效的社会行为。行事冲动会有陷入巨大麻烦的风险，在考虑后果之前，我们常常对自己的行为不以为然。有些人特别难以抑制由情绪引起的冲动。其他人则由于过度控制而不能自主行动。情绪的一个重要组成部分就是如何应对生物学范畴的行为倾向，这对于我们的幸福、我们所爱的人的幸福、我们认同并且仰仗的国家和国家集团的福祉来说，是一个非常重要的问题。我们将用一整章来讨论它。

什么是情绪：定义

现在是给情绪下定义的时候了。情绪是一种牵涉我们的思想和身体的复杂反应。这些反应包括：主观心理状态，如愤怒、焦虑或爱的感觉；行为的冲动，如逃跑或攻击，无论是否公开表达；以及身体的深刻变化，如心率加快或血压升高。这些身体变化中的一部分是为了准备并实施应对行动，而其他一些部分，如姿势、手势和面部表情，则向他人传达我们的感受，或希望他人相信我们的感受。

情绪是个人生活的戏剧，它与我们的目标在特定事件中所实现的结果、与我们对自己的信念，以及与我们对自己所生活的世界的信念有关。它是由事件对我们的个人意义的评估引发的。情绪的戏剧性情节各不相同，因而每种情绪都有自己独特的故事。

接下来，让我们来看看人们是如何应对自己的情绪和引发情绪的状况的。

参考文献

1. Erikson, E. H. (1950/1963). *Childhood and society.* 1st and 2nd eds. New York: Norton.
2. James, W. (1890). *Principles of psychology.* New York: Holt.
3. Mahl, G. F. (1953). Physiological changes during chronic fear. *Annals of the New York Academy of Sciences,* 56, 240-249.
4. Klos, D. S., & Singer, J. L. (1981). Determinants of the adolescent's ongoing thought following simulated parental confrontations, *journal of Personality and Social Psychology, 41,* 975-987.
5. Horowitz, M. J. (1976). *Stress response syndromes.* New York: Jason Aronson.

Passion
and
Reason
Making Sense
of Our
Emotions

第 8 章
应对与情绪的自我管理

本章专门讨论应对问题，因为它对我们的健康和日常生活至关重要。应对方式塑造了我们的情绪，但它最重要的功能是管理那些被激发起来的情绪，以及管理有时会激发情绪的那些令人不安的情境。应对是我们在努力管理压力和与之相关的情绪时的行为和思维，无论这些努力是否成功。换句话说，即使我们在某个应对任务上失败了，我们也投入了大量的精力、思想和行动。当一个目标受阻或其完整性受到威胁时，人们会努力阻止或克服伤害。如果什么也做不了，他们就会努力接受事实，面对现实，继续生活。

如果应对成功，那么这个人就不再处于危险之中，情绪困扰的原因也就消失了。即使目标实现了，或者人们正在朝着目标取得令人满意的进展，他们也还要继续应对，以持续他们的好运，防止不利的变化，甚至获得额外的收益。因此，即使一个人正在经历积极的情绪，如幸福、自豪或解脱，应对仍然是日常生活的重要组成部分。

例如，如果你在工作中有望而且真的得到了晋升，你会感到自豪和快乐。这种快乐的心态是医治你生活中失意的一剂良药，可以用来缓解和更新情绪。然而，没有人能长时间享受工作的成功，生活还得继续，可能还得应付令人生畏的新责任。

此外，老板可能会对你在新岗位上的工作效率表示怀疑，而你必须继续证明自己。

应对也发生在对可能发生的事情的预期中。在这种情况下，它可以影响未来的情绪状态，这就是为什么它是情绪过程的一个重要因素。例如，假设你不得不面对即将到来的压力。也许你马上要进行工作面试、学校考试、公开表演，或者是因为孩子在学校的问题不得不去面见老师。你提前做演练。在考试中，你试着预测考题进行复习。这些被称为"预期应对"的准备有助于减少焦虑和增强事件发生时的有效性。

人们如何应对取决于所面临的情况、所构成的威胁、他们是什么样的人（例如他们的目标和信念如何）以及他们进行应对的直接结果。为了取得成功，应对需要灵活、适应形势的要求，而形势往往会随着事件的发展而变化。我们必须学会如何应对新形势，因此应对不仅仅是一套固定的策略，在需要的时候可以随时使用；应对还是一种不断变化的模式，能够对正在发生的事情做出反应。

人们主要采用两种应对策略——问题解决和以情绪为中心的应对，每种策略都包含一些不同的形式。本章的其余部分将讨论这些问题，最主要的关注点是以情绪为中心的应对方式，因为它不如解决问题那么明显，并且是一种众所周知的应对策略。让我们先来看解决问题的策略。

通过问题解决来应对

应对一种主要的方式是采取行动来改变麻烦的局面，[1] 这一行动可以解决问题。如果你已经评估形势确认采取预防或纠正措施是适合的，那么你会检查有关情况，以了解发生了什么、问题是什么以及如何处理。

解决方法可能是改变其他人的想法和行为。例如，向你在乎的人寻求爱；准备一份漂亮的简历；给负责人留下深刻印象，以便他们雇用你做这份工作；找到在你工作期间可以提供的不错的儿童保育；对那些想占用你太多时间的人客客气气地说"不"；不让朋友在你家里抽烟；说服邻居修剪树木，这样秋天树叶就不会落在你的草坪上。这类问题可以找到的例子不胜枚举，其中大多数是人际关系问题。

在试图改变他人的行为时，通常需要考虑如何接近他们。与其直截了当地把你的烦恼告诉要求太高的朋友，不如想想如何更感性地接近她。如果你能跟她讨论这个问题并让她信服你的观点，你的问题就解决了，之前的情绪困扰也就消失了。

还有一个解决问题的例子。在我们的社会中这是一个特殊问题，即母亲和父亲必须离开学龄前儿童去工作。由于对幼儿的良好照顾不容易找到，可能也难以负担，这增加了这种情况下固有的焦虑和愤怒。如果这些父母看到有证据表明他们的孩子被当前的看护人忽视或粗暴对待，那么采取有效行动来改变孩子所处的危险境地就变得紧迫，也会使他们情绪低落。

尽管离家工作加上管理家庭和照顾家人几乎留不出时间来解决问题，但应对这一情形恐怕还是要花费大量的脑力和精力。如果最终能在父母工作期间为孩子找到一个好的安排，那么至少一个紧迫的问题眼下得到了解决，从而也缓解了耗费心神的焦虑和愤怒。

或者，在经济萧条的背景下，如果公司解雇了很多员工，我们失去了工作，会怎么样呢？我们现在必须考虑如何找到另一份工作。什么样的工作？应该如何尝试？如果我们发现问题是由于缺乏某种技能造成的，那么努力学习技能可能会扭转局面。另一方面，如果整个行业都在衰败，那么最好还是找一份完全不同的工作。因为我们相信可以对问题采取一些措施，所以我们采用解决问题的应对策略，深思熟虑，然后判断应该选择的行动。

当然，问题解决的应对方式有很多例子。为儿童托育苦恼的家长可能会在某个时候投身政治，要求获得更充足的资金和资源。为邻居院子飘来的秋叶苦恼的人可能会试图设立地方组织以维护社区景观。合适的应对策略没有统一的标准，因为每个问题都是不同的，需要不同的解决方案。

使解决问题的努力复杂化的往往是你必须与之打交道的其他人的敏感态度，诸如对拒绝很敏感的朋友、一听要改变行为方式就认为受到侮辱的邻居、不喜欢别人在他们的控制范围内说话的人，等等。通常情况下，解决问题可能会对他人造成伤害和愤怒，需要谨慎行事。

例如，每年早秋让邻居修剪讨厌的树枝的问题可能会产生情绪，使任务变得特别困难。简单敦促你的邻居修剪他的树可能会引起他的愤怒，这还得看怎样把问题提出来。你自己可能会有些愤怒，因为他的不体谅使你处于这种不愉快的境地，而这种愤怒可能会导致应对方法失效。过多的抱怨可能会让他想采取一些可恨的行动进行报复，这样一来，不仅原有的问题无法解决，还会产生新的问题。

在某些情况下，邻居可能会按照你的意愿定期清扫或修剪树木，但对你会持有怨恨。对于住在隔壁的人来说，这不是一种理想的状态。你解决了一个问题，却制造了另一个问题。所以，为了避免过度的攻击，你好言好语地跟他讨论这事。你阐释了问题及其给你带来的痛苦，并请求他帮助在落叶之前修剪树枝。如果你成功了，问题就会消失，同时情绪上的困扰也随之消失。

当然，公开表达愤怒有的时候会有效地控制令人不安的局面。然而，有时候这样的表达看似让你感觉好点，但没有真正起作用。出于对后果的担忧而有所抑制、隐藏自己的愤怒并不能令人满意，尽管在这种情况下这通常是最好的做法。有所思虑的人很清楚，能够带来较好的、持续的关系的方法，往往是冷静且不具威胁性的，而非头脑发热、逞一时之快。

另一方面，隐藏愤怒最严重的负面后果（尤其是在与亲密的人或爱人打交道时），就是你隐瞒了自己的感受，从而误导了对方。你将无法传达对健康的长期关系至关重要的信息，即某些事情对你来说是冒犯性的，而对方应该尽量避免。如果不这样做，你会感觉不那么诚实和真诚。在任何特定情况下，抉择一个解决问题的方法都不是一个简单的判断，而且考虑到人际关系的多样性和复杂性，解决方法往往并不清晰明了。

如果你没有其他选择，你可能不得不进行公开攻击。如果这样做出乎你的意料导致了一种温和、合作和歉意的反应，那么你会为自己的勇气和行动的成功感到欢欣鼓舞。你甚至可以通过直言不讳获得尊重。但不要太乐观，别以为事情就该如此。如果你决定提出挑战，威胁要采取直接行动，比如说，自己砍树——我们知道有些人的确会亲自动手——请确认这是你想做的，并且你可以接受这个行动的负面后果。

如果你信任一个人，比如说，在与一个想占用你太多时间的朋友相处的场景中，最好的一种策略可能是等你心平气和后，说出让你感到烦扰的问题。告诉你的朋友如果他能施以援手你会很感激。事实上，这句话基本上没有什么挑衅的意思，不过随着时间的推移，你会知道对方是否会把这话当作冒犯。如果是这样的话，也许你无论如何都应该弄明白。

不过，不管怎样你应该只提具体的激发事件，不要攻击对方的人格。人格攻击注定会激起几乎任何人的愤怒。专注于让你烦恼的具体细节。与外部指责不同，你越是关注自己的痛苦，你的要求就越合理，这种直接面对策略也越可能奏效。

因此，我们看到，当解决问题的应对方式涉及他人时，由于关系中出现的情绪，应对的任务变得更加复杂。人际关系问题很难没有情绪，如果不做有效处理，情绪会伤害关系。这意味着在大多数需要应对的情况下，解决问题和以情绪为中心的应对通常是结合在一起的。我们不仅要处理问题，而且还必须在交流中管理自己的情绪，这就将我们带入以情绪为中心的应对方式。

以情绪为中心的应对

如果问题解决策略不起作用，或者因为问题难以改变而无法尝试，该怎么办？如果我们不能改变实际情况，我们可以抑制或以其他方式管理它引起的痛苦情绪。以情绪为中心的应对策略是内部的、私人的，当我们对事情无能为力时可以用于控制痛苦及其可能导致的问题。以情绪为中心的应对方式包含我们在这种控制中对自己的告诫。它改变了我们对正在发生的事情的思考方式，从威胁转变为更为良性或积极的评价。

考虑一个很难解决的问题。假设我们患有一种严重的神经肌肉疾病，这种疾病在某种程度上使人丧失活动能力。这能改变吗？这对未来意味着什么？这种疾病可能致命还是可以控制？我们能做些什么来增加好转的机会？要找到答案，我们需要寻求专家的判断，我们需要一个医学评估。我们可能还需要药物来恢复正常，需要有清晰的头脑知道如何使用药物。

由于问题性质的不确定性，解决问题和以情绪为中心的两种应对方式都需要用到。解决问题的方面包括寻求全面的诊断和在使用药物时审慎尝试，不出差错，以增进功能康复。以情绪为中心的方面包括斗志昂扬，充满希望，以及在事情不顺利时处理好难以避免的情绪困扰。

假设，我们通过全面诊断得知自己罹患绝症，而且来日无多。这种情况最能突出以情绪为中心的应对方式的必要性，因为我们几乎无法通过医疗手段来改变命运。根据我们对所发生事情的评估方式，我们需要以情绪为中心的策略来对情绪困扰进行管理，例如对到底会有多疼的担忧，对多舛命运的愤怒，对完全不能自理和随之而来的失去生命的沮丧。我们需要在某种程度上保持我们的自尊心和精神面貌。接下来，我们将详细介绍一些特定的、以情绪为中心的策略，可供我们在几乎无法改变客观现实的情况下使用。

但在此之前，我们应该考虑的问题是，要判断我们到底能不能针对这个带来压力的事件采取措施。判断真相的困难在于，这个情况是可以通过行动发生改变，还是无药可救唯有接受？这让人想起了匿名戒酒协会（Alcoholics Anonymous，AA）所使用的从中世纪的教士那里借用的宁静祷词："请上帝赐予我勇气去改变那些可以改变的，请赐予我平静去接受那些不能改变的，请赐予我智慧去分辨两者的区别。"分辨真相确实会让人左右为难，烦扰不已。

无论在哪种压力状态下，我们掌握的信息越多，我们就能应对得越好，因为这样我们就可以评估状况并掌控反应。我们必须首先尝试了解我们正在经历的令人不安的情绪以及导致这些情绪的条件。如果我们错误理解引起愤怒、焦虑、内疚、羞愧等的条件，那么当这些情绪出现时，我们就无法识别到底发生了什么，也不知道该怎么办。掩埋这种情绪就会错失它提醒我们关于我们自己和我们的生活状况的机会。这样还会使我们无法弄清楚这些情绪反应所传达的社会和个人问题，从而无法通过洞察它们而在下次类似情况下做出不同的决断。

了解我们的情绪的最好方法之一是与我们信任的人讨论这些情绪。向人倾诉提供了一个机会，让我们回顾发生了什么、为什么发生了、什么是痛苦的，以及如何处理。信任的朋友的理解和接纳的反馈有着神奇的治疗作用。

研究证据表明，压抑，特别是对非常令人不安的情绪感受的压抑，会自我增强并使痛苦持续，而用言语表达似乎是一种有效的应对方式。健康心理学家詹姆斯·彭尼贝克（James Pennebaker）及其同事[2]进行了广泛的研究，结果表明，应对新受创伤的一种有效的方式是面对并应对它们所产生的威胁。

研究人员评估了书写或口头分享创伤经历对后续情绪困扰和疾病的影响。例如，当学生们写下他们因上大学而产生的思乡和焦虑时，他们后来去看医生的次数少于那些写无关痛痒的良性话题的对照组学生。因此，一个明智的人在反复出现问题和痛苦情绪时可能做的第一件事就是认识到它们正在发生，并努力评估正在发生的事情。

这可能是为什么援助团队能够帮助类似创伤或问题的经历者的原因之一。这些经历包括威胁生命的疾病、子女或配偶的死亡、离婚、强奸、袭击和入室盗窃、照顾生病和年老的父母以及自然和人为灾害。跟理解的人谈谈自己的烦恼能帮助你意识到其他人也经历过类似的创伤而且安然无恙，这些对话可能帮助你深入了解情况，更具建设性的想法则可以取代那些破坏性的念头，痛苦的情绪得以减轻。

有两条经验法则可操作。

第一，我们不应该逃避、掩埋或隔绝导致痛苦的事件或状况，至少不能太久。以建设性的态度面对、审视、学习和解决这一问题很重要。据我们所知，不论治疗创伤的努力是自己独立进行，还是在一个群体中或者是与治疗师一起进行，这条规则都是适用的。

第二，我们应该灵活但明智地对待我们与之倾诉自己感受的人。这些感受会让很多人感到厌烦，并导致不良的社交后果，甚至是批评或排斥。了解谁是我们的朋友，以及谁会在危机中做出有益的反应是很重要的。他们往往不是我们认为会有所帮助的人；我们指望的人往往会令人失望。

以情绪反应为中心的应对可以分为两种类型，回避和重新评估个人意义。让我们逐一审视，看看它们是如何工作的。

回避

在采取回避策略时，我们尽量不去想困扰我们的事情。例如，当我们在工作时，我们需要集中精力在我们正在做的事情上，所以我们试着把困扰我们的事情放在脑后，以免它干扰我们。当我们晚上休息的时候，烦恼的想法就会从我们的脑海中被摒弃，以便入睡。有些人在上床睡觉时很容易做到这一点，他们入睡很快。然而，他们可能会在夜间醒来，在接下来的几个小时里左思右想，睡不着觉。

人们利用各种以情绪为中心的策略来实现回避。他们喝酒或吸毒，参加运动或锻炼，这可以分散他们对麻烦事的注意力，或者他们可能会在家里或餐馆里沉迷于美食，所有这些都可能暂时帮到他们。他们甚至可能避免与人在一起，以免谈论他们的麻烦。有些人选择多睡觉，尽可能地逃避生活，而有些人则彻夜难眠。放松技巧和冥想也可能会有所帮助（见第 13 章）。

有些人比其他人更善于避免令人不安的想法。他们能够更好地专注于手头的任务。例如，人们下班回家时把工作留在办公室，或者上班时把家里的烦心事留在家里。然而，在许多其他情况下，工作压力会影响家庭关系，而家庭压力会扰乱工作。而像职业网球选手这样的运动员，如果困于一连串糟糕的时机和击球，就有可能注意力不集中，从而影响比赛。他们必须学会避免耽于比赛中的糟糕表现，这样才有机会获胜。

回避是一种软弱而暂时的应对策略，尽管在问题被回避的时候，担忧可能会显得不那么令人畏惧，但在问题真正被正视和解决之前，它们不会消失。

重新评估个人意义

第二种以情绪为中心的应对方式是通过以一种更温和、更少威胁的方式重新评估所发生的事情来改变个人意义。重新评估是一种比回避更有效的以情绪为中心的应对策略。从长远来看，这可能是最有效的策略。

如果你的配偶惹恼了你、激怒了你，那么自然的第一个冲动就是以牙还牙。但我们假设你不想危及这段关系。正如我们在第 2 章中所提到的，心理学家卡罗尔·塔夫里斯[3]提出，数到 10 是一种在冲动的反击造成巨大伤害之前冷静下来的方法。然而，在这种情况下，有一种更好的应对方式，因为它改变了情绪本身。

正如我们所说，这是为你心爱的配偶找借口，这改变了事情的个人意义。你可能意识到她病了，所以疲倦易怒；或者她在工作中因为一个不近人情的主管而受了气。这种情况下谁又能怪她脾气暴躁呢？她只是口无遮拦。修正后的个人意义是认识到配偶无意冒犯你，她之所以无意间表达了愤怒是由于她可以理解的苦恼和暴躁。所以，真的没有道理因此而生气，而同情心和温柔的回应可以在长期关系中产生巨大的回报。

我们并不是暗示一个人可以随意告诉自己任何事情来改变个人意义，从而完全忽视正在发生的事实。这样做被称为否认，我们将在后面详细讨论。新的评估标准应该建立在可信的基础之上。

改变个人意义以减少痛苦的原则适用于诸如焦虑、内疚、羞耻和抑郁等情绪状态，让我们看看在这些情绪下如何改变个人意义。

先来看焦虑。你可能会对自己说："我完全有能力在威胁性要求到来时解决它。"如果你相信你能有效应对威胁，焦虑很容易被克服或减轻。如果这种信念是现实的，并且是你真正相信的，那么它就不是否认。否认是指这种态度是为了缓解焦虑而制造的，并且几乎没有或根本没有现实基础。

对于那些对世界持怀疑态度或认为自己能力不够的人来说，重新评估威胁及其引起的焦虑往往不那么有效。由于焦虑是基于对未来伤害的预期，我们在等待即将到来的事件时，通过检视威胁的性质，充分准备以提高应对能力，为对抗做好准备。这种准备可以极大地增强我们对局势的控制感，以及在威胁事件发生时掌控局势的实际能力。

公众演讲者的经历很好地说明了这一过程。大多数必须公开演讲的人都表示，焦虑可能发生在演讲之前，有时会非常严重，或者在某种程度上也可能发生在每次演讲的前几分钟。"我会记得该说什么吗？""观众会喜欢我吗？"然而，这种焦虑通常会在表演开始后消失。

然而，大多数演讲者认为焦虑是做好工作的重要推动力。这种信念有助于在某种程度上缓解焦虑。但是，有些人可能根本不会有任何焦虑。埃塞尔·默曼（Ethel Merman）是一位技艺高超的舞台演员和电影演员，她说她从不为表演感到焦虑。她在舞台上看起来确实很自在，也许她只是成功地隐藏了它。这有时很难说。

我们有一个朋友是在读研究生，他应对焦虑的方法是认真准备考试、尽可能地复习可能考到的问题、广泛阅读、做笔记、演练想法以及与其他学生和他的妻子一起复习。然后，在考试的前一天晚上，他相信自己已经尽了最大的努力，他会去看一部西部电影。他说他选择西部片是因为该类影片既轻松又吸引人，所以他可以暂时忘记自己的焦虑。然后他就上床睡觉，睡得很香，而他的妻子则夜不成寐。

如果我们重新评估引起内疚的情景的个人意义，那么内疚的情绪也可以通过应对而改变。通常，如果我们接受自己的道德过失，我们会试图弥补我们所做的一切。

一个有趣的历史事例是美国政府在第二次世界大战期间应对日本威胁的方式。拘留日裔美国人这样非法和不道德的决定在战争期间的加利福尼亚州是合理的，因为人们错误地认为，来自日本这样一个民族中心主义国家的移民是不可信的。这种辩解否认了这一行动的不合理。半个世纪后，人们终于认识到，在战争期间拘留日裔美国公民是非法的、错误的。在损害确实已经造成之后，这种重新评估的结果是向被拘留的公民支付赔偿，实际上是为不法行为公开赎罪。

隐藏内疚感只是为了避免承认自己做得不好，多年来日裔美国人就是这样做的。为道德过失赎罪带来的个人利益就是公开表明自己希望按照社会的道德约束来生活，赎罪提供了一种很顶用的对付内疚的方法，我们通过承认自己有罪并不辞辛劳地去弥补来惩罚自己。

开释内疚感很大程度上取决于道歉或内疚的表达对他人和我们自己来说是否真实，以及我们赎罪的努力是否与我们道德失范的程度充分匹配。如果我们的赎罪努力不够，它们很容易被批评或拒绝，并且它们可能无法减轻负罪感。有些人在这方面对自己非常苛刻，表现出内心负疚的深层次问题。因此，这是一种情绪困扰的模式，可能需要专业人士的帮助才能克服。

我们在第 3 章中说过，羞耻是一种非常私密的情绪，因为暴露让我们感到羞耻的东西只会加深失败的个人感受。因此，羞耻感很难向他人承认，也很容易为了改变我们对事件的个人意义而被否认。

在我们的想象中，那些看到我们的羞耻感及其原因的人会拒绝和抛弃我们。带着我们个人的羞耻感生活已经够困难的了，但是让它向世人暴露，或者暴露在我们最关心的人面前，则更为困难。当然，其结果是恶性循环。如果我们不能通过与他人坦率地谈论来应对羞耻感，我们将永远无法发现他们可能也会采取类似的行动，并且会发现我们的做法很容易理解。

因此，有时通过向他人承认羞耻感来进行应对可能是有用的。这将为亲切、同情的回应留下空间。如果真的得到支持，那么童年时期羞耻、害怕被拒绝的基础就被消解了。然而，这种策略似乎总是有风险的，就像从要求高的父母亲那儿学到的，亲切感可能不会如期而至。承受自己和他人都不认可的双重痛苦需要极大的勇气。这就是为什么羞耻是一种孤独的情绪。

另一种应对羞耻感的方法是，否认自己做了什么坏事，为自己辩护。如果我们意识到自己在玩把戏，我们也必须接受自己故意而为，不够诚实。如果我们没有意识到自己在做什么，并且相信这种否认，自我辩护往往会更成功。考虑到我们是在按照我们的自我理想行事，就没有必要感到羞耻。

无论是否发自内心，我们怀疑这种应对羞耻感的策略是非常普遍的，这也解释了为什么羞耻感越真实，就越会在事后否认所做的事情。这是一种拖延、硬撑的方法，我们怀疑这种方法主观上比卑躬屈膝地承认这种可耻的行为要好。

另一种以情绪为中心的应对羞耻感的方法是放弃一些我们幼年时从父母那里习得的过高的个人行为标准。它可以消解羞耻感，但说起来容易做起来难。与改变我们的标准相关的是在情绪上和智力上逐渐认识到，我们不需要完美也能被接受甚至被爱。我们可以认识到，我们的标准是不合理的，而如果我们接受自己的现状，生活会更幸福、更充实。[4]

人们有时使用以情绪为中心的应对过程来应对抑郁和生活中的不快乐。我们在第 4 章中指出，抑郁症不是一种单一的情绪，而是多种情绪的组合，如悲伤、焦虑、愤怒、内疚和羞耻。但抑郁是一种高度情绪化和痛苦的心态，因此改变其个人意义是战胜它的可行策略。

当抑郁是一个生活问题而不是生理异常的后果时，针对抑郁症的现代观点主要强调无助和深深的沮丧，实际上，是对生活的环境失去希望，总是责备自己，放大负面生活事件和环境的阴郁暗示，将其评估为毁灭性的损失。正是无望把抑郁与不快乐联系在一起。没有什么能让生活变得有价值，没有什么能让人感到快乐或获得某种程度的愉悦。

如果我们要改变这种阴郁的感觉，我们就必须改变我们看待自己和生活环境的方式。我们必须学会用不同的方式思考，这不是一件容易的事情，因为没有专业人士的帮助，我们只能靠自己的力量自力更生。根据抑郁的严重程度，有些人似乎能够在某种程度上主动做到这一点。他们时时沉溺于自怜之中，不断抱怨，烦扰家人和朋友，不认可关心他们的人对他们个人现实做出的比较积极的评估，并退缩到自己的暗黑天地中。他们的朋友和爱人越是敦促他们重新评估自己消极观点的基础，他们就越是抵制，越是声言自己的生活出了问题。

然而，在某个时候，他们似乎想对自己说"够了"，并强迫自己与痛苦隔绝。他们重新评估自己的处境，避免阴郁的想法，重新开始工作和计划，并故意抛弃他们的厌世观点。这就好像他们否认自己抑郁的原因。对这些人来说，至少在一段时间内这种方式是有效的。当引发抑郁的事件再次来临时，他们声言要与之抗争，这意味着他们可以防止自己再次屈服于抑郁的观点。

抑郁症的一个有趣特征是，它往往是相对短暂的，但会反复发作。抑郁倾向似乎也是人的构造中根深蒂固的一部分。他们所爱的人担心的是，在抑郁结束之前，绝望可能导向自杀或自我毁灭性的决定。相信它总会结束的信念增添了电话热线工作人员劝阻来电者无端自杀的信念，因为来电者对生活的热情很可能会在某个时候得以恢复。

虽然这两种手段（它们被称为隔离和否认）并未穷尽以情绪为中心的应对手段，但它们在改变个人意义方面尤为重要，两者通过不同的方式起作用。让我们详细了解一下。

在隔离的过程中，我们从情绪上摆脱了事件的痛苦意义。隔离的一种方式是在不吸收其全部情绪意义的前提下去感知恐怖。这就好像我们是在似看非看。我们在没有意识企图的情况下自动地就能做到，但我们并不清楚它究竟是如何实现的。

在这方面，我们中的一位（理查德）对一项研究记忆犹新，参与研究的被试观看一部非常紧张的无声电影，同时接受对他们的心理和生理反应的测量。电影描述了澳大利亚原住民部落对年轻男性生殖器施行的某种野蛮手术，这种手术标志着男孩成年。男孩们自愿接受这种传统，但他们显然为此感到痛苦。有人可能听说过这样的仪式，但很少有人真正见过。

我（理查德）对这部电影的第一反应是，看这部电影会令人极为痛苦，毫无疑问，这部分是基于对如此离奇和伤人的事件感到同情和震惊。电影一开始，我就和被试们一起观看，没有其他的事情。随着一个又一个被试接受研究测试，这部最初让我非常困扰的电影变得越来越令人厌倦。我甚至开始纳闷，为什么其他人会认为这很痛苦。

事情应该是这样的，反复观看这部电影让我在心理上失去了兴趣；我只是不再密切关注正在发生的事情，我看到了事件，但没有吸收它们的个人意义。我成功地在情绪上与我所看到的保持了距离。

后来有一天，我和一位同事一起用这部电影进行了另一个实验。[5] 这次我想通过影片中的音轨播放来改变被试对电影中发生的事情的评价。因此，我不得不一遍又一遍地看这部电影，因为我要对这部电影的内容进行恰当的修剪（另见第 11 章）。当我这样做的时候，我超然的态度突然消失了，我再一次觉得看这部电影很痛苦。发生了什么事使我再次陷入困境？

答案是，在为这部电影编辑音轨的过程中，我不得不仔细观察正在发生的事情，以及它的所有情绪内涵，以便插入适当的解释语句。于是，我又一次开始亲身体会这部电影的意义，并做出痛苦的反应。我先前的情绪隔离所产生的心理掩护现在已经被击穿了。

当公众在电视上观看战争的悲剧故事时，一定发生了隔离的过程。在反复看到残破流血的尸体、躺在地上的人尸、被枪杀的真人而非演员之后，公众可以在没有情绪困扰的情况下直视这些镜头。我们已经习惯于痛苦的景象，以至于我们看到了却没有真正看到，远离了死亡和痛苦的情绪意义。

某些职业似乎喜欢与他人打交道时保持距离。我们前面提到过医务人员就是一个例子，但还有其他人。你可能已经注意到，每当下属提出请求时，官员和行政人员往往表现出超然、没有反应的态度，很难知道他们当时在想什么。他们的脸上没有表情，他们的话语是典型的客观冷静。尽管他们可能礼貌而周到，但无论这件事对申诉者来说有多重要，他们都毫无兴趣。

管理者在情绪上保持距离和冷静是为了保护自己，避免在考虑清楚其影响或与同事或上级协商之前做出可能被视为正面承诺的表示。这种协商可能会导致他们改变主意。他们知道，如果他们必须背弃他们先前暗示或说过的话，那么要处理申诉者的愤怒得有多麻烦。

心理治疗师，特别是那些从事精神分析实践的人，将情绪隔离作为一种常规的职业风范，有时甚至还延伸到他们的社交生活中。在通电话或当面交谈时，他们给人感觉很谨慎或中立，这很容易被认为是冷漠。这种模式可能是他们为人处世的结果，这可能最初引导他们选择了自己的职业。另一方面，他们可能只是遵循他们认为合适的专业角色来对待患者。在精神分析学中，治疗师倾听患者倾诉时不表示赞同或反对，也不进行过多的干扰。因此，他脸上不能有表情。

这就提出了一个问题：经常保持情绪距离的人在与他人的关系中是否真的超然，或者仅仅是表面的超然态度而已。我们中的大多数人都能够偶尔实现情绪隔离，以此作为应对压力和情绪的一种手段。然而，如果隔离成为习惯，它可能会使你在与人相处时总是过度控制和漠不关心。因此，情绪生活的完全扁平化作为结果可能是为暂时摆脱痛苦而付出的太大的代价。这就是情绪隔离。

在否认中，我们已经看到过这样的例子，我们通过拒绝承认我们认为具有威胁性的东西来改变其个人意义，我们这样做是告诉自己不必受到威胁。我们坚称自己没有愤怒。我们说，在我们参与的惩罚中没有任何不当行为。我们不会死于绝症，而是正在康复。否认，即否定现实，与回避不同。在回避中，我们尽量不去想正在发生的事情，但我们仍然会承认现实威胁。

有两个原因促使我们在这里花费篇章详细讨论否认。第一，我们对什么是精神健全的看法在最近几年发生了很大的变化，我们很快就会看到，这种变化可以用否认来很好地说明。第二，我们想知道有些应对策略是有害的还是有益的。答案可以用来帮助人们选择有益的策略，摒弃有害的策略。关于否认所致后果的研究相当丰富，非常有趣。

西格蒙德·弗洛伊德的女儿安娜·弗洛伊德认为 [6]，精神病学和临床心理学遵循的传统把否认看成一种不成熟的应对方式。年幼的孩子会使用否认的策略，但随着年龄的增长和对生活现实更深刻的理解，他们会舍弃不用。由于现实在否认中被歪曲，使用否认的成年人被断定为精神病患者，用绝望的方式对付无法忍受的情形。

我们之前提到找理由原谅爱人是一种消解冒犯的方式。这种应对过程大多失于无法为其言行找到可信的理由。我们愿意相信我们的妻子、丈夫或情人是值得信赖的、是爱我们的。但是对方经常显露的来者不善的现实却击碎了这种愿望。在这种情况下的原谅就是否定现实，所以这就是否认。

找不到原谅的理由也可能源于个性的弱点，它令人无法忽视哪怕是最轻微或最模糊的怠慢。在第2章描述的夫妻争吵中，对丈夫的爱和珍视的需求没有使妻子满意，这使得她没法为自己感受到的丈夫的怠慢找到借口。只有当丈夫说到他的失业威胁时，妻子才找到了可信的理由来以善意的方式解释他的行为。当她能够根据这个理由重新评估他的行为时，她的愤怒立刻消失了。这一评估并非否认，因为它是真实的。

否认现实可能是危险的，因为它促使人们做出糟糕的人生决定。然而，并非所有的否定都是对现实的公然否认，尤其是在不明确的生活场景中。否定渐渐变为幻觉，这是人类恐惧丑陋而不公的世界的共同反应。生活由于相信了虚构的故事变得更容易忍受。

我们大多数人接受许多关于我们自己和世界的信念，但不一定意识到这些信念是虚构的。如果我们意识到它们虚幻的性质，我们大多数人都会拒绝它们。这些虚构的信念看起来可信，因为许多其他人都相信。我们所熟悉的人——一个特定的宗教团体、亚文化、社区或家庭——往往被视为整个世界的缩影。因为他们和我们有着相同的信念，我们的幻想很少受到质疑，但是一旦受到质疑，我们会非常痛苦。如果没有一点幻想，我们可能会变得愤世嫉俗或厌世。

我们从不欺瞒，包括我们自己在内的好人不会说谎；我们的社会对每个人（或任何人）都是公正的；我们掌控自己的人生。[7] 许多人会说，死亡是另一种幻觉。有一个关于死亡的笑话说死亡不会那么糟糕，因为没有人回来抱怨这个。顺带说一句，开玩笑是应对威胁性想法的一种方式，也是情绪隔离的一种形式。对于可以开玩笑的事情，你总是不必看得那么严肃。

不管怎么说，那种认为否认或其温和版的幻想有害的观点是极端的，这种观点认为我们再痛苦也必须面对现实。然而，否认现实无疑是危险的。与传统精神病学和临床心理学认为否认标志着精神疾病的观点相反，伟大的文学和戏剧作家在他们的故事中坚持认为没有幻想的生活是无法忍受的，许多伟大的戏剧都涉及这一主题。我们必须调和这两种都有道理的立场。

我们最喜欢的文学例子让我们认识到人类对幻想的需求。这是一个由精神分析作家艾伦·惠利斯（Allen Wheelis）写的故事，名为《没有幻想的人》（*The Illusionless Man*）。亨利是一个没有任何幻想的男人，娶了洛拉贝尔这个幻想至上的女人。亨利这样谈到他们即将举行的婚礼：

> 上帝不会在那里，亲爱的。女人们会为自己失去的青春和纯真而哭泣，男人们希望跟你上床。整件事都不过是一次原始而荒谬的尝试，试图赋予交配以尊严和永恒，通过一种连孩子都不再相信的神话权威来强化对孩子的责任。

但当亨利和洛拉贝尔接近生命的尽头时，惠利斯清楚地告诉我们，幻想是唯一可行的生活方式。他写道：

> 亨利可以看到他自己努力追求一种不存在的美、真、善或爱的状态，但在他年轻的时候，他总是说"这是一种幻觉"，然后转身离开。现在他说"没有别的东西了"，并坚持自己的追求。虽然不能说他们从此过着幸福的

生活，但他们确实生活在了一起。他们生活了一段时间，有起有落，有好有坏，到了要死的时候，洛拉贝尔说："现在我们永远不会分开了。"亨利微笑着吻了吻她，自言自语道："没有别的了。"然后，他们就死了。

许多其他著名的戏剧和故事也以没有幻想就无法忍受的生活为主题——奥尼尔（O'Neill）的《冰人来了》（*The Iceman Cometh*）、易卜生（Ibsen）的《野鸭》（*The Wild Duck*）、塞万提斯的《堂吉诃德》、杜伦马特（Dürrenmatt）的《来访》（*The Visit*），以及皮兰德罗（Pirandello）几乎所有的戏剧都以奇妙复杂的方式玩味着幻想和现实的主题。这是文学中不可或缺的主题。

因为长期以来我们一直认为否认是有害的，所以当人们发现否认确实有益的时候，会感到惊讶。近几十年来，研究人员和临床医生都开始认识到，否认，尤其是幻想的方式，被我们大多数人用作应对策略。当我们受到生活环境的创伤无法游刃有余时，否认是最常见的。有时否认是适合的，有时是不适合的，因此，重要的是要关注否认的类型以及在这种情况下否认是有益还是有害的应对方式。

许多事实证明，否认的确会产生有利的结果。例如，当患者要做个小手术，那些否认危险并表现出略微焦虑的患者比那些警惕危险并对即将到来的手术感到焦虑的患者恢复更快，术后并发症更少。[8]

为什么会这样？最好的猜测是，医院环境使手术患者消极被动，几乎无权掌控自己的行动。除了让外科医生和护理人员照顾你之外，别无选择。在医院里，关注各种疼痛或症状都没有什么适应价值。不管你怎么做，你通常都会康复的。

如果人们保持积极的态度，甚至罔顾事实相信自己的外科医生是最好的，那么他们会比那些密切关注病情的患者做得更好，甚至手术伤口似乎也愈合得更快。出乎意料的是，如果可以，在这种情况下最好的办法就是放松，享受成为人们关照的中心，并庆幸自己得以暂时逃离日常负担，获得一个假期。

最新的研究还表明，否认的积极或消极后果取决于威胁生命的疾病所处的阶段。例如，当患者在考虑如何应对心脏病发作症状时，否认是危险的；但在住院恢复期间，否认是有用的，因为它可以缓解有时被称为心脏神经症的过度焦虑。如果冠状动脉术后患者害怕接受适度运动的治疗方案，这将减慢或影响他们的恢复程度。然而，当患者回家恢复正常生活时，否认同样是有害的，因为这增加了他们否认危险并承担过多工作或体力活动的可能性。[9,10]

另一个揭示了疾病不同阶段的重要性的类似例子是对突发事故导致脊椎损伤的患者运用否认。患者在医院醒来发现自己瘫痪了，有时是腰部以下（截瘫），有时是四肢瘫痪（四肢瘫痪）。这种状况对任何人来说都是令人震惊的，对人的精神状况来说也是灾难性的。事故发生后，否认给恢复感觉和运动功能带来了暂时的希望。在那种时候，现实对患者来说可能太具破坏性，无法应对，他们最好保持无感或是充满希望。

然而，随着时间的推移，患者开始接受关于残疾的可怕事实，并了解到肢体功能将无法恢复。当否认变得站不住脚时，抑郁是一种常见的反应。还有另一个现实需要面对，即患者必须开始学习如何通过康复训练来对付瘫痪，这可能帮助患者获得一种相对新的、独立的生活方式。如果任由事故刚发生后的否认继续，将阻碍患者采取必要的康复措施。

许多发现乳腺肿块的女性否认可能患癌，因此耽误了医疗诊断，并有可能导致潜在恶性肿瘤的扩散。她们的做法危及自己的生命，这显然是否认付出高昂代价的案例。否认造成伤害的另一个例子发生在男性身上，尤其是那些有胸痛和其他类似消化不良症状的人。那些否认自己心脏病发作的人在心脏病发作的关键早期没有得到及时的医疗帮助。据报道，有的心脏病患者做俯卧撑和爬楼梯，他们认为能够做到这一点证明他们不会心脏病发作。事实上，心脏病真的发作了，他们侥幸活下来才讲述了这个故事。他们很幸运，其他人没能活着讲述这个故事。

因此，什么时候否认是适合的或有益的，什么时候是不合适的或有害的，规则是当它阻止人们采取生存或发展所必需的行动时，它就会产生负面后果，任何其他以情绪为中心的应对方式也是这样。如果本来可以做的事情有用或者能救命，但由于否认而没有做，这种应对策略可能会造成伤害。然而，如果什么也做不了，否认往往有助于让人感觉更好，而且不会付出严重代价。[11]

现在，我们认为否认作为一种应对策略是有限积极的，因为尽管否认自己的处境和感受有时是有益的，但这样做也会产生有害的后果。我们还把某些否认比作一种温和的自欺欺人，我们称之为幻想。事实表明，否认既有害又有价值，但并非在所有情况下都同样适用。

现在，让我们研究一下否认的一个重要消极后果，它没有被大家认识，值得特别注意。想象你得了绝症或身体状况出现严重问题。许多患有这种疾病的人试图自己保持积极的态度，有些人成功了。能够积极地思考自己的处境和整个人生，这是一大幸事，不应该被贬低。这种想法有助于减轻生活中像死亡将至这样的严酷事实，让自己和亲人不那么绝望。然而，大多数人无法成功地做到这一点。在这种情况下，人们通常会感到愤怒、内疚、羞愧和抑郁。

患者的困境给他们所爱的人带来了严酷的情绪考验。在临终前，朋友和家人，以及那些容易被死亡概念伤害的专业人士，面对死亡会感到非常不舒服。他们并不直接抱怨，却将垂死的患者置于某种微妙的压力之下，否认他们死亡的必然性，并促使其积极看待。这种压力淡化了患者自身的情绪困扰。[12]

垂死的患者不仅在努力应对自己的死亡，而且还面临着前方的另一种损失的威胁，即他们所爱的人的持续关注和关心。这是一个可怕的两难境地。随着死神越来越近，他们可能会感觉到自己的家人已经开始抛弃他们，在情绪上与即将死去的亲人保持距离，以应对自己预期的损失。患者可以感觉到他们与亲人之间越来越大的鸿沟，可以听到不符合患者情绪需求的生硬和不切实际的对话。

临终患者常常觉得，有一个未说明的阴谋阻止他们抱怨或表现出个人痛苦。他们被裹挟着做一些类似于否认自己困境的事情。周围环境让他们觉得，如果实事求是就会赶走那些带来社会支持的人和令人宽慰的关怀。[13]

这种要求乐观的微妙压力迫使垂死的患者表现得虚假而非真实。就好像他们自身正儿八经地痛苦难当，无法继续被爱，但却必须保护其他人不必面对不幸的事实。

对于许多垂死的患者来说，在他们最需要所爱之人的时候，这种困境却在他们之间造成了裂痕。在这种情况下，否认是绝对不需要的。

应对策略是否有好坏之分

有某些应对策略一定是好的或者坏的吗？有一种糟糕的应对策略是一厢情愿，即残酷现实被接受了又被祈愿忘记。这种方法在短期内让人感觉好点，但不会改变长期的现实。

一厢情愿不同于否认，更类似于回避，因为它承认负面的现实。然而，与否认一样，希望或生活在幻想中会消减原本可以通过行动直接解决问题的努力。它阻碍了人们采取行动消除或缓解问题。如果我们认为消极的局面无法改变，只能希望事情自己发生转机，我们就没有意愿采取建设性措施。一厢情愿往往导向糟糕的结局，因为坏事情通常不会自行消失。

与否认的情况一样，一厢情愿造成的损害取决于是否有建设性措施。只有当希望或幻想事情会变好阻碍了建设性的行动时，才是有害的，但如果做什么都于事无补，它可能也不会有害。

同样的原则也适用于情绪隔离，这是一种在某些情况下（而不是在其他情况下）有效的以情绪为中心的应对策略。例如，我们为排查一种可能的癌症进行了活体检查，但不知道结果，那么目前除了等待，我们什么也做不了。没有必要在等待的时候保持警觉——因为结果可能是良性的。如果在等待的时候自己能够情绪隔离，情绪状态会变好，并且几乎不会造成伤害，因为在等待的时候没有什么可以做的。

相反，如果我们在等待一场即将到来的紧张的对峙，比如招聘面试或是在商务会议上做报告，那么在等待期间保持隔离可能是有害的，因为我们会失去动力做必要的准备。等待期可以更好地用来思考、准备笔记和为即将到来的活动做计划。很多人喜欢加大力度准备，只在出场前放松一小会儿。

因此，另一条经验法则是，在一种情况下有效的以情绪为中心的应对策略可能在另一种情况下无效，这取决于是否可以采取建设性措施来解决问题。不可能断言某些应对策略总是或通常有效，而另一些策略总是或通常无效或适得其反。什么有效在很大程度上取决于具体生活场景以及人的个性特点。

那么，解决问题的应对策略如何呢？欧洲人和美国人倾向认为，最好能直接采取行动来改变事物。我们倾向于控制和改变我们生活的环境而不是与之和谐相处。我们遵循的是自然科学的传统。我们认为解决问题是一种健康的应对方式，而以情绪为中心的应对方式是不健康的。

没有比这更离谱的了。面对一种除了接受别无他法的窘迫状况，如果我们一直试图改变这种状况，那么痛苦及其症状往往比我们采取以情绪为中心的应对策略更严重，后者允许我们与问题共处。这正是针对三里岛附近的人们进行的应对危机研究中所发现的。[14] 你可能还记得美国宾夕法尼亚州的原子能发电厂几乎熔毁。住在工厂附近的人们大多数无力承担搬迁费用，因此不得不在原地居住从而引发严重焦虑和抑郁。

那些一直在徒劳无功地迫使当局关闭原子能工厂的人在后来表现出更大的焦虑和痛苦，并且比那些通过以情绪为中心的应对方式来接受现状减轻痛苦的人有更高的疾病症状发生率。事实上，在他们无法掌控的情况下坚持解决问题会对他们的幸福感产生反作用。

因此，我们得出结论，最好的应对方式是问题解决和以情绪为中心的应对方式相结合。研究应对过程的理论家和研究人员的任务是，确定哪些模式有效、哪些模式无效、在哪些条件下有效、对谁有效。由于我们的答案仍然是零碎的，还有待于未来加强研究。我们接下来转而研究生理和文化如何影响我们的情绪生活。

参考文献

1. See Lazarus, R. S., & Folkman, S. (1984). *Stress, appraisal, and coping.* New York: Springer.

2. Pennebaker, J. W. (1989). Confession, inhibition, and disease. In L. Berkowitz (Ed.), *Advances in experimental social psychology* (Vol. 22, pp. 211-244). Orlando, FL: Academic Press. See also J. W., Colder, M., & Sharp, L. K. (1990). Accelerating the coping process. *Journal of Personality and Social Psychology, 58,* 528-537.

3. Tavris, C. (1989). *Anger: The misunderstood emotion.* New York: Touchstone.

4. Ellis, A. (1962). *Reason and emotion in psychotherapy.* New York: Lyle Stuart.

5. Speisman, J. C., Lazarus, R. S., Mordkoff, A. M., & Davidson, L. A. (1964). The experimental

reduction of stress based on ego-defense theory. *Journal of Abnormal and Social Psychology, 68,* 367-380. See also Lazarus, R. S. (1964). A laboratory approach to the dynamics of psychological stress. *American Psychologist, 19,* 400-411.

6. Freud, A. (1936). *The ego and the mechanisms of defense.* New York: International Universities Press.

7. Susan Langer has written about the illusion of control in Langer, S. (1975). The illusion of control. *Journal of Personality and Social Psychology, 32,* 311-328.

8. Cohen, F., & Lazarus, R. S. (1973). Active coping processes, coping dispositions, and recovery from surgery. *Psychosomatic Medicine, 35,* 357-389.

9. Levenson, J. L., Kay, R., Monteferrante, J., & Herman, M. V. (1984). Denial predicts favorable outcome in unstable angina pectoris. *Psychosomatic Medicine, 46,* 25-32.

10. Levine, J., Warrensburg, S., Kerns, R., Schwartz, G., Delany, R., Fontana, A., Gradman, A., Smith, S., Allen, S., & Cascione, R. (1987). The role of denial in recovery from coronary heart disease. *Psychosomatic Medicine, 49,* 109-117.

11. Lazarus, R. S. The costs and benefits of denial. In S. Breznitz (Ed.), *The denial of stress* (pp. 1-30). New York: International Universities Press.

12. Lazarus, R. S. (1984). The trivialization of distress. In B. L. Hammonds & C. J. Scheirer (Eds.). *Psychology and health.* 1983 Master Lecture Series (Vol. 3, pp. 121-144). Washington, DC: American Psychological Association.

13. Hackett, T. P., & Weisman, A. D. (1964). Reactions to the imminence of death. In G. H. Grosser, H. Wechsler, & M. Greenblatt (Eds.), *The threat of impending disaster.* Cambridge, MA: MIT Press, pp. 300-311.

14. Collins, D. L., Baum, A., and Singer, J. E. (1983). Coping with chronic stress at Three Mile Island: Psychological and biochemical evidence. *Health Psychology, 2,* 149-166.

Passion
and
Reason
Making Sense
of Our
Emotions

第 9 章
生物因素和文化如何影响我们的情绪生活

情绪有时似乎是不可抗拒、难以控制的，其触发不以我们的意志为转移。而且无论体验情绪的人是谁，每一种情绪似乎都有其独特的、可识别的模式。所有这些都表明生理机制的强大影响力。

如果情绪是我们这个物种的一个生物特征，那么从进化的角度来看，我们一定是从更简单的动物那里继承了许多情绪倾向。很难说人类以外的动物是否经历过内疚、羞耻、嫉羡或希望。然而，我们可以论证它们经历过类似的愤怒、惊恐、焦虑、嫉妒和快乐。

我们遛狗的时候，它一直玩儿，不急于回家，我们真的不能确定狗是否快乐。人们快乐时会微笑，狗没有快乐的面部表情。它们也不能用语言告诉我们它们的感受。然而，它们的行为方式给了我们一些线索。

我们确信狗感受到了类似幸福的东西，但很难说这种幸福是否和我们的一样。同样，我们确信我们的狗有类似嫉妒的感觉。许多人肯定已经观察到，如果你向其他人（包括另一只狗）示好，你的狗会如何咆哮或找你互动。这只狗是有占有欲还是在表达嫉妒？当然这有点像看起来像竞争，但却很难说。

这种情况也不好解释，即狗在做错时似乎表现出内疚。狗知道自己违反了规则，并通过蜷伏来表示。然而，这里也很难说这种情绪是什么。也许你观察到的不是内疚，而是对不赞成或惩罚的恐惧。然而，这种反应看起来确实像某种情绪。

动物会不会体验到义愤填膺、幸灾乐祸、赌气或伤心所传达的微妙的意义差异？可能不会。然而，我们有理由怀疑，动物的愤怒是否包含了人类愤怒的基本要素，即使这种愤怒的体验是不同的（因为我们给情绪状况的附加意义更加复杂）。

最有可能的是，某种程度的情绪反应发生在不同的物种之间，当然也发生在不同的文化之间。动物在智力上比人要有限得多，思维也更加僵化，所以物种之间的体验必然会有差异。然而，所有哺乳动物的结构细胞都含有大部分相同的生化物质，而且它们的大脑结构有许多相似之处，让人觉得其情绪也一定有某种程度的共同点。哪怕共同之处不多，有共同点也就意味着有共同的生物根源。

另一方面，我们知道，在我们自己的这个物种范围内，并非每个人都对类似的事件有相同的情绪反应或相同强度的反应。有些人似乎很少生气，而有些人则是一言不合就大发雷霆。人们在经常感受到的情绪类型上也有不同：有些人常常愤怒，有些人焦虑，还有些人则是内疚或羞耻、嫉羡或嫉妒，每个人都有其独特的情绪倾向。这种差异反映了我们不同的目标和信念，这些目标和信念影响了我们从相似环境中构建的个人意义。

不仅人们的情绪模式不同，而且生活在不同文化中的人所展示的模式反映其独特文化观。例如，有些文化很少或没有关于愤怒的词汇，他们似乎不鼓励愤怒及其表达。有些文化则处处可见愤怒。这些差异也适用于其他情绪。文化如何影响情绪的唤起和调节是一个重要的问题，我们将在本章稍后进行审视。

一点也不奇怪，研究生命机理、进化和大脑的科学家对生物普遍性特别感兴趣，生物普遍性意味着所有的人，也许还有所有的哺乳动物，都有共同的属性。他们认为生理结构塑造了情绪反应。或者说，按下大脑中的那个按钮，我们就会得到愤怒的模式，或焦虑的模式，等等。同样不足为奇的是文化人类学家对不同的社会模式感兴趣，他们以文化为基础来解释情绪。他们认为文化塑造了情绪反应。[1]

这两种观点——生理的和文化的——在某种程度上都是正确的。更大的挑战是如何统筹考虑，了解两者是如何共同塑造情绪的。对个人和群体以及人类物种感兴趣的心理学家，在生理和文化这两个阵营中都有涉足。因此，心理学家有时觉得有必要承担起统筹两个极端立场的任务，这就是我们在本章的主要任务。

让我们先看看在生理方面我们的情绪唤醒和调节的普遍性，之后我们研究情绪差异的文化根源，然后尝试把它们结合起来。

生物因素的影响

查尔斯·达尔文在《物种起源》[2]中所构想和描述的进化对我们理解不同哺乳动物物种、不同民族和不同个人之间情绪的相似性产生了深刻的影响。虽然对进化论存在着科学争议，但如果不参考进化论及其规律，就几乎无从考虑情绪的普遍性。

达尔文的开创性想法是，生理（因此也包括心理）特征的进化和变化是自然选择的结果。自然选择的含义经常被理解为"最适者生存"。然而，这个短语对许多科学家来说很困惑，因为它有些夸张的成分——有许多方法可以适合，要想生存不一定要成为最适合者，但这个短语确实传递了一些具有普遍重要性和有效性的东西。

达尔文不仅写下了关于进化论的杰出作品，他还发表了一篇关于情绪进化的重要但不那么有名的论文《人和动物的情绪表达》(*The Expression of the Emotions in Man and Animals*)。[3]在这篇论文中，他描述了人类情绪的主要特征，并声称我们这个种群的所有个体都遗传了这些特征。[4]

不同的物种以特有的方式适应它们的环境，现在是一个公认的原则。一位杰出的现代生态学家（自然栖息地动物物种的研究者）伊贝尔–伊贝斯菲德（Eibel-Eibesfeldt）对这一原则做了明确的阐述，他写道：[5]

> 蓝鲸出生后立即以完全协调的动作游泳；刚出生的角马在面临危险时会跟着母亲小跑或飞奔；而刚孵出的小鸭子会蹒跚入水，在没有任何练习

的情况下游泳，在泥土中啄食，喝水，给羽毛上油，这些行为模式不需要任何模型或指示。将鸭蛋与鸡蛋一起孵化，不会改变任何这些典型的鸭子行为模式。与一窝小鸡一起孵化的小鸭子会与其养母的行为方式完全相反，它会直接钻进水中。

物种的生存和繁衍，即它们充分繁殖以保持和扩大其数量，获得了对适应有用的特征。这尤其适用于交配和繁殖，这是遗传性状传递给下一代的方式。其中一些性状增加了交配的可能性，这使物种内最适合的动物的基因得到了传播。如果那些交配者特别适合生存，这就增加了他们更多的后代也能生存和繁殖的机会，因为这些后代与父母有着相同的遗传禀赋。

事实上，在解剖比较不同动物的大脑结构时，神经科学家发现人类和动物有很多共同之处。[6] 这些部分控制着情绪反应中发生的许多生理变化。事实上，我们仍然认为情绪中的身体变化是原始反应，不受意识控制。

例如，我们不能直接控制我们的心率或血压；这些身体程序是自动工作的，由大脑深处一个被称为下丘脑的器官控制。我们只能通过调动身体的运动，寻求一个压力较小的环境，进行平静的思考，或者尽量放松来间接地影响这些重要的功能。但即使是动物的情绪，也像人的情绪那样，必然就正在发生的事情进行是否有利于自身的意义评估。

原始动物受到特定环境刺激后，会以先天的、固定的行为模式自动做出反应。例如，在没有任何学习经验或机会的情况下，小型家禽会自动对老鹰模样的形状产生恐惧反应。杰出的伦理学家尼克·丁伯根（Nikko Tinbergen）展示了这一点。[7]

丁伯根做了一个有趣的实验，他造了一个纸板形状，向一个方向移动时看起来像一只鹅，而向相反方向移动时则像一只鹰。当家禽看到像鹰的形状时，它们表现出恐惧；当它们看到像鹅的形状时，它们保持了平静。这种辨别不同的形状并做出反应的能力是内置于它们的神经系统中的。这种先天就有的区分不同形状的能力，以及面对捕食者时产生的恐惧情绪，能救它们的命。

虽然情绪也能拯救人们的生命，帮助他们在这个世界上处身，但人们并不依赖这些天性来区分安全和危险。我们的情绪主要依靠习得。我们需要对正在发生的事情保持敏感，并分析它对我们的福祉有何意义。我们必须了解在一个复杂的社会中什么是危险的、什么是友善的。例如，什么时候友好的微笑下隐藏着危险的意图，或者什么时候我们的行为会导致他人采取有利或不利的反应。许多复杂的社会含义是微妙的、抽象的，需要相当的智慧和经验来识别。

随着高级物种的进化，原有的大脑增加了新的内容，这"新大脑"使早期物种做不到的更复杂的适应形式成为可能。这些新的适应形式需要推理能力、自我意识和意志力。灵长类动物原始大脑中新增加的那部分，支配着识别与人遭遇时存在风险的个人利益，解释正在发生的事情，预测它，计划如何处理它，并选择表达等的能力。情绪和智力是这种进化的重要特征。

例如，人们经常传达情绪上相关联却相互矛盾的信息，如"我爱你，但不是以那种方式"（指情欲的方式）。这是那种我们需要了解的信息，因为我们得靠它行走江湖。理解这类信息可以使人放弃无望的努力，避开错误的目标，甚至避免损害社会或危及身体。

大脑是一个极其复杂的系统，估计包含 1000 亿个神经元——所有的神经元通过复杂的网络相互传递信号。这些神经元构成神经区域和模式，负责专门的功能。例如，情绪据说是由最初是在低级动物中发现的原始的大脑中心控制的。在人类中进化出的新的大脑部分据说是由理性而非情绪所支配的。

然而，尽管大脑的各个部分存在某种程度的专业化，但理性并非只发生在某些神经网络中，而情绪也不是只发生在其他神经网络中。情绪和理性在整个大脑中都有广泛的体现，并且由于其各部分之间存在复杂和流动的相互联系而共同运作。

这种相互关联性和流动性或许可以解释以下现象：当我们的大脑受损，如脑中风，导致瘫痪和无法识别物体，通常有可能恢复行动和说话的功能。失去的功能似乎被大脑的其他部分所接管。就像大脑电路被重新布线一样，这表明神经网络在某种程度上是可以改变的，而不是永久固定的。

生理学家们向来都把注意力集中在大脑中调节体温、呼吸、心脏活动、新陈代谢等相对原始的部分上。[8] 相对来说，鲜有生理学家有兴趣对情绪进行研究。

不过，理性在唤起和控制情绪方面发挥作用的观点逐渐得到认可，生理学家们开始把注意力转向进化过程中稍后出现的大脑部分——大脑皮层。

大脑皮层是大脑中主要发生抽象思维的区域，它使预测、计划和帮助我们应对生存压力的复杂策略成为可能。我们现在确信，大脑皮层的额叶在情绪方面发挥着重要作用，而且情绪和理性是相互依存的。实际上，在较早的原始大脑和较新的进化大脑之间存在着广泛的神经网络连接。

情绪如何帮助我们生存和发展

情绪和智能思考的能力得到了进化，是因为它们有助于生存和人类发展。它们通过三种方式做到这一点。

第一，我们的情绪通过在紧急情况下提供额外的力量和耐性来调动我们。例如，在愤怒和恐惧时，大脑和身体大肌肉的血液供应增加，而紧急情况下非必需的消化道血液供应减少。在这些情绪状态下，心率和血压上升，使战斗或逃亡变得更容易。强有力的荷尔蒙被分泌到血液中，大大改变了我们的代谢活动，帮助我们在有需要的时期内维持能量。

第二，当我们经历一种情绪时，我们的思想集中在紧急情况和可能采取的应对措施上。我们的注意力聚焦于眼下的危险，思虑如何躲避或以其他方式处理它。我们对其他一切包括之前在做的事情都不再关心，以便集中精力处理现在在生存和发展中最突出的问题。

换句话说，必须有某种机制使动物能够立即从它正在做的事情上转向紧急情况的处理，同时调动它的物质资源。正如达尔文所看到的，哺乳动物的情绪满足了这种需要。它们紧急快速区分安全的、危险的和可能的情况，并预备好处理紧急情况所需的额外能量和耐力。情绪必须保持灵敏才能确保生存，因此在我们这个物种，智力和情绪共同得到了进化。

你可以从一个熟悉的例子中看到动员和集中注意力的作用。因为母亲们担心她们的孩子所面临的危险——她们了解这些危险，但她们没有经验的孩子却不了解——所以她们经常会遇到一个问题，即如何防止她们的孩子在如今城市和郊区街道上遭遇致命的事故。想象一下，如果发现你的两岁孩子跑上汽车飞驰的街道，对危险视而不见。你会怎么做？通常情况下，你会惊慌失措地追赶、抓住孩子并大声训斥。

这样的父母（我认为这几乎是普遍现象）为横穿马路的事情吓唬孩子，表现出他们本能地理解情绪对生存的重要性。因为这种情况下一个错误可能就会致命，所以与其让孩子冒着生命危险试错，不如让他被车流吓到。反过来，当孩子变得恐惧时，他的身体和头脑的神经化学变化被调动起来，从而对危险多加关注。这就通过预警或避开危险的环境，帮助其在类似情况下得以生存。

第三，情绪向他人传递我们的思想状态。例如，情绪是通过面部肌肉的运动模式来表达的，如微笑、身体姿势或垂头等。从这些表情可以看到一个人或动物是愤怒得准备攻击，还是害怕得打算逃跑。通过解读这些情绪的信号可以了解到对方的意图，可以使我们对社会的危险和机会更加敏感。这种了解也增强了处理危险和机会的有效性。

我们想说，智力和情绪因其对生存的价值而共同得到进化，两者相互依存，共图适应。情绪既受大脑中为理性服务的较新部分的支配，也受较旧部分的支配。情绪依靠评价性思维来辨别什么对我们有利什么不利。然而，情绪一旦被唤起，特别是当它的表达不受控制或在社会关系中使用不当的时候，也会给我们带来麻烦。

智力包括从经验中学习和做出快速准确决定的能力，是物种在进化变得复杂时取得的巨大适应性进展之一。随着后来的物种在智力上的提高，更精细和灵活的适应社会环境的方式应运而生。智力帮助一个物种在应对危险时有所选择，并抓住时机繁荣发达。

能够根据现在的线索来预测未来，是智力的优势之一，也是判断行为所导致结果的能力，它强化了生存和发展的潜力。有足够的学习能力来计划和实现未来是我们这个物种的一大进步，它使我们摆脱了当下的局限。据我们所知，这种能力在人类身上最为强大。

如果我们想了解生命机理如何影响情绪，我们还必须研究在物种本身及其与其他物种之间普遍存在的情绪表现。最突出的就是面部和身体的情绪表达方式，以及与之相关的生理变化。

揭示情绪的面部和身体表现

当一种情绪发生时，我们很容易在面部表情和身体姿势及动作中表现出来。曾经有一段时间，主流观点认为面部只反映了表情的文化规则。20 世纪 70 年代几位研究先驱的工作成果证明了一些情绪的普遍表达模式，实现了突破。[9] 其中一些研究者拍摄了面部表情的动态图片，并仔细绘制了不同情绪唤起时的肌肉运动模式。

在接下来的几十年里，这项工作以及越来越多的其他研究人员的工作显示，当某些（但不是所有）情绪发生时，来自明显不同文化背景的人脸上显示的模式基本相同。具体而言，人们研究了愤怒的脸、表示厌恶的脸、恐惧的脸、幸福的脸，等等。

尽管这些情绪的面部肌肉反应是天生的，但基于社交需要，我们有能力隐藏或掩饰我们的感受。例如，我们可以通过微笑来表明我们很高兴或很幸福。但有证据表明，有些微笑并不是快乐的微笑，看起来与我们真正快乐时的微笑不同。即使当我们感到愤怒、焦虑、厌恶、抑郁或痛苦时，我们也可能通过微笑来表示不屈不挠，因为我们希望别人认为我们是快乐的，或者我们希望误导敌人。

通常情况下，在快乐的微笑中，嘴角上扬，皱眉肌表现出相应的运动模式。然而，在不纯粹的或欺骗性的微笑中，外眼角的皱眉肌会有不同的反应。[10] 我们可能不一定会注意到这种差异，也可能清楚地识别出那些让这张脸不那么令人信服的东西。

尽管对这一现象存在着相当大的争议（在知识的前沿领域总是如此），但人们大都认可面部表情表达个人感受的社交线索。人们在解读这些线索的程度上有很大的不同。有些人比其他人更有洞察力，或者更清楚要寻找什么。毫无疑问，这些线索（传递他人意图的社交信号）过去曾经帮助我们生存，这可能是它们得到进化的原因，而且可能还在进化。

非语言交流（包括面部和动态表情）以及手势和发声，在人和动物身上都可以找到。动物与人类在进化树上越接近，这些无意的交流方式就越相似。关于非语言交流，一位长期关注人类情绪进化的心理学家罗伯特·普鲁奇克（Robert Plutchik）[11]这样写道：

> 正是通过关注非语言交流与人类最为相似的行为得以发现。黑猩猩牵手、触摸和拍打对方、拥抱、亲吻、啃咬、拳打、脚踢、抓挠和拉扯对方的毛发，与人类表现出相同行为的情况相似。打招呼的模式是相似的，攻击性行为也是如此。黑猩猩也有多种发声方式，而且每种发声方式似乎都与一种特定的情绪有关，如尖叫与恐惧有关、吠叫与攻击性有关，等等。这些不同的详细观察表明，黑猩猩和人类之间有许多行为上的相似之处，并且与两者在染色体、血液蛋白、免疫反应和DNA方面的相似性相一致。

所以，各种社交信号（从手势到发声）似乎是我们进化遗产的一部分。但是，想想对于潜在的猎物来说，这种社交信号有多重要。在关于群居动物的影像中，我们总是很惊讶地看到斑马和角马平静地站在草丛中躺着的狮群附近。为什么猎物会在离捕食者这么近的地方看上去这么平静？事实上，当狮子不打算捕猎的时候，群居动物可以分辨出来；无论是通过嗅觉还是狮群的形态，这些猎物动物都能正确"解读"形势并做出相应的反应。它们可能从过去的经验中学到了这些。而在它们进化史上的某个时期，它们的大脑纳入了狮子有关其当下意图的信号。发声也可见于人类和其他物种，而且似乎与情绪密切相关。正如普鲁奇克所观察到的：[12]

> 发声是人类与低等动物都具有的一种交流方式。某些明显的声音似乎与疼痛、恐惧、愤怒、求偶和性有关。例如，对悬猴的观察表明，它们用尖锐的叫声来表达愤怒。此外，由于恐惧往往会导致身体的肌肉颤抖，与恐惧有关的声音往往是颤抖的。猪在满足时发出咕噜声，在苦恼时发出尖锐的叫声。这种尖叫声被达尔文认为是求助的呼声，其强烈的、高音调的音质往往能使它们的呼声传到很远的地方。达尔文认为，人类也有类似的发声模式来表达情绪。最近的研究在很大程度上证实了这一点。

关于情绪和意图的有用信息是由动物的脸和它的总体行为提供的，就像人类的脸部表情一样。[13] 我们对情绪中面部表情的了解比身体动作和手势要多，但后者似乎也同样发出社交信号。例如，当我们悲伤时，我们的身体似乎有一种特有的形态——弯腰驼背，视线向下，肩膀下坠。当我们经历尴尬——一种属于羞耻类的情绪——我们可能会露出一种有趣的、羞涩的微笑，好像在说："被你抓住了"——同时低着头转身离开。还有一种熟悉的反应是脸红，这是一种不由自主的生理反应，暴露了我们当时的窘迫感。

情绪中发生的生理变化

当我们的情绪被唤起时，我们的身体会发生广泛而深刻的变化，这些变化可以通过现代技术来测量。早期，最引人注意的变化是自主神经系统的作用结果，有时也被称为非自主神经系统，因为我们不能直接控制它。

非自主神经系统有两个对立的子系统，一个叫交感神经，另一个叫副交感神经。这两个系统在我们的情绪中特别重要，一个系统的活动会抑制另一个系统的作用。理解这种对立的最简单方法是记住交感神经系统在危急时兴奋并调动我们去应对外部世界，而副交感神经的活动则会关闭这些警报。

在 20 世纪 30 年代，人们开始关注内分泌腺分泌的激素，当我们做出情绪反应时，这些激素也会变得活跃。其中最重要的是肾上腺，它分泌两种激素：肾上腺素和去甲肾上腺素，它们是由肾上腺的内部部分（或髓质）产生的。在情绪出现的第一时间，交感神经系统刺激它们的分泌。

当一种情绪被唤起时，这些激素就会迅速涌入血液。它们使你感到兴奋或紧张，并以非常类似交感神经系统的方式作用于身体。心率上升，血压也上升，血液从内脏器官如胃和肠道分流到手和身体的大肌肉。通过这些变化，身体为"战斗或逃跑"做好准备，这就是杰出的生理学家沃尔特·坎农（Walter Cannon）率先提出的观点。[14]

肾上腺的外部部分（或皮质）产生一组不同的激素，这些激素对情绪也很重要。这些激素被称为皮质类固醇（由皮质产生的类固醇）。皮质类固醇对新陈代谢有深远的影响，有助于在紧急情况下维持行动。然而，当任何激素过多地分泌到血液中，或者这些激素在体内停留时间过长，就会导致对组织的伤害，产生通常所说的应激障碍。[15]

生物因素如何影响情绪的唤起

现在我们来到了可能最有意思的部分，那就是每种情绪的戏剧性情节或个人意义都普遍存在于人类这一种族。在第 2 章到第 6 章，我们讨论了每种情绪的戏剧性情节。我们说，愤怒来自对我和我所拥有的贬低；焦虑来自存在的而又不确定的威胁；悲伤来自不可挽回的损失；希望来自对最坏情况的恐惧和对更好状况的渴望，等等。我们关注的是人们如何从事件中解读意义，从而导向他们的情绪反应。我们没有考虑为什么我们发现的特定意义或情节会不可避免地导致某种情绪。据我们所知，我们只是生来如此。

这是怎么回事呢？如果我们向进化论寻求答案，我们可以看到，现代人类成年人的情绪是历史智慧的提炼，这种智慧来自我们祖先所经历的同样的情绪困扰。作为物种进化的结果，我们的情绪反应或多或少与他们一样。

这些情绪困扰包括我们的地位被贬低（愤怒）、经历不确定的威胁（焦虑）、面对突如其来的生命和身体危险（惊恐）、违反了自己所在群落的社会习俗（内疚）、表现得不像我们渴望的那样理想（羞愧）、经历了不可挽回的损失（悲伤），等等，每种情绪都有。这些情绪困扰所表达的个人意义在几千年的人类历史中都有记载，而且在大多数（如果不是所有）文化中都存在。

因为它们必然存在于社会，等到我们长大成人时，我们所有人都经历过这些戏剧性情节中涉及的大部分（如果不是全部）关系。无论文化如何差异，人们大都能理解强烈的情绪事件，如人类的背叛、威胁、胜利、损失、希望和绝望、爱及其变化，以及快乐的收获或惊人的成功。这些经历和唤起它们的关系展现并揭示了人类的状况。我们生而为人，就必然如此。

人类情绪的动物起源

人类的许多情绪会不会有非人类的起源？如果是这样的话，这将增加关于人类情绪起源的进化论论据。尽管我们应该警惕将自己的情绪归因于动物，因为它们不太可能像我们一样理解意义，但确实存在一些惊人的相似之处。

最常被从动物起源的角度来考察的情绪现象是攻击性和愤怒。人类以外的动物表现出许多不同类型的攻击行为。一种类型是捕食，包括攻击其他物种获取食物；另一种类型是防御性攻击，例如，当幼崽受到捕食者的威胁时，母亲察觉捕食者可能危及她的孩子，会奋起吓唬或攻击捕食者。第三种类型是在一个物种内进行的争斗，目的是达到或保持在统治层次中的地位。这三种攻击模式在人类身上都有表现。

在这些类型的攻击中，挑衅的方式各不相同，外在的行为模式和内部的生理反应也迥异。例如，一只为了食物而跟踪动物的猫，在攻击前会紧张地隐蔽，而一只保护幼崽的母猫则展露出狂怒的画面。在所有的可能性中，统治等级斗争的类型与人类攻击行为最为相似，所以我们进一步详述。

支配等级制度的建立需要时间，一旦建立起来，它在正常情况下运行相当稳定，并维持一定程度的和平。然而，当食物匮乏和交配季节时，会出现疯狂的竞争，这种稳定性很容易被打破。

动物中统治地位的特权包括获得食物优先权——处于统治地位的动物先吃或控制一个食物充沛的领地——以及交配优先权。同时，也可能有一些责任。在某些物种中，例如狒狒，一只或几只占据统治地位的雄性动物不仅控制群体的行动，而且还击退危及群体的其他物种的攻击。

在正常情况下，年轻的雄性通常会挑战年长的、个头较大的、占主导地位的雄性，试图在等级制度中向上发展。起初，它们发出威胁而不出手，但挑战升级时，战斗随之发生，通常在失败者让步时结束。在这些统治地位的斗争中，动物被杀的情况相对罕见。当被挑战的动物输了，它就会被降到一个无关紧要的位置，不再有竞争力，也不再是一种威胁。由于包括获得食物在内的统治特权对动物的重要性，失去统治地位对失败者来说压力很大，它可能会变得孤立无援、生病、死亡。

在支配地位斗争中，我们可以用分析愤怒的方式来看待惊吓，在许多方面，惊吓是硬币的另一面。当一只动物受到威胁时，受威胁的动物可能会因恐惧而退缩，但它也可能表现出威吓行为。当任何一个动物感觉到自己不敌对方时，它就会退缩。除非动物被困住不得不战斗，否则所发生的事情很可能反映出动物对风险和可能结果的评估。惊吓或焦虑很可能伴随着退缩，就像愤怒大多与进攻相关一样。

对猕猴的研究表明，作为支配者可以获得交配的权力。[16] 只有地位高的雄性才会成为怀孕的雌性的主要伴侣。在一个猕猴群体中，排名最高的三只雄性完成了与这些雌性交配的四分之三。雄性在等级制度中排名越是靠前，它与高等级的即受孕的雌性在一起的时间就越多。据推测，这有利于它们后代的健康状况，幼崽的父母层级越高，其存活的可能性就越大。

支配等级制度在人类社会中似乎也很普遍，它们表现为社会地位。女性似乎被那些在技能、成就、金钱和权力方面表现出支配地位的男性所吸引。对支配地位的兴趣往往被认为是一种强烈的男性特征，与男性性激素有关。然而，女性也会以自己的方式争取和享受支配地位，这可能是一个被保守的秘密。近代以来性别角色发生了变化，如果支配模式也会发生变化的话，目前还不清楚它会如何变化。在一些动物物种中，雌性动物之间也存在着支配地位的斗争。

有一个很好的例子可以说明，统治权之争是人类社会中地位之争和愤怒的前奏。如果我们把人类愤怒的原因看作"对我和我所有的贬低性冒犯"，那么相似之处就很明显。对社会地位和自我认同的威胁，激起了人的愤怒情绪，这似乎很像动物在统治等级中的地位受到威胁的情况。然而，攻击是一回事，愤怒则是另一回事。请记住，愤怒是一种内心状态，只能从行动和威胁的表现中推断出来，或者从人们对他们的心理状态的说法中推断出来。

参与统治权之争的动物是否愤怒？这种斗争的主要特征是表示威胁——即使劲吓唬另一动物。这些威胁看起来当然很生气，但它们可能只是表现攻击性，而不是愤怒的情绪。事实上我们根本无法确定。

动物在进行捕食或为食物而杀戮时是否会生气？嗨，我们无法询问它们。但是，如果我们考虑一下人类的类似情况，捕食可能只不过类似人类在击垮商业竞争对手时采用的冷静的、非情绪化的攻击方式，对他们可能从未谋面的敌人投掷炸弹，在拳击场上重击他们尊重甚至喜欢的对手，以及对对方的冰球或足球运动员进行身体撞击或拦截。憎恨敌人可能会使人更愿意攻击甚至杀人，但这并不是必要的。并非所有的攻击行为都有愤怒情绪。

一只母猫为保护自己的孩子而表现出的愤怒，表面上看与人类的愤怒很像。然而，如果危险的捕食者由于她表现出威胁性的愤怒而离开，她是不会追击的。这种冷漠不同于人类愤怒和攻击性的典型表现。与人类不同，一旦威胁过去，动物的攻击就不再惦记着复仇。只有人类发誓要报复自己的敌人。

这种差异可能是由于人类有记忆能力，能够区分过去、现在和未来，并能维持长期计划。如果我们以一种羞辱性的方式伤害了另一个人，受害者只要还活着就意味着危险的存在。被羞辱的那个人可能会在某一天回来实施报复。在征服和革命的历史中，被废黜的统治者及其家人总是被杀死，以免他们反过来谋杀新统治者。

进化树越往后发展，人类的孩子越成熟，我们就越是能观察到类似人类成年人的各种愤怒的模式。例如，考虑一下黑猩猩的愤怒情况，这种动物比其他动物拥有更多与人类一致的 DNA，可能是最接近我们的灵长类祖先。如果你在舞台上或马戏团中与黑猩猩一起工作，它可能是危险的动物，如果你想与它和平相处，你需要知道黑猩猩对你是愤怒还是憎恶已久。基于进化论的观点，赫伯（Herb）和汤普森（Thompson）[17]写道：

> 攻击的原因［注意这里说的是攻击性，而不是愤怒］比老鼠更多样，而在黑猩猩中比在狗中更多样……从老鼠到狗再到黑猩猩，短暂刺激后的情绪干扰期也呈越来越长（例如黑猩猩菲菲，因为没有得到一杯牛奶而生了三个星期的气，最先的表现是直接发怒，然后有一天左右时间拒绝接受任何人的牛奶，随后连续三个星期不理那个没给她牛奶的人）。

请注意，黑猩猩菲菲记得她被剥夺了权力，她一定是因为这个才生了三个星期的闷气。实际上，黑猩猩可能因其对想法和事件的记忆丰富而像人一样有能力寻求报复，当然这只限于较高级的物种。生闷气甚至可能是少数灵长类动物所独有的，它表明在进化树上与我们比较接近的物种的智力水平与我们也越来越相近。这也说明，人和黑猩猩之间在情绪体验方面的相似性比人和狗之间的相似性要大得多。

尽管生命机理强加了许多情绪所依赖的条件，但它并不能解释所有的情绪差异性和复杂性，正如我们接下来研究文化在人类情绪中的作用时将会看到的那样。

文化和情绪

我们生活在一个复杂的社会关系网中，它塑造了我们的思维、感觉和行为。在我们成长的过程中，我们从亲密的家庭关系、宗教和民族团体以及我们所居住的社区了解到具体的规则，而这些又是国家的一部分。我们往往没有意识到支配我们社会行为的规则和惯例是多么地详尽和复杂。尽管我们几乎没有意识到，但在街道、公共汽车、地铁和火车上，在婚礼、葬礼、学校课堂上，以及与异性交往时，我们都遵守这些规则。社会规则使我们身边的社会相对稳定，可以预测。

规则和惯例的运作方式在不同群体之间并不完全相同。生活在同一社会中的不同群体的主观世界也不完全相同。生活在城市贫民区的非裔或亚裔美国人看到的社会环境与生活在郊区的富裕白人有很大不同。工厂工人、商人、百万富翁、农场佃农、森林伐木工人、知识分子和其他群体对同一个宗教的体验也会不同。

如果这在我们的多元文化社会中是真实的，那么想象一下世界上不同文化之间的观点差异——日本人、中国人、菲律宾人、越南人、东欧人、埃及的穆斯林、科普特基督徒、印度的印度教徒。来自这些文化的人在成长过程中，除了他们生活中的具体事件外，他们的价值体系、理想实现的方式以及对自己和世界的信念都有些不同，这些都是影响他们情绪的主要因素。

同样的多样性也适用于个人。我们童年时期所遇到过的对我们有影响的人各不相同，如父母（他们是两个完全不同的人）、老师和同龄人。所有这些不同的影响有助于创造独特的社交世界，而我们每个人都以不同的方式感知和定义外部世界。文化也提供了我们与他人交往所依赖的意义。[18]

我们现在必须研究我们的情绪是如何受到文化影响的，文化影响是以我们之前提到的两种截然不同的影响情绪的方式之一。[19] 首先，它通过定义所发生的事情对人福祉的意义来影响评价，这种意义反过来又决定了将被唤起的情绪；其次，文化告诉我们，一旦情绪被唤起，应该如何控制和表达。让我们更详细地了解文化影响的作用方式。

文化如何影响情绪的唤起

文化为唤起情绪事件的评估提供了基础。它定义了什么是贬损的冒犯（唤起愤怒）、什么是存在的威胁（唤起焦虑）、什么是对道德禁令的违反（唤起内疚）、什么说明一个人被喜爱（唤起爱）、什么事情增强自我身份的认同（唤起骄傲）、什么情况下我们没有实现自我的理想（唤起羞耻）、什么样的给予是仁爱无私的（唤起感激），等等，对于其他所有情绪及其戏剧性情节都是如此。

通常，愤怒、焦虑和羞耻很方便找例证。文化传递共识，对他人行为是否属于贬低和冒犯做出评估。来自朋友、老师或其他某人的某种批评应该被认为是一种侮辱，还是一种值得感激的无私给予？什么样的批评应该被认为是侮辱性的？遇到批评或其他行为的时候，反应愤怒是否比焦虑和羞愧更为妥当？

在日本，社会批评甚至比在美国更让人反感。其中一个原因是，日本儿童对他们被群体和社会看待的方式高度敏感。他们很少与母亲分离，母亲对家庭以外的世界感到焦虑，并竭力与孩子建立和保持亲密关系。日本母亲使孩子对孤独感保持警觉，并通过亲近和依赖母亲来管理这些感觉。

其终极目标是创造一个将嵌入社会团体或社区的孩子，而不是自主的孩子。日本的孩子比美国的孩子更想取悦母亲，与母亲融为一体；相反，美国的母亲强调孩子的自主性和独立性，她们很容易提出批评并自由地表现出愤怒，最终目的是培养孩子的自立、个人主义和坚强韧性。

在个人愿望与家庭或社区利益发生冲突的故事中，例如当社会压力迫使一对恋人放弃他们的爱情以符合社会规则时，这两种文化的差异很有意思。在西方文化的故事中，个人价值总是会取得胜利，而在日本的故事中，获胜的往往是社区价值。

虽然这两种文化中都有一些矛盾心理，但这些故事的结局通常是日本恋人放弃他们的关系并最终顺服。对日本人来说，这就是正确的；相反，在西方，恋人反抗家庭的意愿。我们觉得这是正义，我们喜欢个人（或恋人）对社会的胜利。

然而，其结果可能是悲情恋人的悲剧，他们在反抗社会时不得不付出生命的代价，如莎士比亚的《罗密欧与朱丽叶》和伦纳德·伯恩斯坦（Leonard Bernstein）的《西区故事》（*West Side Story*）的凄美故事。我们为罗密欧和朱丽叶感到悲哀，因为他们差点就完成了他们的大胆计划。观众希望他们能违抗他们结下世仇的家庭。在日本，也有这样的悲剧恋人，但这里的悲剧是，这对恋人必须忍受痛苦或牺牲自己，为了家庭和社区的利益放弃对方，或者自杀。日本观众希望他们能顺从。

由于其文化传统和强化这一传统的育儿实践，日本孩子长大后对社会的反应要比美国孩子敏感得多，因为美国孩子的价值观更倾向于个人主义。比起美国母亲的批评对自己孩子的影响，日本母亲的批评对不习惯这种批评的日本孩子的打击要大得多。

与美国的孩子相比，日本的孩子更有可能感到羞愧，而不是愤怒。愤怒和焦虑之间的关系在这两种文化中也是相反的。在日本人的自我形象中，焦虑似乎更容易被接受，而愤怒则较难被容忍；相反，在美国长大的人的自我形象中，愤怒似乎更容易被接受，焦虑则较难被接受。

在这两种文化中，被批评的内容也是不同的。例如，如果日本人在学校考试不及格，几乎没有人会批评你不努力，但是，如果它被表达出来，它就特别具有破坏力，可能令人感到羞耻，而对缺乏能力的批评则不会；相反，如果一个在美国的孩子考不及格，批评他没能力比批评他不努力更具破坏性。在美国，我们经常把努力不够作为失败的借口，这是一种挽回面子的方式。在我们这样一个充满竞争和个人主义的社会中，缺乏能力是失败的标签，这是不可避免的。在像日本这样推崇集体而非个人的社会中，一个能力弱的人仍然有一席之地。

文化如何影响情绪的控制和表达

在不同文化中观察到的许多情绪差异都与情绪被唤起后发生的事情有关，而不是与唤起本身有关。每种文化都有如何控制和公开表达情绪的价值观和规则。我们在文化中成长和生活的过程中学习了这些规则，这使我们在某些方面与不同文化的人有所区别。社会在如何处理愤怒、悲伤、内疚、羞耻和骄傲的过程中地位举足轻重，这提供了价值和规则塑造情绪的极好例子。

让我们从委内瑞拉的亚诺马莫人开始，在人类学家研究的所有文化中，亚诺马莫人是最具进攻性和愤怒的。亚诺莫人似乎很重视愤怒和进攻性。他们非常好战，并实行杀婴以保持其人口数量在 80 以下。当食物匮乏时，群体中出现了激烈的竞争和挫败感，并在与敌对群体的战争中寻求释放。[20]

我们该如何理解这种极端行为？我们到底应该怎样理解文化之间的差异？部分解释是一个民族生活的物理环境、可用的资源、人口对这些资源的压力、与其他民族接触的方式，等等。然而，有些差异可能只是偶然的结果。参照亚诺马莫人对待愤怒的方式，让我们看看以另一种方式对待愤怒的文化。

文化人类学家罗伯特·李维（Robert Levy）对大溪地人进行了深入的研究，为我们提供了许多对于愤怒的消极文化态度的知识。[21] 在大溪地，人们应对愤怒表现的方式是闲聊、冷静和指点如何处理。作为一个民族，他们对这种情绪非常警觉。如果感到愤怒，他们会用微笑来掩饰，而不是公开表露。以下是李维对大溪地人世界观的归纳，这与好斗的亚诺莫人形成了明显的对比。

> 关于愤怒和暴力的要旨……导致了应对愤怒的［以下］策略：尽量不要陷入会让你生气的情况；不要把事情当真，如果可能的话，就走开；如果别人对你生气，尽量不要让它积累起来；不过，如果你真的生气了，你可以谈论你的愤怒，这样事情就可以得到解决，你也不必忍气吞声；尽量用语言而不是肢体手段来表达你的愤怒；如果你使用身体手段，尽量使用象征性的动作，不要触碰对方；如果你触碰到对方，注意不要伤害到他。

将李维对大溪地人对愤怒的态度的观察与我们自己的社会进行比较是很有意思

的。两者在很多关键问题上很相似。我们的社会是一个攻击性和愤怒大行其道的社会，尽管我们对这些反应也存在矛盾。

对进攻性和愤怒的看法在我们社会中的不同群体也有差异。例如，中产阶级的价值观认为，通过肢体表现的愤怒比口头上的愤怒更不可容忍。工人阶层和一些种族群体例如拉丁裔认为，威胁、进行人身攻击以支持自己的立场是男子气概的表现。如果没有将威胁付诸实施，社会地位和自尊就会被认为是由于身体的懦弱和不愿意战斗而受到损害。

总的来说，在美国，关于愤怒和攻击的价值观在西部片中得到了很好的表达。英国文学教授简·汤姆金斯（Jane Tomkins）用电影《原野奇侠》（Shane）的情节描述了这些价值观。她所描述的观点似乎可以与李维在大溪地发现的情况相媲美。即使你没有看过这部电影，你也不会觉得陌生。在一篇题为"战斗的话语"[22]的文章中，汤姆金斯描述了《原野奇侠》的情节顺序，她认为这是典型的西部片。

> ［这个］顺序在一千部西部小说和电影中重复出现。它的模式从未改变过。主人公受到侮辱，先是口头上的，然后是身体上的，他强忍报复的冲动，向那些嘲弄他的人证明他的道德高尚。主人公从来都不会嘲笑他的对手；即使他这样做了，也只是因为对手"太过分"。当然，向来如此。恶棍们，不管他们是谁，最终犯下了如此残暴的行为，以至于英雄必须以牙还牙。在这个时刻，也就是挑衅过头的时候，暴力反击不仅是正当的，而且是必需的：这时我们会觉得，不以暴力对抗就等同于施暴。在这种情况下，那种至高无上的正义感恰如其分，很难与谋杀行为相提并论。我得说它们其实差不多是同一回事。

而当主人公最终报仇雪恨时，观众会欢呼雀跃，要么是暗自高兴，要么是集体欢呼，开心击掌，显示出他们对所描绘的价值体系极大的认同。

在大溪地文化中，对愤怒的反应虽然很谨慎，但它仍然是极为敏感的话题。与我们的文化一样，它也有许多关于愤怒和羞耻的词汇。然而，大溪地文化对悲伤（包括渴望和孤独）和内疚却不太重视。这些情绪要么被忽视，要么被掩饰，而且描绘它们的词汇不多。大溪地人可能感受到了深重的悲伤或哀叹，但他们把悲伤的体验及引发悲伤的损失描述为疲劳、疾病或其他一些身体上的痛苦。换句话说，悲伤和内疚被淡化了，但愤怒和羞耻仍然是大溪地人的重要关切。

这在情绪的文化分析中提出了一个有趣的心理学问题。考虑到大溪地人处理挫折的方式，对挫折的反应被他们描述为疲劳或疾病，而不是悲伤，我们很难知道大溪地人到底是没有体验到悲伤，还是在这种情况下用另一个词"疾病"来掩盖它。实际上，有四种合乎逻辑的可能性：（1）有悲伤的反应，但将其称为疾病；（2）经历过悲伤，但否认它；（3）没有情绪反应（尽管这似乎与他们的身体状况不一致）；或者（4）用有别于悲伤的情绪做出反应，为方便讨论被称为疾病。

第一种可能性似乎是最合理的——也就是说，他们感到悲伤，但称之为别的东西，也许是为了否认文化上被禁止的想法。但情绪不是我们玩的文字游戏。当我们经历，比如说，不可挽回的损失或贬损的冒犯时，这些真实的身心状态就会发生。人们可能控制情绪的公开表现和用来标志其意义的标签，甚至完全否认情绪的存在。然而，无论它被贴上何种标签，无论是否被否认，这种情绪都会发生。

与大溪地人形成鲜明对比的是乌特库－纽因特人，文化人类学家琼·布里格斯（Jane Briggs）在《永不愤怒》（Never Anger）中对他们进行了描述。[23] 布里格斯认为，乌特库人不怎么感受到愤怒，更不用说表达愤怒了。与大溪地人不同的是，乌特库人不怎么谈论愤怒，认为愤怒是应受谴责的。鉴于布里格斯的解释，这个例子从表面上看，似乎首先是关于情绪的唤起，而不是情绪的调节。但是我们必须对接受这些人没有愤怒的解释保持警惕。缺乏愤怒的常用词汇，以及他们不谈论它的事实，并不一定意味着他们没有感受到愤怒。对乌特库人来说，愤怒可能类似于大溪地人的悲伤——情绪被掩饰并转化，但仍然存在。

事实上，有必要将外在行为与隐藏起来的可能观察者和被观察者都没有察觉的情绪和心理过程区分开来。只有努力研究可能在表象之下运作的动机、信念和评价，才能解决布里格斯的标题"永不愤怒"是否恰当、恰当到什么程度的问题。这与文化能否在唤起——不是调节——情绪上超越生理机制的问题一样重要。

我们应该对布里格斯的解释产生疑虑，因为乌特库人的确能识别外国人的愤怒，而且一些人类学观察表明，他们有时确实感到恼怒，甚至有敌意。他们以爱孩子为前提使劲掐孩子，以使后代对攻击行为有所了解。他们也表现出一种暴力形式。例如，他们很容易为了训练而打他们的狗，也许这是他们愤怒的一种迁移。偶尔他们似乎也会像我们一样"被煽动起来"。[24]

实际上，他们并不是没有愤怒，而是他们对愤怒所指向的人或动物非常有选择性。这个案例更适合用来说明文化价值如何影响愤怒的表达，而不是证明这种情绪没有被唤起。

关于文化在情绪中的作用的最后一个例子来自对爱尔兰裔美国人和意大利裔美国人家庭中的精神疾病的经典研究。[25]这项研究的不同寻常之处在于它是欧洲和美国的文化对照，它研究男性精神分裂症患者因其不同的文化背景而表现出的情绪模式。

观察对象是纽约市一家精神病院的 60 名男性精神分裂症患者。他们的年龄从18 岁到 45 岁不等。这两个文化群体在教育和社会经济地位方面大致相当。两组人都是天主教徒，入院时间相近，而且都是第一代、第二代或第三代美国人。他们的不同之处仅在于他们的文化背景分别是意大利和爱尔兰。

研究发现，爱尔兰母亲通常在家庭中占有主导和控制地位。在爱尔兰家庭中，性活动从属于生育，鼓励禁欲，性感觉被认为是有罪的，是罪恶的来源，且求婚过程漫长而缺乏激情，男性可能由于经济原因结婚很晚。相比之下，意大利家庭的主导者是父亲，而不是母亲。性行为不仅是可以接受的，而且被培养为健康男性的标志。在意大利家庭，表达感绪的行为受到鼓励，而在爱尔兰家庭中则受到抑制。

鉴于这些鲜明的文化差异，我们预期在这两组精神分裂症患者所表现出来的情绪模式中发现相当大的差异。事实的确如此。爱尔兰男性远比意大利男性更内向，更容易被焦虑和内疚所困扰。与意大利男性相比，爱尔兰男性对女性家庭成员更愤怒，尽管这些感觉在爱尔兰组中基本上被抑制。意大利男性比爱尔兰男性更善于表达情绪和外在的愤怒，但他们的愤怒指向男性长辈，而非家庭中的女性。

这些观察为文化的影响提供了一个重要例子。在这两种欧洲文化中，不仅愤怒的表达方式不同，而且文化也影响了愤怒所指向的对象。在爱尔兰裔美国人和意大利裔美国人中发现了大致相当的愤怒，但意大利裔的患者比爱尔兰裔的患者更容易表达愤怒。愤怒也指向不同的家庭成员。

文化与个体

我们要记住，文化中的个体在各种方面都有很大的差异，包括他们通常经历的情绪以及如何控制和表达这些情绪。这意味着，文化的影响尽管是实质性的，却并不是单一的。大的文化价值观和意义不一定会固着在所有的人身上。

我们每个人都会经历与我们所处的文化规范不同的形成性影响。这些影响取决于我们在成长过程中遇到的特定的父母、亲戚和同龄人。我们有独特的个人经历，它塑造了我们的信仰和目标模式。在一些社会中，比如我们这个社会，会有一些亚文化，每个亚文化都有不同的观点，每个亚文化都会造成个体之间的差异性。因此，我们无法确切预测一个人将会如何，而只能预测在他所处的社会可能支持的模式。

将生物因素和文化结合起来

我们现在来到了对生物因素和文化分析的底线，其目的是将它们作为情绪发展的影响因素进行统筹。重要的结论是，生命机理构成了情绪过程的一些基本特征，因为情绪作为一种适应方式有助于我们的生存。另一方面，文化告诉我们引起每种情绪的社会状况的意义，以及是否表达这种情绪，如何表达这种情绪。

生物因素影响着特定的情绪，这些情绪将以核心关系主题或戏剧性情节的形式产生，我们已经为每种情绪做过解读。实际上，我们就是这样的，我们都经历过一些类型的人类关系。这使得我们几乎不可避免地有时会被轻视，对不确定的威胁和违背文化习俗感到不安，享受亲情，在斗争中取得胜利，看到另一个人的困境，诸如此类。

一旦做出了某种评价，特定的情绪就会随之而来。如果我们对所发生的事情所建构的个人意义是我们受到了贬损，那么我们所体验的情绪就是愤怒；如果是生存威胁，我们会有焦虑的反应；如果是自我身份认同的增强，我们会感到自豪。以此类推，每一种情绪都是如此。关系意义和我们的情绪反应之间的联系属于我们获得的生物遗传。

生命机理还启动生理变化的模式，这是复杂情绪反应的一个重要部分。大脑和血液中循环的荷尔蒙的变化对整个身体的组织有深刻的影响，从而影响到我们在面临紧急情况时可用的身体资源。

文化（即我们个人生活的"各种文化"）影响着目标和信仰，引导我们在评估正在发生的事情时构建个人利益和关系意义。文化告诉我们什么时候应该感到被贬损、什么是隐隐约约的威胁、什么是骄傲的合理原因等，只有当我们做出与之相关的生理评价时，某种特定的情绪才会被唤起。但是，一旦我们做出这种评价，我们的生物遗传所规定的情绪反应就不可避免地会发生。

这意味着我们可能会根据我们特定的文化或亚文化背景，或我们的个人生活经验，对同一情况做出不同的反应。规则很清楚：如果两个人在相同的情况下分别做出不同的评价，他们就会分别经历不同的情绪；而如果两个人在不同的情况下做出同样的评价，他们就会各自体验到相同的情绪。

对我们情绪的两个主要影响因素，即生理和文化，深入我们所体验的每一种情绪，以及对情绪表达的控制。没有别的办法，因为我们是具有生物性和社会性的动物，我们的生存和福祉与我们的情绪反应息息相关。当我们处于危险之中时，当我们必须处理伤害和损失时，当我们体验到生活中有利事件的好处时，这些反应促使我们努力去应对。

我们现在转向情绪的逻辑，也就是说，转向情绪和理性之间的联系，以及我们对情绪的真正含义的一些错误认识。

参考文献

1. Sociologists are also interested in emotion, and explain these variations on the basis of the social structure within a society, which has to do with the social roles we play, such as father, worker, wife, lover, and child, and social stratifications, such as social class. I have ignored social structure in my discussions to avoid complicating my discussion too much, though it is important in the study of emotion.

2. Darwin, C. (1859). *The origin of species.* London: J. Murray.

3. Darwin, C. (1872/1965). *The expression of the emotions in man and animals.* New York: Appleton. (1965, Chicago: University of Chicago Press.)

4. See, for example, Domjan, M. (1987). Animal learning comes of age. *American Psychologist, 42,* 556-564.

5. Eibel-Eibesfeldt, I. (1989). *Human ethology.* New York: Aldine de Gruyter. Quote on p. 19.

6. MacLean, P. D. (1949). Psychosomatic disease and the Visceral brain.' Recent developments bearing on the Papez theory of emotion. *Psychosomatic Medicine, 11,* 338-353.

7. Tinbergen, N. (1951). *The study of instincts.* London: Oxford University Press.

8. Cannon, W. B. (1939). *The wisdom of the body.* 2nd ed. New York: W. W. Simon (First edition, 1932).

9. This idea was encouraged by Tomkins, S. S. (1962, 1963). *Affect, imagery, consciousness* (Vols. 1 and 2). New York: Springer. Tomkins greatly influenced the empirical research of two of his students, Paul Ekman and Carrol Izard. See Ekman, P. (1971). Universals and cultural differences in facial expressions of emotion. In J. K. Cole (Ed.), *Nebraska symposium on motivation,* 1971 (pp. 207-283). Lincoln: University of Nebraska Press; and Izard, C. E. (1971). *The face of emotion.* New York: Appleton-Century-Crofts.

10. Ekman, P., Friesen, W. V., & O'Sullivan, M. (1988). Smiles when lying. *Journal of Personality and Social Psychology,* 54, 414-420.

11. Plutchik, R. (1991). Emotions and evolution. In K. T. Strongman (Ed.), *International review of studies on emotion* (Vol. 1, pp. 37-58). London: Wiley. Quote on p. 41.

12. Plutchik, p. 42.

13. From Lorenz, K. (1963). *On aggression.* Translated by Marjorie Kerr Wilson. Orlando, FL: Harcourt Brace Jovanovich.

14. Cannon, W. B. ·

15. Selye, H. (1956/1976). *The stress of life.* New York: McGraw-Hill.

16. Plutchik, quote on p. 41.

17. Hebb, D. O., & Thompson, W. R. (1954). The social significance of animal studies. In G. Lindzey (Ed.), *Handbook of social psychology* (pp. 532-561). Cambridge, MA: Addison-Wesley. Quote on p. 554.

18. See Shank, R. C., & Abelson, R. B. (1977). *Scripts, plans, goals and understanding.* Hillsdale, NJ: Erlbaum.

19. See Lutz, C., & White, G. M. (1986). The anthropology of emotions. *Annual Review of*

Anthropology, 15, 405-436.

20. Vayda, A. P. (1968). Hypotheses about functions of war. In M. Fried, M. Harris, & R. Murphy (Eds.), *War: The anthropology of armed conflict and aggression* (pp. 85-91). Garden City, NY: The Natural History Press.

21. Levy, R. I. (1984). Emotion, knowing, and culture. In R. A. Shweder & R. A. LeVine (Eds.), *Culture theory: Essays on mind, self, and emotion.* Cambridge, England: Cambridge University Press.

22. Tomkins, J. (1989). "Fighting words." *Harpers Magazine,* March, pp. 33-35.

23. Briggs, J. L. (1970). Never *in anger: Portrait of an Eskimo family.* Cambridge, MA: Harvard University Press.

24. Solomon, R. C. (1984). Getting angry: The Jamesian theory of emotion in anthropology. In R. S. Shweder & R. A. LeVine (Eds.), *Culture theory: Essays on mind, self, and emotion* (pp. 238-254). Cambridge, England: Cambridge University Press.

25. Singer, J. L., & Opler, M. J. (1956). Contrasting patterns of fantasy and motility in Irish and Italian schizophrenics. *Journal of Abnormal and Social Psychology,* 53, 42-47.

Passion
and
Reason
Making Sense
of Our
Emotions

第 10 章
情绪的逻辑

几千年来，在西方世界，我们一直认为情绪是对生活事件不可预测的反应，与智力判断不相容。我们贬低基于情绪做出的决定，情绪被认为是低等动物的属性，而理性则被认为是像我们这样的高等智能生物的特征。当人们做出情绪反应时，我们说他们在倒退，显示出他们原始的动物本性。这些不仅仅是我们的看法，它们是从古希腊人那里流传下来，并主导了西方的思维方式，而且仍然被我们大多数人视为理所当然。[1, 2, 3]

这种对情绪和理性的思考方式到处可见。举个最近的例子，受人尊敬的杰出的美国外交官乔治·F. 凯南（George F. Kennan）在 1992 年 12 月 9 日的个人日记中关于对布什总统决定派遣海军陆战队到索马里处理那里猖獗的饥荒和动乱的评论。这段评论洞见了索马里后来的糟糕局面，并体现了将情绪和理性进行对比的倾向。凯南的评论于 1993 年 9 月 30 日发表在《纽约时报》的专栏版上。其部分内容如下：

> 毫无疑问，（公众）接受（决定）的原因主要在于美国媒体，尤其是电视对索马里局势的曝光。但这是一种情绪反应，而不是深思熟虑的反应……（这是）由于看到饥饿人群的痛苦而产生的。这一反应没有经过任何深思熟虑的控制。

这种说法的问题在于，它将情绪与理性对立起来，尽管这个让公众接受决定的情绪——对饥饿的人民的同情——本身就是理性的结果，虽然不是凯南所希望看到的理由。他认为，这是一个糟糕的判断。但是，认为这种反应比决定按兵不动更情绪化，是不正确的。这类充满理性的日记评论往往不经意地暗示，当我们做出错误的决定时，它们是基于情绪的，而当我们做出好的决定时，它们是完全基于理性的。

如今，关注情绪的心理学家们开始认为这种观点是非常错误的，事实上，情绪总是在很大程度上依赖理性。本章就是想要说明，没有思想或理性就没有情绪，我们的情绪实际上是我们个人对生活中所发生的事情的理解方式的产物，第7章中明确讨论过这个观点，即情绪取决于对个人意义的评价。没有意义和评价，就没有情绪。

古希腊语用激情这个词来指情绪。直到现代，情绪才取代了激情。与激情相比，希腊思想家认为理性是自主心灵的自发行动。与其他野兽不同，理性允许我们计划和控制我们的行为。关于意志也是这样的说法，中世纪的天主教会教义强调了这一概念。

这里重要的是，我们在文化上继承了关于理性和意志的概念，这些概念征服和贬低了我们的情绪反应。我们说动物是靠情绪生活的；相反，理性和意志据说代表了心灵的最高发展，它们使我们的原始情绪受到控制。要想安好，或者用现代的说法，要想保持健康，需要我们对自己的情绪进行强有力的控制。

为了帮助理解理性在情绪中的作用，我们要对情绪过程的发展顺序做一个非常重要的区分。这一顺序有两个阶段。

第一阶段为唤醒，即一个对自身和世界有一定目标和信念的人评估正在发生的事情是有害的、威胁的还是有利的，情绪就发生了。这个评价依赖理性，尽管这种推理可能远远不够准确。

第二阶段为对情绪的控制，即我们选择最佳行动方案。一旦情绪被唤起，是否表达以及如何表达通常会受制于它对我们与他人关系的影响。正如我们所指出的，不受控制地表达情绪可能会对关系造成很大的伤害。

因此，情绪过程的第二阶段是关于我们通过应对过程来避免有害的社会后果。这可能涉及抑制情绪产生的行动倾向，或以某种方式转化它，使其对他人有用、安全和可接受。不是每个人都能很好地控制自己的情绪冲动，但我们情绪生活的一个重要特征就是控制或不控制。实际上，我们不仅在情绪的唤起（第一阶段），而且在控制情绪的表达方式（第二阶段）使用理性。理性在这两个阶段都发挥着作用。

当我们经历强烈的情绪时，我们是一根筋的，这可能使我们做出愚蠢的行为。控制破坏性的愤怒或恐惧必须运用有关社会现实的知识，这意味着理性往往与情绪冲突相冲突。这是古希腊哲人最重要的话题，今天它仍然是情绪和理性之间关系的基本原则之一。我们现在的观点的不同之处在于，推理或思考自始至终都是情绪的一个组成部分。

当我们被强烈的情绪所产生的巨大冲动所困扰时，很难做到有效控制情绪。有些人无法控制自己的冲动，这给社交生活带来严重的问题；有的人则控制过度，他们对自己的情绪调节得太多了。

古希腊思想，也就是后来的中世纪和欧美思想，并不区分情绪的两个阶段。西方文化强调情绪和理性之间的对立，并错误地将其扩展到整个情绪过程——唤起和调节。结果，我们就相信了情绪和理性是对立的，水火不容。而理性恰恰决定了情绪的唤起这一事实被抛到了脑后。

不用说，理性与情绪对立的古老观念对我们的法庭和法学体系产生了深刻的影响。情绪一旦被唤起，就会在与情绪控制有关的第二阶段把人变得不可理喻，这对我们的刑事司法系统产生了深远的影响。

我们对激情犯罪的惩罚不如对有预谋的、恶意的、冷酷的犯罪的惩罚严厉，后者被认为是没有道理的，应该受到最严厉的惩罚。袭击和谋杀犯人的意图（意味着意志）是判断犯罪和量刑的一个非常重要的因素。

激情犯罪在某种程度上被原谅，这似乎是在暗示犯下这些罪行的人无法控制自己，因为他们正处于动物性的激情之中。处于强烈的情绪中的人可能会出现控制自己冲动的"能力下降"，这是很自然的，或者说，这种说法是正常的。此外，我们可以理解激情犯罪，也许会同情那些案犯，即使他们的行为应该受到谴责。

在法庭判决时，罪犯也可以由于精神错乱（法律术语，非临床术语）而得到赦免。精神病患者——也就是那些"分不清是非"的人——被认为无法判断其行为的后果，因此也无法控制其行为。在这里，第一阶段的原则，即情绪的唤起取决于推断正在发生的事情对于我们福祉的意义，和第二阶段的原则，即精神健全的人根据所面临的条件来调节他们的情绪表达，都用到了。在法庭看来，无法充分推理减轻了犯罪行为的严重性，足以减轻刑罚或将犯罪者送入精神病院而不是监狱。

古典传统的历史反转

在历史的长河中，很少有传统不受到挑战，理性也是这样战胜情绪的。在整个西方历史上，人们多次试图扭转古希腊和中世纪的意识形态，使理性从属于情绪，而不是相反。事实上，对情绪至上的强调，或是对理性至上的强调，就像历史的钟摆一样，周期性地来回摆动。在浪漫主义时期，情绪被当成终极的人性真理，但在理性成为主导观点的时期，情绪被认为是从属于理性的。

18 世纪末和 19 世纪初的浪漫主义就是一个典型的例子。这是一个短暂的时期，但近代（例如在 20 世纪 60 年代）浪漫主义又在某些社会圈子里出现了。浪漫主义可以从多个角度进行讨论，但我们倾向于把它定义为一种极为重视和钦佩人类创造力、智慧、善良、崇高理想、勤奋和毅力的世界观。浪漫主义者相信，我们可以通过心灵的触角，克服（也可以说是超越）灰暗的生存现实。

在浪漫主义传统中，卢梭（Rousseau）敦促人们回归自然，重拾情绪的动物本质。[4] 对自然的崇拜一度成为一种有影响力的意识形态。卢梭和其他推崇这种浪漫主义观点的人并不是说情绪应该不受管制，而是说情绪是有价值的，不应该被完全压制。

在浪漫主义达到全盛时期之前，所谓的理性时代左右着主流观点，它还有另一个名字——启蒙运动。在 18 世纪初，人们对规范性的知识和智力提高人类福祉的能力极为乐观。科学开始蓬勃发展，正如早期意大利和北欧的文艺复兴时期那样。

在 19 世纪和 20 世纪，对科学的强调日益增长。科学现在意味着通过密切的观察和冷静的理性来推进人类知识，对包括人在内的生物的主要理论变成了机械论，人脑的工作方式被认为就像电脑。事实上，人们仍然希望能够将高度复杂的、可与人类相媲美或超过人类的智能编入计算机机器人。

现代科学实际上是古典和 18 世纪理性主义的老调重弹，它寻求一种基本规则来帮助我们理解世界上所有生物和物体。科学家和公众都相信，知识可以被用来教导人们更有效地管理自己的生活。而且在许多方面，它已经做到了。

今天，我们对科学的好处，以及对我们在技术方面取得的巨大进步多少不那么乐观，它们在改善了我们生活的同时也带来了一些弊病。这是一个对科学家的中立性和他们改善人类状况的能力表示怀疑和嘲讽的时代。

如果你是中年人或老年人，你会记得 20 世纪 60 年代浪漫主义的重新崛起。也许作为对理性主义和科学的一种反制，美国的反文化运动再次回到了早期的浪漫主义意识形态，认为情绪在我们生活中应当占有适当位置。反主流文化表现出对触及自己的感觉的痴迷。有人说，感觉已经完全从属于理性和社会规则，大多数人已经无法充分意识到并做出回应。事实上，在所有生物中，人类可能是最情绪化的。

据称，如果我们将我们的情绪天性交付于智力和社会控制，那么我们就变成了单纯的智力机器，与《星际迷航》（*Star Trek*）中的斯波克先生差不多。有趣的是，伦纳德·麦考伊博士在电视剧中代表的是情绪化的人，而柯克船长则是有分寸的领导者和有效的战斗者，他从这两位军官身上汲取了洞察力。在一个经典的情节中，柯克利用人类的情绪和辩论，打败了一台失控的外星计算机。

反主流文化还推测，当情绪被压制时，带来这些情绪的冲突仍然活跃在头脑中，导致神经质的矛盾。由于我们可能没有意识到被压抑的情绪，只有心理治疗可以帮助我们洞察自己真正的动机和情绪构成。

当年爱看电影的读者可能记得 1968 年彼得·塞勒斯（Peter Sellers）主演的一部有趣的电影，名为《我爱你，爱丽丝·B. 托克拉斯》（*I Love You, Alice B. Toklas*）。塞勒斯是一名保守的律师，他"发了疯"地与一名自由奔放的年轻女子恋爱，后者将他变成了一个"嬉皮士"。这部电影讽刺了反主流文化信条所认为的，社会和理性约束扭曲了人的真情本性，所以应该被摒弃。如果你没有看过这部电影，希望你在看电视的重播时，可以结合它相应的历史背景来欣赏。

浪漫主义颠覆了古希腊关于理性高于情绪的信念。它不是强调我们的生活应该由理性主导，而是认为情绪应该是我们生活的主要特征。这恰恰仍然是一些现代心理治疗的宗旨，即情绪在日复一日的生活和适应不断变化的环境中是有价值的。

然而，无论情绪和理性哪一个被说成主要的，这两种观点——崇尚情绪的浪漫主义和与之相反崇尚理性的意识形态——仍然将两者视为相互独立的概念，仿佛可以单独发生。本书中的立场是，情绪有赖于理性，两者不可分开。将两者分开的做法忽视了理性在唤起情绪方面的作用。

人类事务中的理性

你可能会问，为什么一本关于情绪的书这么看重理性或推理的问题。理性概念的重要性有这么几个原因。

第一，由于情绪是由关于正在发生的事情对我们福祉的意义的评价性判断（我们称之为评价）所引起的，如果不研究情绪背后的推理，我们将永远无法理解情绪是如何产生的。

第二，认为情绪非理性是对情绪的一种诋毁，认为它不可信任，而实际上，情绪是帮助我们生存和发展的一种重要资源。理性可以控制我们情绪的说法可能还不难理解，但情绪往往以建设性的方式掌控着理性。它们之间存在着某种平衡。如果失去了平衡，那就成了疯狂。

没有情绪的生活也将会变得无聊。心理学家鲁道夫·德瑞克斯（Rudolf Dreikurs）这样说：[5]

> 当我们试图想象一个没有情绪的人时，我们可能很容易发现情绪的意义。他的思考能力可以为他提供很多信息。他可以想出他应该做什么，但他永远无法在复杂的情况下判断是非。他将无法采取明确的立场、坚定信念，采取有力的措施，因为完全的客观性无法唤起强有力的行动。这需要

强烈的个人偏见，消除某些在逻辑上可能与反对因素相矛盾的因素。这样的人将是冷酷的，几乎没有人性。他不可能产生任何会使他产生偏见和片面观点的联想。他不可能非常想要什么，也不可能去追求什么。简而言之，他将是一个废人。

第三，情绪是关于我们了解自己和自己生活的一个极其重要的知识来源，我们（包括其他人）可以从我们的情绪中学习。例如，当我们感到愤怒时，我们知道如何评价和应对我们的生活条件。实际上，如果我们以前没有意识到，我们从愤怒中了解到我们被某人冒犯了，甚至可能了解到导致我们做出这种反应的软肋。以此类推，对其他每一种情绪都是如此。我们的情绪所提供的信息对我们的福祉至关重要。

第四，我们情绪生活的质量往往是痛苦和问题的原因，我们可能为此寻求心理治疗。如果我们的情绪与我们的生活现实脱节，我们需要找出造成这一问题的推理错误。我们将在第 13 章中讨论情绪困扰和问题的心理治疗。

第五，我们的情绪通常在我们看来是合理的，因为我们总是有自己的个人理由来解释我们的行为和感受——无论这些理由是否合理或明智。换句话说，情绪有自己的隐含逻辑、有自己的生命，如果我们知道隐藏在情绪背后的个人原因就能理解了。即使是精神失常者，他们的推理可能很糟糕，他们错误的判断和情绪也自有原因。妄想症患者认为某些人想伤害他们，这虽然看起来很疯狂，但他们的愤怒、焦虑或惊恐也遵循着自己的逻辑。

例如，如果你相信有人试图伤害你，你的愤怒、焦虑或惊恐是合乎逻辑的。偏执狂认为对方是危险人物的判断可能是错误的，但这种判断一旦做出，就与情绪反应之间存在着合理的联系。因此，我们必须先辨明理性的模糊概念，然后做出逻辑结论，唤起情绪。

不幸的是，我们很难寻求到帮助来区分理性（即基于推理的思考）和非理性。问题是如何区分"正确的思维"和"错误的思维"。尽管人们一直在谈论理性和非理性，但并没有在所有情况下都适用的永恒标准。然而，我们也知道，有些思维方式是不明智的或不现实的，会给人带来麻烦。如果我们研究一下学术研究者和大众对理性的一些看法，就可以更清楚地看到这种两难局面。

关于理性的观点

哲学家和科学家们对于理性和非理性的看法并不一致，关于这个问题的激烈争论显然一直没有结束。[6]

一个人在做决定时的目标和想法往往是相当复杂和隐蔽的。如果要确定这些目标和想法，就需要对其进行系统和仔细的探究。去赌场赌博的人通常认为赌博是一种娱乐，预期输掉一个可以承受的数额，并把输钱当作冒险娱乐付出的代价。如果因为他们违背了赔率或者输了钱就认为他们的所作所为是非理性的，那就过于简单化了。也许，非理性的一个更好的例子是输光了钱却上了瘾的赌徒，我们认为这是一种病态。

另一个重要的问题与理性定义背后的价值观有关。对于经济学家和许多心理学家来说，理性意味着最大限度地增加成功获得自己想要的东西的机会，同时做到损失最小化。经济学上的理性观点认为，自我利益是所有人类理性决策背后的驱动力。

因为这在我们看来似乎是一个非常狭隘的立场，所以我们想提出质疑，表达我们的疑虑。如果人们总是在利己主义的层面上是理性的，为什么他们会为自己的孩子做出牺牲；或者，即使在没有孩子或者孩子已经长大的情况下，他们会在教育或其他社会服务的资金投入上做出公正的政治决定？就像古希腊斯多葛学派和佛教徒所建议的那样，放弃那些人们总是想要而又永远不满足的东西，难道不是同样的理性——尽管是一种不同的理性。为什么人们对不幸者表现出关注，甚至主动花费时间和资源来帮助他们？这样做是不理性的吗？我们真的认为理想主义是非理性的，而自私自利是理性的吗？

我们也许应该质疑，完全为最大限度实现自私的个人欲望所驱动，难道就是理性的、明智的或有利于社会的？[7]理性的经济学观点忽视了其他的价值，如公平、同情和正义，最大限度地满足我们的个人私欲往往是以牺牲社会和集体为代价的。

如果没有自我牺牲的理想主义和忠诚，那会是一个什么样的世界？人们可以回答说，我们将拥有现在的这个世界，满眼都是饥荒、自私自利、部族主义、卑鄙、仇恨、谋杀和种族灭绝。建立在更强调集体主义价值观上的社会，强调的完全是另一种理性。[8]

关键是由于构成美好生活的基础的观点各不相同，出现了许多不同的有关理性行为的决定因素的价值观。它们是个人带给他们社会和工作生活的不同价值、目标和信念的集体版本，而这些接下来又影响他们的情绪。回顾这些不同的价值观，我们更清楚地看到，我们用理性这个词来批评和排斥那些关于理性的观点，除非那是我们自己的观点。

英语中的许多表达方式都意味着非理性，比如愚蠢或愚昧、不谨慎、判断力差、缺乏逻辑性、不合常理以及疯狂的念头，这些表达方式既可以应用于情绪过程的第一阶段（唤起），也可以应用于第二阶段（控制），以确认所面临的社会状况。我们用人们的反应方式来判断反应和社会环境之间的匹配。

就第一阶段而言，当我们不理解一个人的情绪反应，因为它似乎不符合现实的情况，我们就认为这种情绪是非理性的或疯狂的。到了第二阶段，当人们对某种情绪的反应过于强烈，甚至对自己造成伤害时，这似乎也是不理性的。例如，当一个人处于暴怒之中——他好像听不到其他人在说什么——这个人似乎脱离了现实。

哲学家、逻辑学家和数学家对逻辑和理性的定义与生命科学家截然不同。一个几何或三角定理可以通过从定理中必然产生的结果来检验其有效性。这就是为什么我们可以盖起不会倒塌的大楼。然而，医学、社会行为和个人决策中的推理往往牵涉复杂性、模糊性和众多变量（其中有些是隐藏的），因此逻辑在这些领域的作用是完全不同的；此外，推理不可能那么精准。

我们可以试着研判两个非常不同的问题来评估人们的推理能力。其一，我们可以考察推理的过程——即使用逻辑思维规则来解决问题，这也揭示了我们对这些问题的感受。其二，我们可以考察这个过程的结果。例如，我们做出的决定或选择是否能帮助我们实现目标，或者我们的情绪在何种程度上适合我们的生活条件。

在社会科学和生物科学中，判断我们决策的结果比判断推理过程简单，一方面，因为当结果不达预期的时候我们可以很容易地观察到；另一方面，判断推理过程则要困难得多，因为我们必须研究人们所做的决定背后的原因。如果我们对个人原因加以考察，我们会发现，大多数情况下，考虑到他的目标和信仰，人们的推理通常是符合逻辑的，即使结果很糟糕。

暴怒的人似乎是不理性的，因为这种情绪反应已经给个人或社会带来了伤害。愤怒应该被控制或抑制。然而，作为观察者的我们可能不会想到，这种愤怒最重要的目标是修复严重受损的自我，这使人无暇顾及其他。对个人来说，不在愤怒中爆发是不可想象的，即使它可能导致严重的伤害，这个甚至从来不在考虑之列。

简单地给情绪反应贴上非理性的标签，或等同于非理性（精神疾病的标签），并不能帮助我们理解所发生的事情。可能更有用的是知道什么对那个人来说是最重要的。我们可能会觉得发生的事情很疯狂，但这个人并没有疯。当我们事后与当事人探讨这个事件，并提出疑问时，他可能会说："如果你是我，你也会有同样的感觉（或行为）。"可能真的是这样。

说起来可能有点老生常谈，但我们与他人交往时，应该尽量从对方的角度来考虑问题。他人所经历和表达的情绪从他们的立场来看是合理的——哪怕这情绪是愚蠢的或破坏性的——如果我们理解对方的困境，我们会更容易理解这个情绪反应的合理性。

顺便提一句，用精神病理学来论证希特勒和德意志第三帝国行为的合理性虽然是件时髦的事，却并不理想。第二次世界大战的疯狂并非只源于人类的情绪。德国民众认为，他们的国家使命——促使他们对世界进行破坏性攻击的目标和信念，也是完全合理而且符合他们自身利益的。他们将其部分归咎于第一次世界大战后生效的《凡尔赛条约》的惩罚性条款，因为它带来了灾难性的经济通货膨胀，随后是同样灾难性的通货紧缩。

纳粹意识形态的形成和后果是可怕的。所有纯正雅利安人之外的人都被指责为国家的问题，不管这个定义意味着什么，特别是某些群体如犹太人、吉卜赛人和同性恋者，犹太人尤其被列为灭绝对象。具有讽刺意味的是，如今全球遇到经济困难和社会不稳定，我们再次看到类似的丑恶现象在世界许多地方爆发，包括德国的光头党和他们对外国人的攻击。还好，现代德国人对这种疯狂的行为普遍感到焦虑和反感。同样残忍的还有前南斯拉夫一部分的波斯尼亚的种族屠杀（委婉的说法是种族清洗）。

有了这些最近发生的事件作为背景，你可能难以置信对理性的判断大多是浪费时间。然而，我们更明智的做法是，不要试图在某种抽象的意义上判断什么是理性或非理性，而是要尽量了解人们为什么会做出这样的决定。我们急于给那些我们不了解的东西贴上病态或不好的标签。与其把看起来不合理的事情归咎于精神疾病，我们需要发现行动和反应背后的东西，例如特定的个人目标和信仰，以及决定背后的判断是如何以及为什么是错误的或适得其反。只有这样，我们才能更好地了解这些判断背后的原因与我们观察到的情绪有什么关系。

现在，我们可以来看看偏差和错误的判断是如何形成的，以及人为什么老是犯傻，[9] 而不是简单地将其解释为非理性。

错误判断的来源

我们在这里考察几个错误判断的来源，而且可能还存在更多的来源。我们列举了大脑损伤、智力受损和精神障碍、缺乏知识、对事物运作的个人信念、判断所依据的信息的模糊性、没注意或注意偏差、采取回避或否认来应对，让我们更详细地了解其中的每一项。

脑损伤、智力受损和精神障碍

对于脑部受损的人来说，判断力可能会受到损伤，有时是严重损伤。患有阿尔茨海默病的老年人最为悲惨的就是他们不知道自己是谁，也不再能认出与他们一起生活了一辈子的亲人。当我们看到他们令人伤感的糊涂时，他们的情绪对我们来说讲不通，但在他们自己的思维框架和信仰中却仍有其意义。

智力受损的人，特别是当损伤严重时，缺乏基本的知识，无法进行复杂的推理，尽管他们可能有些事做得很好，甚至好得惊人，就像极少数被诊断为自闭症的"白痴专家"，这个词在法语中是指聪明的傻瓜，这显然是矛盾修辞法。

精神障碍是严重精神疾病的临床术语，其核心特征是思维和情绪紊乱。精神分裂症患者会幻听或幻视，并且表现得好像这些幻觉是真的一样。妄想症患者相信自己是耶稣基督、拿破仑、美国总统，或者相信有人正在策划伤害或杀害他们。这种疾病的法定术语是"精神错乱"，非专业术语是"疯子"，技术术语是"精神病"。

精神障碍患者的情绪似乎也很疯狂，因为它们看起来都说不通。长期以来在临床工作中，人们认为心理健康需要理性和情绪的统一和完整，而它们之间的任何重大分离都标志着精神完全错乱。

这三类精神障碍群体往往对包括社会关系意义在内的许多事情的推断都很糟糕。这就是为什么他们的情绪看起来毫无来由。当他们感到愤怒、恐惧、悲伤、内疚、羞愧、骄傲等情绪时，其他人不理解。他们有自己的理由来解释他们的感受，而且这些理由对他们来说是独一无二的，对我们来说则是不现实的。但是，基于他们的理由，他们的行动和反应都是合乎他们的逻辑的。如果你相信有人要杀你，你难道不会感到害怕或愤怒？

缺少知识

如果我们缺乏必要的知识作为判断的基础，无论是技术性的还是常识性的知识，就不可能做出正确的判断，或者对正在发生的事情得出有效的结论。大部分的判断错误都与知识的缺乏有关，无论是个人还是集体。

历史上的治病方法在今天看来相当荒谬。例如，直到最近的历史年代，医生还会从患者身上抽出大量的血，这种方法被称为放血，通常借助于水蛭来完成。具有讽刺意味的是，水蛭现在又被用来降低血压。再来看看另一个例子，在19世纪之前，人们把精神患者锁起来、殴打或投入冰冷的浴缸来进行治疗。当时我们所知有限，体现在了医疗实践上。但是，由于当时的认知水平，那些做法是合理的。

因此，未来的人们掌握了更多知识，也可能会认为我们今天为治疗或预防疾病所做的许多事情相当荒谬。也许我们会发现，新药物用于某些疾病的治疗会比手术效果好得多。我们已经知道，在乳腺癌扩散之前对乳房进行完全切除手术曾经备受推荐，但在防止疾病复发方面它并非优于创伤性较小的肿瘤切除手术。

如果我们的推理失之于缺乏知识，那么我们的情绪反应也会与现实脱节，信息更丰富或不同的旁观者洞若观火。缺乏知识可能会给我们的情绪生活带来不真实的感觉，就像精神失常会破坏我们对现实的把握一样。但在某种情况下不了解基本的事实并非不理性，那只是无知。因此，我们大发雷霆可能是因为对某一表象告诉我们的东西得出了错误的结论。

个人信念

人们对世界的理想不尽完美，他们对事物运行的信念也并不总是正确。我们所有人或大多数人对事物发展方式的假设都有误差。我们的生活总是围绕着自己独有的或者甚至是共同的幻想（见第 8 章）。我们可能有这样的信念：我们被上苍挑出来受苦，好人得到奖励而坏人受到惩罚；我们不被爱或不值得被爱，上帝看管着我们每个人，我们如果道德有失就应受罚；我们应该从生活中得到更多；我们的国家正大光明，等等。这些信念对我们的推理具有强大的影响作用。因此，我们所经历的一些情绪对那些不认同这些信念的人来说无法理解，甚至，如果我们自己没有认识到推理背后的支撑信念，我们自己都会对这些情绪感到惊讶。

例如，即使我们所处的社会环境无须忧虑，可以让我们感到安全，我们也可能焦虑，因为我们实际上相信自己受到了威胁。即使在其他人看来环境友好且具有建设性，我们也可能做出愤怒的反应，因为我们认为自己被瞧不起。即便没有自我责备的明显原因，我们也可能经历内疚，因为我们认为自己的行为很糟糕。即使看起来有足够的理由让我们欢欣鼓舞，我们也可能经历悲伤或抑郁，因为我们认为自己真的遭受了挫折。

这就好像我们为之做出反应的世界与他人所观察到的世界完全不同。对我们来说，做出这些带来麻烦的假设可能并不明智，这些假设会导致我们对所发生的事情产生异常的往往是错误的结论。然而，我们既然有了这些假设，就会做出相应的反应，而这在别人看来就脱离了现实。

213

人们对自己和世界的信念的差异来自不同的个人背景。虽然我们有共同的信条，但在一个多元文化的社会中，我们每个人都从自己的亚文化和自身独特的生活经历中获得了一些观念。它们并不一定因为异于他人的信念就是错误的或者是有心理问题的，即使所有人都认为我们是错误的，我们也可以是正确的。

假设你是一个北美白人，比如说，有意大利背景，你很可能感念并喜欢在哥伦布日庆祝发现美洲的活动。因为，你的家庭因此能够从一个可能受压迫的社会移民到这里，你现在成了一个自由和繁荣的国家的公民，哥伦布日对你来说有积极的意义。

然而，如果你是来自众多部落亚文化之一的美国印第安人，或者如果你深深厌恶西班牙对新世界的征服，认为它导致了阿兹特克、玛雅和印加文明被残酷毁灭，你就不会喜欢这个节日。完全健全的人从许多不同的角度看待事件，有时是相反的角度，这种差异不一定就是推理错误。

因为我们对生活环境的理解不一样，所以我们在相同的社会环境中所体验的情绪也不一样。那些观察到与自己不同的情绪的人会感到困惑，因为他们对正在发生的事情认识不一样。要理解这些情绪，需要观察者设身处地从被观察者的角度来考虑问题。

模糊性

判断错误最常见的原因之一是那种模棱两可的情况，在这种情况下很难做出一个明确的判断。由于没有足够的数据，或者现有的事实不吻合，我们只好通过猜测，或者说是凭直觉进行推理。为了做出有根据的猜测，我们必须基于这样的或那样的事实，基于我们过去的经验，或者基于我们的偏见。

我们对于他人的想法、感觉和意图，通常是相当模糊的。为了解决这种模糊性问题，我们可以对他们所说的感受照单全收，前提是他们了解并忠实于自己的内心世界。或者，如果我们不信任他们，或者认为他们对自己并不了解，我们就会掂量掂量他们所说的话。

在模棱两可的社会情况下，我们的假设很容易出错。我们对事物运行方式的信念在我们的行动和反应中起着重要作用。在模棱两可的条件下，判断的错误并非不理性；我们会基于自己的信条做出最好的判断。

当生活环境不明确时，不同的人在相同的情况下感受到的情绪很可能会有很大的差异。例如，在为一个可疑的肿瘤进行活检时，患者往往完全猜不出可能的结果。这种情况是模棱两可的。一个患者几乎确定是坏消息，非常焦虑地等待报告，而另一个患者则相信肿瘤会是良性的。只有当诊断结果是癌症时，后一位患者才会开始担心。

在一个复杂的社会中，与我们有利害关系的个人和社会事件很可能是模糊的，这就是为什么我们会为之争论。我们总是认为，与自己相左的结论是愚蠢的或非理性的。如前所述，在这种情况下讨论非理性并不会增进理解。

忽视或注意偏差

虽然情绪的唤起有其逻辑程序，但一旦情绪被唤起，反应就会妨碍有效的思考。[10] 我们大多数人都有过这样的经历：强烈的情绪会损害我们清晰思考的能力。

这往往是因为我们的注意力被情绪所误导。情绪，尤其是消极的情绪如愤怒和焦虑，意味着重大的事件或许是一个紧急事件。这使我们的注意力从我们正在做的事情上转移到了紧急情况上。我们忙于关注紧急情况本身，所以无法了解正在发生的所有情况。

例如，考虑一下那些医生不得不告知患癌且无法手术的患者。聪明的医生知道，稍后再讨论治疗方案可能会更好。最好给这些患者时间来消化这个可怕的消息，而不是在错误的时间提供建议，否则他们没有能力接受建议。在得到消息的震惊和痛苦中，患者很可能听不到别人说的话，或者歪曲他们听到的话。他们的心思在其他地方，这并非不理性。

在复杂的情况下，有很多东西需要注意，我们必须决定什么是重要的，什么是不重要的。这是判断错误的一个主要原因——我们的注意力放错了位置。我们可能没注意，错过了对正确判断至关重要的观察，因为我们正埋首于其他要求我们关注的事务之中。关于自己和世界的信条将我们的注意力引导到所谓的重要事务上。当这些信条出错时，我们对什么是重要的，以及应该如何看待它的判断就有可能出现错误。

最后，我们的注意力也可能被那些想愚弄我们的人故意误导。魔术师利用误导来创造他们大部分的幻象。他们通过技巧在一副牌中找到正确的牌，比如把它藏在手掌中，但他们会引导我们看别的地方来掩盖他们正在做的事情。白领罪犯掩饰他们不正当交易的方法就是隐瞒交易而让人去关注没有疑点的地方。政客想让我们相信下行的经济在得到改善，就会有选择地引用证据，以便让我们的注意力远离与他们的说法相矛盾的信息。我们就看不见自己眼皮底下发生的事情。

通过否认和回避进行应对

当一种情绪非常强烈时，它也可能导致我们通过否认来否定现实情况（见第8章）。这是一种重要的应对方式。如果我们非常想相信某件事，我们可能会不顾一切地相信它。这样做的结果可能会让我们在短期内感觉好一点，但从长远来看，我们要为否定现实付出沉重的代价。

例如，吸烟的人可能知道吸烟有害健康，但他们往往会自欺欺人地相信这不会发生在自己身上。的确，他们可以举出长寿的、不加节制的吸烟者的例子，只是为了证明对危险的否认是有理的。

我们有认识的人在患了肺气肿（一种严重的肺部疾病）或者在手术切除了肺部肿瘤后，仍然继续吸烟。当然，这样的决定肯定有其否认的成分，因为这决定无疑会加重疾病，缩短寿命。

知道吸烟威胁生命健康会导致情绪上的痛苦，这种痛苦也可以通过不考虑，即回避来得以缓解。许多吸烟的人知道，如果他们戒烟可能会好些，所以他们也不否认危险，但他们回避考虑这个问题。

这种借助于否认或回避的判断是非理性的吗？我们认为不是，尽管它确实带来了重大风险。就像赌徒一样，这些人下了一个赌注，其胜算很容易计算出来，但很难知道会落到哪个人头上。应该说，他们做了一个不谨慎的选择，而不是一个非理性的选择。

如今大多数吸烟者都知道吸烟的危害，但许多人认为坏运气不会发生在他们身上。研究表明，目前吸烟但不打算戒烟的人认为，他们比一般吸烟者更不容易受到吸烟带来的健康危害。[11] 或者说，他们是在否认自己给生命健康带来的危险。

情绪的固定逻辑

说了这么多，在结束这一章之前，请允许我们说明所谓情绪遵循一种不变的固定逻辑到底意味着什么。我们在这里只讨论情绪的唤起，尽管类似的分析也可以用于情绪的控制。

要掌握情绪的逻辑、看到它的作用，需要我们研究人们想要什么（他们的目标）、相信什么（他们的假设），以及他们对正在发生的事情如何评价，从而使他们体验到某种情绪。实际上，我们必须研判情绪唤起背后的逻辑——或者我们应该说是心理逻辑。

情绪这样的一个基本逻辑有点太简单了：我们想要某样东西，由于不能保证拥有它，我们就努力去实现它。如果我们成功了，或者朝着我们的目标取得了良好的进展，我们就体验到一种积极的情绪，我们受益了；如果我们失败了，我们将体验到一种消极的情绪，我们受伤了；如果眼下没有什么重要的目标，就不会有任何情绪，没有伤害也没有利益。

情绪的唤起通常遵循这样的规则：我们会根据当下实现目标的可能性来获得一个合适的感受。固定逻辑指的是这个逻辑很少或从未被打破，当我们以某种方式评估得到自己是受伤或是受益的结论后，情绪自然而然发生。评估需要智力和推理。

尽管这个过程可能会失控，会导致错误的想法和愚蠢的行动，但情绪的唤起是在事件发生之时，基于目标实现的结果做出判断。判断可能不明智，甚至是愚蠢且适得其反，但由于它是以目标和信念为基础的，所以从某个人的愿望和信念来看，所唤起的情绪永远是理性的。

说来说去，如果人类的情绪不依赖于推理或思考，我们就永远无法理解任何人的情绪。如果我们知道某人的情绪状态，我们应该能够往前推理出唤起这个情绪的条件，即目标、信念、诱发情绪的事件以及对个人伤害或利益的特定评价。如果我们知道一个人的目标、信念和评价，那么通过情绪的逻辑，我们应该能够相当准确地预测这个人在面对可能再次唤起情绪的相关事件时将如何反应。

这为我们提供了一个强大的工具来理解和管理一个人的情绪。实际上，它是心理治疗师在帮助患者解决痛苦和情绪问题时使用的知识。但说到底，我们都是心理学家，总在相互揣测对方的意图和情绪。我们所有人都知道，情绪揭示了他人生活中的"热点"。

接下来的第 11 章让我们继续讨论心理压力，了解它与情绪的关系。

参考文献

1. The story of how this came about is told by James Averill, a psychologist with long-standing interest in the emotions. See Averill, J. R. (1974). An analysis of psychophysiological symbolism and its influence on theories of emotion. *Journal for the Theory of Social Behavior, 4,* 146-190; see also Averill, J. R. (1982). *Anger and aggression: An essay on emotion.* New York: Springer-Verlag.

    The original word for emotion was "passion." It comes from the Greek *pathos* and the Latin *pati,* from which we also get passive and patient. Passion expresses the idea of being involuntarily (passively) gripped, seized, or torn by emotion. We are said to be possessed by powerful forces that are too strong to be suppressed.

2. See also Gardner, H. M., Metcalf, R. C., & Beebe-Center, J. G. (1937/1970). *Feeling and emotion: A history of theories.* Westport, CT: Greenwood Press.

3. Much later, in the eighteenth century, the distinction was made between the voluntary nervous system, consisting of the striate muscles of the body whose movements we could "willfully" control, and the involuntary nervous system, whose activities were automatically regulated by homeostatic mechanisms that worked like a thermostat, and could not be directly influenced

by conscious intent. Regulation of body temperature, sugar in the blood, heart rate and blood pressure, and so forth, are examples of nonvoluntary or autonomic nervous system activities.

4. Clark, K. (1970). *Civilisation.* New York: Harper & Row.

5. Dreikurs, R. (Ed.). (1967). *Psychodynamics and counseling.* Chicago: Adler School of Professional Psychology.

6. Fox, R. (1992). Prejudice and the unfinished mind: A new look at an old failing. And commentaries. *Psychological Inquiry, 3,* 137-152.

7. This position has been engagingly explored by Shweder, R. A. (1987). Comments on Plott and on Kahneman, Knetsch, and Thaler. In R. M. Hogarth & M. W. Reder (Eds.), *Rational choice: The contrast between economics and psychology* (pp. 161-170). Chicago: University of Chicago Press.

8. In making this critique of the economic view of rationality, we note that a group of academics in the United States has been, in the words of the *London Financial Times,* "trying to launch a new kind of economics: a set of theories more likely to promote a kinder, gentler America than the free market doctrines of the 1980s." An effort is being made to recruit social scientists from many disciplines, including psychology. See the *London Financial Times,* Tuesday, April 2, 1991, pp. 15-16.

9. Historian Barbara Tuchman calls much of history the march of folly.

10. See, for example, Lazarus, R. S. (1991). *Emotion and adaptation.* New York: Oxford University Press, for a treatment of the effects of stress emotions on thought.

11. McCoy, S. B., Gibbons, F. X., Reis, T. J., Gerrard, M., Luus, C. A. E., and Sufka, A. V. W. (1992). *Journal of Behavioral Medicine, 15,* 469-488.

Passion
and
Reason

Making Sense of Our Emotions

第三部分

实践意义

Passion
and
Reason
Making Sense
of Our
Emotions

第 11 章
压力与情绪

之前的章节中我们曾经提到过压力这个词。这是每个人都熟悉的一个词，甚至比情绪还要熟悉。我们本章的目的是对压力进行介绍，以了解压力与情绪的关系。

我们向来喜欢心理治疗师埃塞尔·罗斯基（Ethel Roskies）在谈到现代人倾向于把压力和压力管理提升为一个重要的人类问题时尖刻却准确的讽刺。以下是她关于自助解压手册的评论：[1]

> 作为 20 世纪 50 年代的一个不起眼的实验室用语，"压力"现在已成为解释当今世界大部分烦扰的一个常用词，它被用来为咬指甲、吸烟、杀人、罹患癌症和心脏病等五花八门事件做解释。从人类学的视角来看，压力在现代社会中的作用类似古代的鬼魂和邪灵，用来解释各种不幸和疾病，否则就只能归咎于命运的无常。
>
> 接受疾病的一个新原因而不寻求治愈或控制可不是美国人的做法。因此，一点都不奇怪，最近涌现出许多致力于教导我们如何管理压力的自助类书籍。这些自助手册教你如何提高性快感、如何健美、解锁隐藏的精神和情绪能力，其目标都是驯服压力这一杀手。虽然推销切入点从摔死的威胁到最美好的前程，各不相同，但所有的手册都描绘了通过使用新升级的应对策略来避免或减少压力潜在危害的前景。

历史起源

"压力"是一个相对现代的词，第二次世界大战后首次得到了专业领域的广泛关注。随着越来越多的生物学家和社会学家指出压力的重要性，公众也开始关注。

"压力"一词最早曾经在 14 世纪被偶尔非系统性地用来指困难、困境、逆境或痛苦，它在 17 世纪首次被用于技术领域，当时一位享有盛名的物理生物学家罗伯特·胡克（Robert Hooke）[2] 在帮助工程师设计人工构造。例如，桥梁必须负重并抵抗强风、地震和其他自然力量的破坏。因此，设计如何抵抗这些负载成了一个重要和具有实践意义的工程学任务。

胡克的分析极大地影响了生理学、心理学和社会学对压力的理解，压力被定义为生物的、社会的或心理系统的环境要求，与桥梁可能承受的负荷类似。

胡克对金属的特点特别感兴趣，金属可能由于负重而易变形或断裂。例如，锻铁柔软灵活且易于造型，它可以弯曲但不会断裂；而铸铁却脆硬易断。因此，应该选用合适的金属用于相应的负载类型。这个观点后来也为心理学家提供了实用价值，因为金属承受负荷的能力与人承受压力的能力类似。在用于人的情况时，我们使用词语"弹性"及其反义词"脆弱"。

在第一次世界大战期间，情绪崩溃被认为是神经系统的，而不是心理的。它们被归因于"炮弹冲击"，这是一种模糊但错误的暗示，即炸弹爆炸的噪声形成的压力对大脑造成损害。在第二次世界大战期间，因为士兵经常在军事战斗中情绪"崩溃"，所以压力引起了人们的注意。崩溃被称为"战斗疲劳"或"战争神经症"，暗示了一种心理学的解释。

第二次世界大战期间的高级军官担心压力问题，因为它经常会让士兵们意志消沉，躲避敌人，拒绝开火。军队领导人也担心太多的士兵由于压力问题而不得不离开前线。他们想知道如何选择抗压能力强的士兵，如何训练他们有效应对。这推动了越来越多对这些问题的研究，理查德·S.拉扎勒斯也参与其中。

第二次世界大战后，压力也明显与许多普通生活事件相关，如婚姻、成长、上学、考试、疾病等。这些经历和军事战斗一样可能导致心理困扰和问题。

20 世纪六七十年代，压力作为人类痛苦和问题的根源越来越受到重视，风靡一时。我们已经知道大家都需要压力来调动积极性处理一些普遍的人生问题。压力是对生命需求的自然反应，并不一定是坏事，它的负面效能可能被过度强调了。

我们很快发现，由于个体在耐受能力上存在很大的差别，人与人的诉求或遭遇的逆境也都不一样，因此压力的影响很难预测。此外，有些人在压力下表现较好，有些则较差，还有的没有明显影响。因此，有必要找到那些心理特征来解释为什么有些人比其他人更容易受到压力的影响。

人与环境之间的特殊关系：压力

带来压力的人与环境的关系是对人们的需求和他们所拥有用来满足这些需求的资源之间的主观不平衡，根据这种不平衡的程度，我们或多或少感受到压力。

想象一下，你站在天平的一侧，另一侧则是已知重量的金属砝码。增加或减少砝码，直到天平达到平衡，这意味着你和那些金属砝码的重量正好相等，你也就知道在那一刻的自身重量。类似地，当外界需求相对人的资源变得太大时，隐形的天平失去了平衡，且向外界需求一侧倾斜。不平衡越大，压力也越大。

当人的资源大于外界负荷时，压力低或不存在。外界需求这时变得很容易处理，人也信心满满。然而，当人的资源比需求大很多，需求就会不足，即压力太小了，人会产生厌倦感。具有讽刺意味的是，这种体验是有害的或者说也会带来压力。每个人都有其最理想的压力水平，当压力低于这一水平时，人觉得无聊；而高于这一水平时，人会感受到压抑。

需求和资源之间的不平衡的主观感受因人的需求和资源之间的性质而异。有些要求比其他的难度更大，因此对大多数人而言，它们会带来压力。当然，有些人连难度不高的需求都应付不了，而有些人却可以轻易处理难度很高的需求。

通常，我们大多数人都对生活提出的高要求感觉充实。然而，在我们的日常生活中，有时我们惯有的应对能力会被削弱，原因是我们生病了，累了，或者太长时间应付了太多的事情。

有一个例子是，许多人能快速入睡，但在凌晨三四点钟醒来，并开始反复思考他们新的一天要做的事情。他们可能会花几个小时的时间让各种任务在脑海里漂过，无法停止。在这些疲乏、困倦的清晨时光中，他们似乎不能自如处理这些需求，那些信马由缰的各种思绪不停地在他们脑海中狂奔，直到在闹铃响起前最终再次入睡，或者看起来是这样的。

一旦这些人完全清醒并开始吃早餐或进行其他活动，这些夜半时分的忧虑似乎变得非常容易处理。随着他们的身体资源得到调动，很难理解之前他们要做的事情为什么显得那么压倒一切。答案是，在半夜时分半梦半醒时，人仍然处于疲惫和迷迷糊糊之中，他们的应对资源似乎也不足。在这里，天平的比喻依然有用：压力的大小并不完全由需求单方面进行定义，而是由需求与应对需求的资源相比较而决定的，两者都有其主观定义。

两类压力：生理压力和心理压力

当我们在进行体育运动或比赛时，由于我们运动中的体力消耗，身体感受到压力。其中一些迹象是明显的消耗感，如出汗和疲劳、心跳加快、血压增加。如果我们进行测量，就会发现压力激素被肾上腺注入血液中，肾上腺部分引起了这些身体变化。我们经历的是生理压力而不一定是心理压力，特别是当我们玩得高兴的时候。

运动产生的生理变化是我们对身体需求的适应性反应，它们是应对心理压力的生理部分。身体被调动起来应对身体的需求，就像心灵被调动起来以应对心理需求一样。在调动之后，身体疲乏，我们需要休息和恢复，这时生理重新达到平衡。当我们面临任何有害的生理条件例如热、冷或饥饿时，这种不平衡也适用。

在身体不疲乏的情况下，心理原因也可以引发物理压力产生的身体反应，诸如愤怒、焦虑、害怕、嫉妒、嫉羡等感受，也会产生源于物理需求那样的诸多身体变化，它们的根本原因来自心理，它们是对各种类型的压力的反应。所以，我们将这些身体反应和导致它们的纯粹心理事件称为心理压力。

生理的和心理的压力来源在同一情况下通常相互结合，因此，当我们在体育比赛中的目标受阻，就会体验到愤怒或焦虑的情绪，当我们赢得比赛就会体验到快乐，哪怕在比赛结束时已经筋疲力尽。运动总是带来生理上的压力，但当我们从事体力消耗的活动时（如慢跑、打球和园艺），纯粹心理原因的情绪则不会发生。

虽然心理压力和生理压力在身体的神经化学作用中相互重叠，但它们产生的激素反应模式却略有不同。如果区分两者，我们就会发现每种生理压力，例如运动、禁食、热和冷，都具有自己特殊的激素特征。[3] 同样，不同种类的心理压力也会产生不同的荷尔蒙。我们不能混淆这些压力的类型，因为它们产生的条件不同，有自己独特的神经化学作用，当然也会有不同类型的心理反应。

虽然我们可能也想衡量压力在生理上的效果，但我们在本章中谈论的是心理压力。在后文，当我们提到"压力"这个词（如下面的标题）时，我们指的是心理压力。当我们谈论生理压力时，我们总是会加上适当的形容词。

不同心理压力

虽然心理压力可以被看作一个从无到有逐渐增大的连续体，但它显然存在伤害、威胁和挑战这三种类型。伤害、威胁和挑战之间的一个主要差别来自个人就事件所建构的与世界的意义，这个意义在这三者中都是独特的。换句话说，我们在这三种情况下做出的评价是完全不同的。

伤害是指已经发生的并有损伤的事件。伤害可以有许多不同的种类。例如，我们可能对即将到来的需求没有充分的准备（如求职面试、公开表演或学校考试），我们可能在社交活动中搞砸了，损害了与自己看重的人的关系。

伤害如果不可撤销或不能预防也被称为损失，亲人的死亡就是一个例子。我们所能做的就是悲伤，找到优雅地接受损失的方法，然后继续前进。在其他的例子中，伤害不一定是永久性的，我们可以有所作为。例如，我们可能会通过后来加倍努力来尽量扫除对自己声誉的伤害，或者我们下决心尝试另一个求职面试，从此前的负面经验中可以吸取教训。

威胁可能是心理压力最常见的原因。当伤害尚未发生但是可能很快或者不可避免要发生的时候，它就会出现，即我们担心会发生什么并试图弄清楚怎样发生、什么时候发生，以及我们能为之采取什么措施。如果我们可以预测到将会发生什么，就可以为此做好准备，有时可以防止伤害和损失或减轻其严重程度。

挑战是被评价为带来机会而不是伤害的事件。像威胁一样，挑战激励人逾越带来压力的障碍。难度有助于挑战，如果任务太容易了，我们就不会有太大的热情去解决它。

除了评估意义的差异外，威胁和挑战之间的另一个重要区别是，当我们受到威胁时，我们会感到焦虑并采取自我保护的行动。威胁在我们和世界之间生成了一种负面和令人痛苦的信息。就像在受到挑战时那样，我们的心思从强有力地解决我们可以解决的问题收缩到保护自己免受伤害。对可能发生伤害的思虑削弱了我们解决问题的热忱，缩小了我们关注的范围，令我们表现欠佳。

然而，当面临挑战时，我们谈锋颇健，思维流畅，对要做的事情信心满满。我们热衷于逾越障碍，追求机会。与威胁不同，挑战是一种令人愉快、振奋而且带来收获的体验。

所以，你可以看到伤害、威胁和挑战在三个方面存在差异：一是唤起它们的评估不一样；二是我们感受的方式不一样；三是我们采取的行动不一样。比起伤害和威胁，我们都会更喜欢挑战。

在某种程度上，具体情况决定了我们是体验威胁还是挑战。有些情况，例如当我们受到批评时，我们许多人会感觉受到了威胁；而有的情况下，例如一个出名的机会，会让我们许多人感受到挑战。人格的差异，例如缺乏自信和揣测他人的恶意，也会使一些人比其他人更容易感到威胁，并更难以体验到挑战；而那些对自己和世界持更为积极态度者的模式则相反，他们更少受到威胁却更多体验到挑战。

创伤后应激障碍

心理创伤是指面对大量超出自身能力的需求而感到的无助，创伤还会损伤人的幸福感所依赖的珍贵意义。

一种被称为创伤后应激障碍（post-traumatic stress disorder，PTSD）的精神错乱状况可以用来解释这是怎么回事。患有 PTSD 的患者通常长期遭受严重焦虑之苦，这是患者对创伤最突出的情绪反应。不过，除此之外，长期的愤怒、内疚和抑郁也很常见。

遭受创伤的人的愤怒情绪告诉我们，他们把发生在自己身上的可怕事件归咎于他人或社会机构；其内疚情绪告诉我们，他们认为错在自己，或者责怪自己幸存下来而他人没有；其抑郁情绪告诉我们，他们不再抱希望重获活下去的幸福感和责任感。创伤事件后很久，有时是在其整个余生，创伤后应激障碍患者还会不断地体验到具有伤害性的恐怖经历情景，无法控制，他们也会尽量避免想到曾经发生的事情，但往往不奏效。

美国精神病学协会最新的《精神障碍诊断和统计手册》（*Diagnostic and Statistical Manual，DSM*）这样定义 PTSD 患者通常经历的创伤：[4]

> 个体经历了一个超出人类体验一般范围的活动……例如，对一个人的生命或身体完整性的严重威胁；对一个人的孩子、配偶或其他近亲或朋友的严重威胁或伤害；一个人的家庭或所在社区突然遭到破坏；或者目睹他人在事故或者暴行中被严重伤害或杀害的经过或结果。

考虑一下，比如，一个遭受身体和性虐待的孩子，或者一个男孩目睹母亲被闯入者强奸并杀害，而自己侥幸逃脱追杀。想象一下，你是目睹了家庭成员死于车祸的车祸唯一幸存者。这些情景可怕得难以想象，我们想都不愿意想。

理查德·S. 拉扎勒斯曾经治疗过一名大学生，他在十来岁的时候从学校回家，发现他寡居的母亲在壁橱里吊死了。而当天早晨在一次争吵中他曾赌气说过"我希望你死了"。他母亲在沮丧和绝望中满足了他的愿望。她的自杀除了表达她对于人生的绝望，还是对他的气话和她认为他不在乎她的一种报复。

就像小说《汤姆·索亚历险记》（*The Adventures of Tom Sawyer*）中的汤姆·索亚梦想着能看到自己的葬礼，葬礼上每个人都哭着诉说他是个怎样的好孩子一样，这位母亲的自杀毫无疑问表达了她希望儿子会为她的死感到难过这样的私愿。这种过激的行为和惊恐的发现给男孩留下了永恒的伤害，他长期遭受严重焦虑和内疚的困扰，无法施展自己的才能。他后来从大学辍学，状态一直不好。

虽然大多数创伤都是严重的，我们不难理解其带来的困扰，但其实创伤也可能只是因为某人特别脆弱，所以对别人来说小菜一碟的事情就能把他压垮。换句话说，有些事情在有些人看来是前进步伐中可以吸取教训的小事，如求爱被拒、自己的工作或性格被人指责，但有的人就会因为这样的事情受到创伤。

这种脆弱的原因很多。例如，当人对某个目标非常看重时，事情有一点不如意他就会觉得受到威胁。而如果目标不那么重大，事情不顺利也没什么。他们可能非常需要或许太需要被爱、被钦佩或者成功。另一个脆弱的原因是一个人对自己实现目标的能力缺乏信心。还有一个是认为世界充满敌意和危险，所以哪怕只是一点小的不如意也会被放大成灾难。这些导致脆弱的个人原因通常来自早期的生活经历。我们在第 2 章至第 6 章中的情绪困扰和问题中可以观察到这样的例子。

通常在极端创伤后随之而来的是突发意外、暴行、痛苦、恐怖、与无意义死亡擦肩而过，这些都彻底破坏了人对生活的安全概念。无论是儿童还是成人，这个世界都不再是仁慈的、有意义的或可控的，创伤令人不堪重负。想要恢复被摧毁的一切，必须重新树立信念，作为人生目标的基石。

大多数心理压力的情况都与生活斗争有关，这与那些导致创伤压力障碍的情况相差无几。在一般的压力情况下，需求仅仅索取我们应对能力的小部分；创伤表明需求超过了能力所及，因此拖垮我们，带来创伤。我们大多数人都会多次经受压力而且也不喜欢它，但不至于被拖垮。

压力的常见例子

压力在我们生活和工作中几乎无所不在。即使在类似度假这样令人愉快的情况下，我们也会体验到压力。压力的情况主要是两种类型：一类是生活重大事件（不常见），但是一旦出现就会对我们的心理状态发生重大影响；另一类是日常烦恼（很常见），会日渐消耗我们的美好意愿。

生活重大事件

系统地测量压力的最初尝试之一是列出一系列生活重大事件，这些事件常见诸杂志和报纸。[5] 它基于这样的理论，即我们生活中的重大变化打乱了日常，带来个人损失，需要重新调整，因而自带压力。在一个有关压力事由的大规模民意调查中，人们根据其要求调整的程度对事件进行了评估和排序——丧偶排第一，离婚排第二，结婚排第七。那些我们认为是好事（如婚姻）的情况也可能带来压力。我们还会补充这个名单中缺漏的不少生活重大事件，如孩子的夭亡。而有些看起来不是压力的事件同样会让人们付出代价，例如因为狗罹患绝症而给它安乐死。

尽管可以对普通人进行生活重大事件的压力调查，但这些事件的影响被发现存在很大的个体差异。例如，丧偶的影响取决于影响其个人意义的各种不同条件。

如果与配偶的关系很大程度上是负面的，心理上的损失就小于长期稳定、积极的夫妻关系。此规则的例外情况是丧偶增强了由于负面婚姻关系带来的愤怒和内疚的感觉。

死亡如何发生是一个重要的测量因素。可能是死于令人伤感的突发事故，或是苦于久病不治后的解脱。一个垂垂老者的死与一个正在盛年的人的死比起来，对心理的冲击可能要小些，当然并非绝对。

正如我们在讨论情绪时所强调的，人们对生活重大事件反应的不同源于两大原因：一是事件是如何被评估的，同一件事对于一个人来说可能是灾难性的，但对于另一个人来说只有轻微的损伤；二是应对事件的方式，有些人在对损失及其带来的威胁进行调整时做得很好，因为他们的应对能力更强。

让我们用离婚为例做进一步说明。离婚压力的大小取决于是否有孩子，以及当事人是希望并提出离婚还是恰恰相反。离婚后的事情也有很大决定性，在离婚后的应对过程中，人的心理状态是不断变化的。

许多离婚是成功的，因为离婚的一方或双方最终获得了与前一段婚姻一样或者更好的新的生活方式。然而，许多离婚由于当事人没有很好地应对损失而导致长期挥之不去的痛苦和茫然无措。如果我们在压力事件发生后就对调整状况进行评估，可能会发现一种相当胶着的状态，但随着时间推移会改善；相反，有的人当时看起来很好但后来很痛苦。

日常烦恼和积极体验

看似微不足道的烦心事实际上可能会带来巨大压力。这些烦恼包括找不到或者丢失物品、麻烦的邻居、社会责任、不识相的吸烟者、做饭、打扫屋子、外貌、父母年老的问题、与同事或上司的矛盾，以及金钱、健康或酒的困扰等等。[6]

人们在一天内、一周内或一个月内遇到的麻烦大相径庭。他们还将某些烦心事归为极度闹心，而将其他的归为可以忍受。长期淹没于大量的闹心事当中说明在日常生活中对压力管理不力。研究表明，那些在生活中要处理大量日常烦恼的人比烦心事少的人表现出更多的情绪压力和其他心理病症。[7]对于有的人来说，可能所有的要求都被认为是烦扰；但是对其他人而言，这些要求可以接受，甚至被当作生活的一部分一笑而过。

有些烦心事对于某个个体来说，比其他的麻烦更上心，因为它们直击其特定的弱点、锁定对个体重要的事务。在别人看来虽然这些事无关紧要，但对当事人来说却至关重要。即使在激发事件结束后，它们还反复在个体生活中出现并长期令人痛苦。[8]这种反复标志着这一个体似乎一次又一次地重复同样的错误，对不同情况下发生的事情建构同样的负面意义，或者是在意义评估正确的情况下不断放大其重要性。

一个小小的怠慢，比如有人对某人在社交场合所说的话不感兴趣，大多数人可能耸耸肩就忘了，但有的人可能就会连着好几天或好几周都难以释怀。像这样特别脆弱的人无法忘记一个小小的怠慢，这样的一件烦心事可能会损害这些人在社交关系中或工作中的行为方式，而这样的反应方式甚至可能伤害他们的健康。无法释怀的烦心事似乎比一般的烦恼对情绪平和更具有杀伤力。

带来压力的生活重大事件和日常烦恼之间存在着密切联系。带来压力的生活重大事件多少通过它们引发的日常烦心事对我们产生影响。丧偶或离婚又是一个好例子。两种情况都失去了配偶，最初的压力事件后孤独感或承担逝者曾经的事务成了日常的烦扰。孤独和性生活缺失在这两种情况中也很常见。

然而，丧偶和离婚分别带来截然不同的日常烦恼。例如，如果损失是死亡带来的，就没有离婚情形中的某些暗示，即我们在关系中失败了，或是对方抛弃了我们。然而，在离婚情形中，前配偶还活着，往往还在同一社区中生活，而且可能还不得不与对方联系处理孩子的事务。因此，虽然这两种形式的损失所制造的日常烦恼重叠交叉，但有很大的不同，其中有些内容，例如感到被抛弃、婚姻失败或不得不与对方联系孩子的事务，这些都会产生长期反复令人烦扰的心理效应。

关于日常烦心事的迷思之一是，当它们被积极正面的令人感觉良好的体验所制衡时，它们是否更容易忍受而不那么具有破坏性？我们所谓的积极体验，在压力研究中也被称为振作，包括与同事友爱相处、愉快的亲子活动、外出就餐、旅行、闲暇时光、被称赞，甚至睡个好觉。同一个人可能会经历很多日常烦心事，但也会有许多积极的、令人振奋的体验。[9]

这些积极的经历克服了烦心事烦扰的负面后果了吗？人们想当然是这样的，就像良好的社会关系往往会缓冲压力的负面影响。但是，到目前为止，有关证据并不完全一致。

工作和家庭中的压力

心理压力往往出现在我们花费时间最多和承担责任最多的活动和场景中——工

作和家庭方面表现得最为突出。

在工作中出现的不同类型的压力[10]可以被分为多个类别。第一种是工作负担过重，例如在工作时间内任务太多、在工作中频繁被打断、经常被催促截止日期、不得不因为其他事务拖延重要的职责。

第二种是角色模糊，例如职责不明晰、工作的优先顺序不明、职权范围不清、对工作情况反馈甚少。

第三种是未来的不确定性，如不知道工作能干多久、对事物发展感觉无力，以及公司发展不明朗，因此工作缺乏保障。

其他工作压力来源包括缺乏对工作的权威、组织内部关于工作程序的冲突、令人不快的同事，以及由于技术变革给工作带来的技术难题。这个列表不会穷尽工作中所有的压力来源，它因人而异，但它包含了在工作中最常见的引发心理压力的情况。

家庭中的压力来源聚焦于在家里发生的事情，也分不同的情况。有的集中于夫妻矛盾，如对金钱的控制、性生活、感情的表达和育儿方式。

对孩子的照顾和管教是带来压力的另一个家庭来源，不仅困扰父母而且困扰孩子。家庭内部的竞争也是儿童和父母的压力来源。

夫妻关系不好虽然不像离婚那样是热门研究对象，但它可能是家庭压力的源泉。有充分的理由证明夫妻关系如果出现严重问题，对于婚姻模式和孩子来说会比离婚更糟糕。

家庭在组织和功能方式上差异非常大，所以压力的主要来源也差异很大。如今，非传统家庭越来越多，特别是单亲家庭，单亲家庭如果不依赖福利生活就必须有人出去工作谋生，同时承担照顾孩子和做家务的任务。

特别重要的是，如今大部分婚姻都存在工作与家庭义务之间平衡的冲突。这在夫妻双方都外出工作的家庭中相当突出。在这种情况下，妻子和丈夫都面临很大的要求。谁去做饭和打扫卫生，多久一次？谁照顾和管教孩子们？家庭中这些冲突的解决方案可能很好也可能很糟糕。

夫妻都工作的麻烦通常集中于丈夫和妻子各自的价值和责任。对于丈夫而言，通常把主要责任放在事业上，致使夫妻关系遇冷。尽管并非绝对，但妇女通常更侧重家庭关系和亲密关系，往往失望于丈夫对其情绪要求的冷漠，她们可能希望把问题提出来解决，但做丈夫的可能想躲避。丈夫在家的根本目标是家庭和谐，所以在这样的张力下的常见模式是被迫无奈时采取防守和生闷气，结果往往是沟通失败和双方挫败感加深。[11]

关于工作和家庭中的压力最有趣的问题出现在家庭和工作场所重合的情形。工作压力可以渗入家庭，家庭的冲突也可能会干扰工作。有的夫妻善于将两者分开，很少或从不让一个场合的压力影响另一个。回到家里就放下工作的问题，家庭问题与工作关系分离。我们需要了解那些成功案例是如何实现这种场域的分离的。

但是，当工作或家庭压力特别大而给心理带来损害时，分离它们可能变得困难甚至不可能。在第 2 章中，我们就看到了一个工作面临危险的丈夫，回家遇到妻子因为他关心不够而怒火中烧的故事。

作为主观状态的压力

在第 7 章中关于压力的现代理论提出一个观点，这个观点常被称为主观方法，它关注个体如何建构正在发生的事情。你将记住这个观点的两个主要概念：一个是评估，即个体评估实践对于个体利益的意义；另一个是应对，即个体尽量控制伤害、威胁和挑战。

研究心理压力的一大难题是压力难以在实验室中产生并在其发生之际进行仔细研究。如果人们试图在自然环境下对它进行研究，它通常在观察之前就结束了，我们就只能依赖于被试在事后的述说。然而，记忆并不可靠而且容易被各种防御态度所歪曲。如果我们在压力体验时不在现场，我们就无法衡量因压力而发生的生理变化。

为了尽可能在自然状态下研究心理压力，理查德·S. 拉扎勒斯通过紧张的电影来唤起参与研究的大学生的反应。[12] 电影让我们可以在人遭遇压力时现场测量反应。电影利用了人们对故事主人公烦恼的共情这一自然法则（见第 6 章）。

在电影放映期间，理查德·S. 拉扎勒斯和同事持续监测压力作用下反应显著的心率和皮肤电阻的变化。心率在压力下自动急剧上升，皮肤电阻显著下降，因为汗腺在压力下反应增强。我们还会定期让被试坐在舒适的椅子上独自看完电影，然后对影片中的不同点进行压力的评估。[13]

我们最喜欢用于压力研究的电影之一是一部黑白商业电影，其目的是为了培训木工车间的工人以加强风险意识和安全程序。电影开始时有一段紧张的片段，一名叫斯利姆的工人意外被锯床里飞出来的木板刺穿腹部。他在工厂地板上挣扎着死去。在这个戏剧性的开场之后，一名工头出来讲提高安全防护意识的重要性，事故前的斯利姆出现在镜头中，他漫不经心地操作，工作台上堆积了很多废木屑。他成为有关工厂安全操作方面的反面教材。

在同一部电影的另一起事故中，一名叫阿曼德的工人正在操作铣床，很显然他的右手少了中指。讲解的工头指出阿曼德因为在事故中失去了手指，所以深谙谨慎操作的重要性。然后观众看到一组闪回的镜头，那时他的手指是完好的。现在被试知道事故即将发生。当阿曼德的手离铣床的刀片越来越近的时候，被试也越来越为即将看到的场面焦虑。跟预期一样，突然，阿曼德的手指被切断，鲜血四溅，他捂着手指，痛苦而惊愕，然后这一幕结束了。

观看这部电影对大多数被试来说非常紧张，心率和皮肤阻力变化显著，他们也表示感到相当紧张。研究人员想了解影片中发生的事情被评价的类型是如何影响它所产生的压力水平的。所以在被试观看影片之前给他们看特定的导读，调节他们对影片中的事件的评价。

有三种不同类型的导读，分别传递不同的信息，以区别没有导读内容的影片，提供进行控制和对比的条件。想象一下你自己坐在一张舒服的椅子上——椅子上挂满了电线来测量你的生理反应——准备好观看一部被认为令人紧张的电影。

在第一种情况下，被试观看影片之前没有听到任何内容，它是为了与有导语条件下的观影进行对照。如果你是这个组的被试，你观看影片时没有任何影响影片理解的导引，这是控制组。

　　如果你在第二组中，研究人员提前播放导语。解说会告诉你影片中描述的事件并非实际发生，而是有专业演员模拟表演的。这是否认组。它旨在为即将到来的紧张场面提供一种宽慰，或者说，是为了引导被试做出更良性的解释和评价。当然，否定的话语是真实的，因为不可能有人准备好镜头等着拍摄并不常见的事故，这些事故都是演出来的。

　　如果你被分到第三组，解说会告诉你这是用于培训人们避免事故的一个有意思的策略。这是疏离组。它旨在帮助被试通过对痛苦事件进行纯粹的学术分析来获得心理距离。这就是医生或科学家在探究人类苦痛的来源并试图理解它们时的做法，他们不会投入其中产生情绪反应（第 8 章讨论了作为应对方式的疏离）。

　　在第四组中，解说会描绘你即将看到的可怕痛苦经历。这是创伤组，它旨在强调心理压力的主要来源，从而增加被试的压力程度。

　　结果表明，被控制的观影意义的评价显著影响了压力反应的强度。与没有特殊引导的控制组相比，否认组和疏离组的生理测量和主观评价都显示压力水平下降。心率和皮肤阻力，以及对压力水平的主观评级，在整个观影特别是事故场景过程中都表现出较低水平。与控制组相比，创伤组的水平显著增高。虽然所有被试观看的是同一部电影，但对它的评价以及由此而产生的压力水平一起被改变了。

　　另一个实验也运用了影片中阿曼德手指被切的闪回画面。研究人员挑出电影中阿曼德的事故，通过仔细剪辑和拼接创建了事故的两个版本：一个是较长版本，被试在事故发生之前等待了 18.75 秒；一个是较短版本，被试只等了 6.67 秒。漫长的等待被称为悬疑组，而较短暂的被称为意外组。一些被试看较长版本，其他被试看较短版本。

　　一个主要问题是：被试等待预期事故的时间不同是否会产生影响？你认为意外组和悬疑组哪个压力会更大？第二个问题是：手指截断场景中的哪个点压力水平最高？你怎么想？

　　回应第一个问题，意外组（较短版本）被试看到事故产生的生理变化达不到悬疑组（较长版本）的压力水平。换句话说，意外产生的压力远低于悬念。这与牙医决定给我们注射奴佛卜因时的经验类似。他闪电般飞快地把针头扎进去，我们都来不及产生什么焦虑。如果他动作慢点，我们就可能有足够的时间意识到这将是一个非常难受的经历，有些患者可能会因为注射的问题而决定放弃治疗。

关于第二个问题，你可能推测观看到手指被切断的那个场景是观影体验中最为紧张的，非也。观众看到手指被切断之前是紧张的最高点。在可怕事件发生之时，压力水平已经开始下降。并不是看到事件的时候更可怕，而是预期要看到它远比真正看到它更为可怕。

作为一个题外话，悬疑作品提出许多令人着迷的心理学问题。例如，观看这段阿曼德的影片似乎远比意外看到斯利姆被圆锯飞出来的木屑刺穿更为紧张。毫无疑问，这是因为悬疑。但是否所有悬念都一样呢？在阿曼德的事故中，我们多少知道阿曼德会发生什么而他自己并不知道，这增加了另一种维度的心理压力。我们可以预测阿曼德即将遭受的灾难。我们同情阿曼德，这给这个故事一种特殊的伤痛。其他悬念实例没有牵扯到这样的预知。

悬疑可以通过许多有趣的心理形式体现，电影制作人用它来提高戏剧性，如悬疑片导演阿尔弗雷德·希区柯克（Alfred Hitchcock）通常有强烈的直觉，知道如何操纵这些形式的悬念来唤起观众的情绪。在我们所描述的研究中，压力水平可以进行客观的分级，从而可以解释为什么希区柯克会如此成功。

但是，让我们回到一个人不得不等着某件不好的事情发生的时间长度上。这件事远不止这些。在这个影片的研究中，人们等着一件可怕事情发生的时间，即使在悬疑组，都是非常短的，短到做不出太多应对。对压力做出心理应对可能需要比这更长的时间。

顺便说一句，我们发现被试可能会闭上眼睛不看事故。这是很多人在遇到他们觉得难以接受的电影镜头时会采取的一种应对方式。然而，对于将发生的事情的好奇是一种非常强烈的冲动，就像在实验的社交情境中，实验操作者希望你能睁着眼睛。实际上在这项研究中也没有被试闭上眼睛；相反，被试通过推断即将让他们做的事情来进行应对。

通过推断来应对即将发生的事情需要花费不止几秒钟的时间。实验者想知道在等待糟糕的事情发生时以情绪为中心的应对需要多长时间。因此，伯克利压力与应

对项目 [14] 的一个成员设计了一种完全不同的实验。所有自愿的被试知道要受到电击的威胁并单独接受了测试。他们坐在椅子上，正前方放有一个时钟，并被告知他们会在某段时间内受到非常痛苦的强电击。

等待的时间会显示在被试面前的屏幕上。屏幕上写着"即将电击"，被试可以看着时钟判断电击会多快发生。有些被试要等待 30 秒，其他的分别是 1 分钟、3 分钟、5 分钟或 20 分钟。实际上，不会真的有电击。仅仅预测电击就足以产生压力。在实验结束时，实验者告知被试整个实验及其目的，并询问被试在等候期间有什么想法。

与之前的研究一样，被试身上会佩戴测量其心率和皮肤阻力的仪器。不同等待时长的结果令人惊奇。实验发现，等待 30 秒或 1 分钟的压力水平很高，但 3 分钟和 5 分钟较低。然而，等待 20 分钟时，压力水平再次在约 7 或 8 分钟后开始上升。

这些差异的原因与在等待期间被试的想法有关。在 30 秒和 1 分钟的等待中，被试只来得及知道他们将接受痛苦电击的事情。正如一个被试所说："没有足够的时间来思考太多事情。"

然而，那些等待 3 分钟和 5 分钟的被试有充裕的时间思索预备即将到来的电击，这些思考是现实的。他们心想："我之前有过电击的经验，也不是那么糟糕，倒是等着被电击的时候很难。""我能看到电击是由感应线圈电池产生的，我相信不会太痛苦。"或者"我确信一位大学教授不会被允许真的伤害我，这事不会这么糟糕。"实际上，如果被试有足够的时间对情况进行分析，那么他们的新评估不会那么糟糕。所以，回到意外和悬念的差别，如果悬念的时间足够长，一个新的程序即应对开始发挥作用。不过，在影片研究当中，18 秒多的时间不足以提供这个应对的机会。

那么，在压力水平再次升高的 20 分钟等待期间，被试在想什么呢？为什么等待相对长时间的压力比等待适度的大？调查结果表明，长时间的等待似乎为即将到来的电击带来了不祥的意义。情况的意义发生了变化，被试再次开始考虑，使得宽慰变得困难或者不可能。他们会认为，人如果为什么事情呆呆地等这么久的话，这件事情肯定不小。实际上，长时间的等待降低了事情可以被解决这样令人安慰的想法或新的评估。

所有这些研究以及其他更多的研究一次次地证实，决定压力水平的是一个人评价事件的方式，而不是事情本身。同样，在情绪中，思考是影响情绪的种类和强度以及应对潜能的重要动因。这样的研究提供了莎士比亚在《哈姆雷特》中洞见的现代版本："世上万事本无善恶，就看你怎么想。"（见第 7 章）

心理压力和情绪

压力远比情绪更简单，因为它通常以单一维度的术语进行衡量。即使像我们所做的那样，对它进行复杂的研究，把它分为伤害、威胁和挑战三种类型，它仍然比情绪更简单。压力概念并不关注人与环境的紧张关系引发的诸多不同情绪。在前述影片研究中，人们只知道评价降低或提高了压力的水平，丝毫不知道对压力的反应是否属于 15 种情绪中的一种，例如焦虑（"我会经历痛苦"）、愤怒（"那可恶的家伙"）、羞愧（"如果我做得不好怎么办？"）、骄傲（"我很坚强"），等等。

这里的问题是，到目前为止，我们一直认为心理压力和情绪是相互独立的话题。然而，你可能已经感觉到，这两个主题是密切相关的。对我们大多数人来说，压力会引发痛苦的情绪，包括坏情绪（愤怒、嫉羡和嫉妒等）、与存在相关的情绪（焦虑、内疚和羞耻等），以及不利的生活环境带来的情绪（如解脱、希望和悲伤）。

通过查看第 2 章至第 6 章中的案例，我们能够检审在压力遭遇中经历的情绪，并辨识压力范畴内的许多不同类型的情况和个人意义的丰富信息。这就是为什么在这本关于情绪的书中也会有压力的主题。个人意义是压力和情绪的共同基础，但 15 种不同的情绪大大拓展了这些意义的范围，对经历它们的个人更具指导意义。

我们经历的情绪，包括压力情绪，让我们了解自己。我们可以从中获知自己终生的目标和信念，以及我们在努力理解和适应世界的过程中反复做出的评价。它们还揭示了我们在应对引发这些情绪的情况时所喜欢采用的策略，以及它们对个人和社会的影响。在下一章中，我们将讨论情绪、引发情绪的关系以及我们应对情绪的策略对我们的健康是有害还是有益。

参考文献

1. Roskies, E. (1983). Stress management: Averting the evil eye. *Contemporary Psychology, 28,* 542-544. Quote on p. 542.

2. See an account by Hinkle, L. E., Jr. (1973). The concept of "stress" in the biological and social sciences. *Science, Medicine & Man, 1,* 31-48.

3. Mason, J. W., Maher, J. T., Hartley, L. H., Mougey, E., Perlow, M. J., & Jones, L. G. Selectivity of corticosteroid and catecholamine response to various natural stimuli. In G. Serban (Ed.), *Psychopathology of human adaptation.* New York: Plenum.

4. American Psychiatric Association. (1987). *Diagnostic and statistical manual of mental disorders.* 3rd ed., revised. Washington, DC: APA.

5. Holmes, T. H., & Rahe, R. H. (1967). The social readjustment rating scale. *Journal of Psychosomatic Research, 11,* 213-218.

6. See Lazarus, R. S. & Folkman, S. (1989). *Manual for the study of daily hassles and uplifts scales.* Palo Alto, CA. Consulting Psychologists Press.

7. Lazarus, R. S. (1984). Puzzles in the study of daily hassles. *Journal of Behavioral Medicine, 7,* 373-389.

8. Gruen, R., Folkman, S., & Lazarus, R. S. (1989). Centrality and individual differences in the meaning of daily hassles. *Journal of Personality, 56,* 743-762.

9. Lazarus & Folkman, 1989.

10. Dewe, P. (1991). Measuring work stressors: the role of frequency, duration, and demand. *Work & Stress, 5,* 77-91.

11. See Gottman, J. M., and Levenson, R. W. (1992). Marital processes predictive of later dissolution: Behavior, physiology, and health. *Journal of Personality and Social Psychology, 63,* 221-233; also Gottman, J. M. (1993). The roles of conflict engagement, escalation, and avoidance in marital interaction: A Longitudinal view of five types of couples. *Journal of Consulting and Clinical Psychology,* 61, 6-15.

12. This research is accurately summarized in Opton, E. M., Jr. & Lazarus, R. S. (1966). The use of motion picture films in the study of psychological stress: A summary of theoretical formulations and experimental findings. In C. Spielberger (Ed.), *Anxiety and behavior* (pp. 225-262). New York: Academic Press; and in Lazarus, R. S., Averill, J. R., & Opton, E. M., Jr. (1970). Towards a cognitive theory of emotion. In M. Arnold (Ed.), *Feelings and emotions* (pp. 207-232). New York: Academic Press. I have taken some liberties with the exact details of the research in order

to present a more readable account.

13. In the account of this research, we have brought together a number of studies instead of describing a single one in order to summarize what we did. This distorts some of the details of individual studies but not the main findings and conclusions. For actual details, see Speisman, J. C., Lazarus, R. S., Mordkoff, A. M., & Davison, L. A. (1964). The experimental reduction of stress based on ego-defense theory. *Journal of Abnormal and Social Psychology, 68,* 367-380; also, Lazarus, R. S., & Alfert, E. (1964). The short-circuiting of threat by experimentally altering cognitive appraisal. *Journal of Abnormal and Social Psychology, 69,* 195-205.

14. Folkins, C. H. (1970). Temporal factors and the cognitive mediators of stress reaction. *Journal of Personality and Social Psychology,* 14, 173-184; see also Monat, A., and Lazarus, R. S. (1976). Temporal uncertainty, anticipation time, and cognitive coping under threat. *Journal of Human Stress, 2,* 32-43, for a related experiment.

Passion
and
Reason
Making Sense
of Our
Emotions

第 12 章
情绪与健康

对情绪（以及压力）的科学和专业感兴趣的一个主要原因是，我们相信情绪生活可以促进健康或带来病痛。虽然病痛和疾病之间的区别并非技术范畴，但我们通常将"病痛"一词留给短期的功能性疾病和症状，例如我们常常可以痊愈的呼吸道感染、疼痛、痛苦、抑郁和缺乏活力。另一方面，疾病指的是组织的结构性损伤，如胆固醇斑块引起的动脉堵塞（动脉硬化）和癌症。同样，常用的"微恙"和"紊乱"这两个词在这一区别上模棱两可。

本章的主题来自两个关键问题。第一个问题是情绪是否会导致病痛和疾病。如果第一个问题的答案是肯定的，那么第二个问题就是情绪如何影响健康，或者说，有关心理和生理的机制。

情绪是否会引发疾病

情绪引发疾病的观点有什么证据支持吗？围绕这一理念的问题有趣、令人困惑、引发争论。我们将首先尝试介绍在心身疾病、感染性疾病、心脏病和癌症这四种疾病中所发现的有关情绪的因素，然后讨论可以解释其影响的心理和生理机制。近年来发表的研究成果太多难以一一述及，但我们可以选择一些代表性的研究。

心身疾病

压力导致的疾病称为心身疾病，这些疾病也被称为应激障碍。心身症状是指心理原因引起的身体症状，因此"心身疾病"这个术语将心理与躯体（身体）综合在一起。

某些疾病传统上被认为是心身疾病，因为它们对压力特别敏感。目前所有身体疾患中与压力有关的、最常见的是各种胃肠道疾病，如消化不良、日常腹痛和肠道问题。

考虑到一些疾病不仅有心理原因，也有遗传和体质原因，传统的心身疾病名单（这意味着医学研究人员看待它们的方式）包括结肠炎（频繁腹泻，可能伴有便秘）、溃疡（胃或十二指肠病变）、偏头痛（伴有恶心的严重头痛）、紧张性头痛和其他几种心身状态更复杂、更不确定的疾病，如高血压症（高血压）、哮喘（急性呼吸困难）和多种皮肤疾病。

这个名单很快就可以扩大到普遍的疾病范围，因为今天我们有理由相信任何疾病都会受到压力情绪的影响。例如，最近的研究表明，在压力条件下，病毒携带者可能会爆发疱疹。在某些例证中，压力会加剧疾病，即使心理问题不是主要原因。在其他例证中，心理压力被认为是主要原因。

从 20 世纪 20 年代到 50 年代，精神分析是人们解释这些疾病的主要方式。[1] 据说每一种心身疾病都是由一种特定类型的心理冲突引起的，并通过特定的症状模式表现出来。

精神分析学家弗朗茨·亚历山大（Franz Alexander）[2] 是公认的心身疾病精神分析方法的先驱。专攻研究的心理学家 D.T. 格雷厄姆（D. T. Graham）[3] 后来发表了对心身障碍的一项重要研究，该研究集中在个人通常不自知的心理冲突上。例如，溃疡性结肠炎患者感到羞辱，原发性高血压患者经常有危机感，十二指肠溃疡患者苦于无法获得他认为应该获得或拥有的东西。虽然格雷厄姆与亚历山大的论述有交叉，但他的版本更清晰、更具体，因此我们用它来展示精神分析方法。

格雷厄姆理论的基本原则表现在两个方面：其一，每一种心身障碍都属于某种情绪；其二，每种情绪都有其独特的生理现象，这有助于解释身体症状是如何产生的。为了测试这些基本原则，格雷厄姆让一部分精神科医生访谈心身病患者，另一部分精神科医生从访谈记录中诊断患者的主要心理冲突。无论是最初进行访谈的还是后来进行诊断的精神科医生都不知道将心理冲突与机体障碍一一对应的具体假设。

诊断医生的任务是从访谈片段中发现的心理冲突中猜测患者的机体障碍。诊断者们能够准确完成任务，也就是说，他们总是能证实格雷厄姆理论的假设，这绝非偶然。实际上，患者似乎可以被归类为溃疡人格、结肠炎人格、哮喘人格等，每种人格都有其特定的态度冲突。

然而，由于方法论的不完善，多年来积累的证据往往相互矛盾，给从事科学研究的专业工作者留下了许多疑虑。早在 20 世纪 50 年代，关于每种疾病都有其特定心理原因的假设就开始受到越来越多的质疑。广为接受的观点是，任何冲突或压力源都会产生共同的生理变化，如果持续时间过长，这些生理变化可能会导致疾病。[4]但是，为什么有人会因压力而患上不同的疾病，而有些人即使压力很大也似乎对这些疾病有免疫力，这个问题仍然有待解释。

修正后的解释是，心身疾病患者要么生就一副脆弱的器官系统，要么后天机体功能退化。据说，不论可能导致压力的心理冲突的性质如何，压力只会在下肠道（即大肠）脆弱的结肠炎患者身上产生肠易激反应。同样，胃痛和溃疡仅见于处于压力下的上消化道（即胃和十二指肠）脆弱的患者，其他心身疾病（如头痛、高血压、哮喘和皮肤问题等）也是如此。

我们注意到，近年来"心身疾病"一词已被扩展到任何可能由于情绪原因或因压力情绪而加重的疾病，而不仅仅是那些最初被称为心身疾病的疾病。[5]这种推理促使研究者对感染性疾病、心脏病和癌症的情绪因素进行了广泛的追踪研究。

这些研究工作集中于一门名为心身医学的学科，有时也被称为行为医学或健康心理学。这些学科都基于这样一个原则，即包括情绪模式在内的某些生活方式对健康有害，而通过改变生活方式可以在一定程度上控制甚至预防疾病。我们在第 4 章中讨论希望时提到的癌症患者爱丽丝·爱泼斯坦的案例故事中，主人公努力改变那些被认为导致疾病的生活方式。我们在讨论中略过了饮食、锻炼、吸烟和饮酒这些健康心理学感兴趣的最重要的生活方式之一，而只关注了一个生活方式因素，即情绪。

感染性疾病

免疫过程长期以来一直被认为可以保护我们的身体免受细菌和其他有害物质的侵害。我们对免疫过程的不断认识和了解，对感染性疾病（如感冒、流感、单核细胞增多症）中情绪因素的作用的研究无异于一剂强心针。但免疫系统是如何做到这一点的呢？第一个突破出现在几十年前，当时所谓的白细胞被认为是人体感染防治大军的中流砥柱。但经过积极的研究，人们现在知道我们的免疫系统比之前想象的要复杂得多。例如，我们认识了免疫系统的许多独立但相互关联的组成部分，如吞噬并杀死细菌的淋巴细胞（白细胞）、T 细胞、B 细胞和许多类型的白细胞，所有这些细胞共同对抗各种疾病。

虽然我们今天对免疫系统及其工作原理的理解比几年前要精细得多，但仍有许多未解谜团。我们不必追究这个系统的细节就可以理解，情绪最可能导致感染的方式是影响免疫过程。[6]压力情绪下分泌的某些激素通过减少可用的抗病因子［如淋巴细胞（白细胞）］的数量来损害或削弱免疫过程，从而使人更容易受到感染。有的激素或许可以恢复或加强免疫过程，但我们对此所知甚少。

最近一些有关压力对免疫系统影响的研究表明，长期的压力会削弱免疫系统抵抗感染的能力。例如，已经证明，不合群的学生对感染的免疫反应不如合群的学生。此外，那些因为爱人逝去而感到悲伤的人的免疫力也有所减弱。虽然还可能有其他原因，但这可能是许多人在配偶去世后一年左右死亡的原因。

研究表明，人类免疫缺陷病毒（HIV）阳性患者的应对方式会影响免疫系统，从而影响他们在多长时间内可能发展成全面的艾滋病。被动应对方式（即接受的和协作的）患者的淋巴细胞计数较低，这意味着他们的免疫系统比主动应对方式（即自信的和强有力的）的患者弱。[7]

但从压力到应对疾病这个过程的步骤是什么？我们能追踪影响免疫系统的行为因素吗？如果我们要设计一项研究来了解这些步骤，我们该如何开始呢？

第一步可能是评估压力情绪是否会导致激素变化。一项针对瑞典男高中生的研究就是这样做的。[8]学生们面临一场大考（即压力事件），老师根据他们的学业情况进行了评分。研究结果显示，在这种压力下，志向大的男生确实比同一班级中参加相同测试的其他男孩分泌更多的肾上腺素。这项研究特别有趣的是，比起那些非常关心学业的男生，不太在乎学业成功的男生在考试中承受的压力更小，分泌的肾上腺素也更少。我们可以得出结论，志向大的男生承受着更大的压力，这增加了血液中的肾上腺素水平，如果持续时间过长，可能会损害他们抵抗疾病的免疫系统的有效性。

那么我们如何知道压力是否会导致免疫系统的改变呢？这是研究的第二步。一些有关这一问题的研究已经在非人灵长类动物身上进行。例如，最近的一项研究对猴子的社交行为进行了为期26个月的观察。[9]科学家们特别关注猴子如何与另一只猴子建立并保持适当的社会关系。这些关系中有一部分是稳定的，因而起到支持作用；其他则不稳定且引发社交排斥的压力。科学家们还观察到T细胞免疫活性，这些T细胞代谢入侵细菌的碎片，从而具有识别入侵者的敏感性，最终杀死并吞噬入侵者。

研究发现，与其他猴子的稳定关系增强了T细胞免疫活性，而不稳定关系如关系破裂则抑制了免疫系统活性。我们还不能依据这些数据断定这种抑制是否也会导致疾病增加，但大多数研究人员相信它会。

但是，压力情绪会增加感染性疾病的风险吗？这是研究的第三步。这种作用在一项针对西点军校学员的研究中得到了证实，这些学员患有传染性单核细胞增多症，即所谓的学生病。[10]研究人员发现，与未患病的学生相比，患病的学生表现出明显的高学习动机和低学习成绩的组合。显然，当你非常想做得好时，没做好的压力会增加感染性单核细胞增多症的风险。同样地，如果你不太在意，你的压力就没有那么大，也就没那么容易生病。遗憾的是，研究人员没有涉及免疫过程或可能影响这一过程的应激激素。

第四步正如谢尔顿·科恩（Sheldon Cohen）及其同事最近的一项引人注目的研究所示，压力情绪会削弱免疫过程，并增加鼻病毒感染普通感冒的可能性。[11] 他们测试了大量健康状况良好的男性和女性在过去一年所经历的压力程度。然后，让他们通过鼻腔接触到一种感冒病毒。

研究发现，被试承受的压力、感冒发病率和免疫系统的变化之间存在直接关系。与低压力被试相比，高压力被试更容易感染鼻病毒，而血液中携带鼻病毒的被试的免疫系统减弱，证明他们已被感染。实际上，被试报告的压力越大，其因接触鼻病毒而感染普通感冒的可能性就越大。虽然这项研究没有检测激素的情况，但它是证明感染性疾病和免疫系统的变化受到压力的影响最有力的实验证据之一。

遗憾的是，感染性疾病领域的碎片化研究令我们所获取的知识不如人意。如果能在同一项研究中综合我们在这本书中所研究的四个变量——压力情绪、压力产生的激素（如肾上腺素、去甲肾上腺素和皮质类固醇）、免疫系统和感染性疾病，则更能说明问题。

就目前情况而言，我们知道一些有说服力但独立的事实，这些事实并不完全相关，即压力情绪会增加某些激素的分泌，削弱免疫系统，这种虚弱会增加感染疾病的可能性。等到哪天当这四个变量综合在同一项研究中，我们将更为笃定地获知这些长期被猜测的关系的证据，以及有关它们运行的知识。

心脏病

步入工业化社会后，我们人类的寿命大大延长了，随之而来，心脏病却成了导致死亡的主要原因。对于那些一直致力于减少或预防心脏病发作致死的人来说，令人鼓舞的是，虽然从1920年到1960年心脏病发作的死亡率急剧上升，但此后急剧下降。比率下降的原因不好分析，但这种变化通常被归因于生活方式改变，如改变饮食习惯、加强锻炼和戒烟所带来的积极效果。然而，这种解释在很大程度上仍然是猜测。那么，情绪在其中扮演了什么角色呢？

认为情绪与心血管疾病有关至少有三个理由。第一，压力情绪会增加低密度血液胆固醇的水平，据说这是导致心脏供血动脉堵塞的主要原因之一。这种堵塞是心脏病发作以及其他疾病的主要因素。

第二，压力情绪会导致不正确的应对行为，这些行为本身会损害心脏及其周围的血液供应。例如，在一定程度上，人在压力下吸烟过度、吃得不够、吃得过多、不当饮食或饮酒过量，他们患心脏病和心脏病的风险也会增加。

第三，压力情绪会导致肾上腺素等强势激素进入血液，显著增加心率和血压。再加上心血管系统的疾病，这些对心脏的要求可能会使人在压力下出现急性心血管危机，从而引起猝死。这引起了广泛关注，人们认为压力情绪对心脏病和心脏病发作都很重要。

压力下的生活方式会导致心脏病，这个观点在医学上早就存在。19 世纪，一位著名的医生威廉·奥西尔（William Osier）爵士这样评论犹太商人，[12] 在他看来，犹太商人似乎就是那种由于情绪和生活方式而特别容易罹患心脏病的典型代表：

> 犹太人生活紧张，工作全神贯注，对爱好全身心投入，热爱家庭，他们的充沛精力被消耗到了极致，身体系统承受着压力和紧张，这似乎是许多心绞痛病例（心脏动脉狭窄引起的疼痛）的基本因素。

在这篇当年的文献中，我们可以看到我们现在称之为 A 型人格的模式，这一观点最近备受学术界和媒体关注。奥西尔笔下的犹太商人是他的患者，其实这描述也普遍适用于我们所有人。虽然近年来人们不再那么热衷于 A 型人格与心脏病之间联系，但它一直是心脏病的心理学疗法的支撑，值得深入讨论。它还说明了一些关于压力情绪和疾病的研究问题。我们很快就会看到，关于这种联系的新观点正在涌现，对于许多科学家来说，它们似乎比最初的 A 型人格文献更具前景。

当代对于 A 型人格的兴趣始于 20 世纪 50 年代在旧金山工作的两位心脏病学家——迈耶·弗里德曼（Meyer Friedman）和雷·罗森曼（Ray Rosenman），[13] 他们将心脏病患者分为 A 型和 B 型：A 型的特点是过于强调时间紧迫性、竞争和敌意；B 型则表现出相反的模式，对生活的看法较为放松。类型通过访谈来确定，访谈时研究人员更为关注被试回答问题的方式而不是回答的内容，如喜欢打断或爱争论的倾向。

这种访谈方法后来被一位关注生活方式和健康研究的心理学家 C. 大卫·詹金斯（C. David Jenkins）整理为一份问卷，[14] 他与合作者用弗里德曼和罗森曼提出的时间紧迫性、竞争和敌意这三种品质来描述冠状动脉疾病易发的行为模式。在被试对问卷的回答中可以发现这种倾向性。

例如，关于时间紧迫性的问题集中在"如果有人迟到你会怎么做"。你是会坐着等，还是在等待的时候四处走动，或是在等待的时候带着阅读材料完成一些事情？最后一个选择尤其说明了一种不耐烦和时间紧迫感。有些问题例如"大多数人认为你争强好胜还是随遇而安"，还有一些问题是关于敌意的倾向，尽管我们更愿意说成愤怒。

一项对数千名男性进行了八年半随访的著名研究就使用了这种评估方法。尽管数据中存在某些异常，但研究证实了访谈测量和调查问卷的结果，A 型男性患冠心病的可能性大大高于 B 型男性。后来的研究表明，女性也同样如此。然而，后来的几项前瞻性研究未能证实早期关于 A 型人格与心脏病关联的发现。我们不了解具体原因，但这对我们所认为的重大知识进步不啻为一种打击。

从积极的一面来看，许多实验研究虽然没有聚焦于心脏病本身，但提供了间接证据表明 A 型人格与 B 型人格对压力情绪的反应不同，而且似乎与 A 型人格理论一致。在一项研究中，大学生被试在运动到其极限后，A 型人格所表述的疲倦度低于 B 型人格，这说明 A 型大学生被试哪怕在否认疲倦感这一点上也对自己要求甚高。

在其他一些实验的基础上，同一位研究者 [15] 进一步提出，A 型在压力情境中更具控制和掌握的能力，但在无法控制的情境中，他们比 B 型更容易因失去控制而放弃。这种反应模式可能对压力下分泌的激素产生重要影响，并因此使 A 型人格更容易罹患心血管疾病。尽管 A 型人格理论仍有其追随者，但人们基于后续研究对 A 型人格与心脏病关系的真实性和效用性提出了质疑。

对 A 型现象的一种新的思考是关注增加心血管风险另一个可能的关键因素。例如，有人提出，原因是来自令人沮丧和带来痛苦的工作的压力，而不一定是时间紧迫性。这或许可以解释为什么热爱工作及其压力的人不存在心血管的风险。

最新的一个假说，也是目前备受关注的假说认为，愤怒是心脏病的情绪原因，而之前的 A 型人格理论没有强调这一点。为了评估这一点，将易怒倾向与其他 A 型人格特征分离进行单独研究。大量研究表明，愤怒会引发心脏病。然而，有关这一点的论据也是喜忧参半。一些研究发现，引发问题的不是愤怒的强度，而是愤怒的频率。[16] 换句话说，经常生气的人可能风险更大。

但是，罪魁祸首是愤怒还是人控制愤怒的方式？有人提出，抑制愤怒是导致心脏病的重要心理因素。一项研究获得的访谈数据（访谈过程中多次测量血压）可以看到人们如何处理工作中的愤怒。[17] 这些研究显示了三种应对方式：针对自己的愤怒（离开引发愤怒的情境）、针对有冒犯行为的人的愤怒（直接向他抗议）和反思性的愤怒（在冒犯者冷静下来后与他谈论此事）。[18]

在所有这些不同的应对方式中，个人意义是最重要的，它最早引发了愤怒。人们建构了社交中攻击性对抗的意义，如果我们要搞懂愤怒和心脏病，就必须对其进行研究。正如我们所了解的，愤怒是当情况被评价为贬损时候的反应。

当愤怒被激起时，个人意义也参与应对愤怒。例如，对愤怒表达的抑制是由于评估认为太过愤怒是危险的或不应当的，尤其是当愤怒涉及对他人的直接攻击时。通过反思来应对激发愤怒的情况，态度审慎，意味着此人找到了更为理智和文明的解决方案，不必进行攻击。

显然，在这项研究的大部分内容中，抑制愤怒似乎对健康有益而非有害，而愤怒的失控则似乎与疾病相关联。这就是我们在第 2 章中所暗示的关于锅炉蒸气类比的失败，它错误地指出我们需要释放愤怒，避免积聚。尽管如此，一些理论家仍然认为，强压愤怒有害健康。

这些研究领域揭示了有趣的情绪和应对在了解疾病尤其是心脏病方面的可能性。然而，遗憾的是，这项关于愤怒的研究并未关注在社会遭际中发生的意义的个体差异，这些意义会影响愤怒的激发和控制。

越来越多的研究表明，关于愤怒及其控制在心血管疾病中的作用日益成为热门话题，这些研究最终可能解决其中一些问题。心理学家查尔斯·斯皮尔伯格（Charles Spielberger）和他的同事，以及医生雷德福德·威廉姆斯（Redford Williams）[19]发表了很多关于这个问题的研究。两人都开发了测量愤怒的量表来进行研究。

无论如何，我们都有一个谜团未解。有充分的证据表明，包括愤怒在内的压力情绪似乎对心脏疾病有所影响。这一切似乎都很有道理而且前路明朗。然而，尽管大多数媒体都对这一观点持积极态度，但研究结果并不完全一致，许多测量问题也还没有得到充分解决。我们认为，在确定个人性格与心脏疾病、可能对健康有害或有益的情绪以及相关生理机制之间的关联上，这个问题仍然存疑。

癌症

癌症在美国是位居第二的死亡原因，这也是为什么费很大的力气来对其进行预防和治疗的原因。和心脏病一样，它的发病率随着年龄的增长而增加。癌症包括许多相关疾病，每种疾病都由肿瘤类型和受到攻击的身体器官定义，如肺、乳腺、胃、结肠和直肠、膀胱或前列腺。目前尚不清楚这些疾病在病因上是一致的，还是每种疾病都有不同。大多数预防措施都针对环境因素（如吸烟、饮酒和饮食结构）。与心脏疾病和感染疾病一样，我们在这里的关注仅限于情绪因素。

社会学家在研究癌症患者的情绪因素时一般都认为，癌症患者有易患癌症的性格。一个简单的理论是，情绪化可能会导致人过度吸烟或饮酒，从而间接引发癌症。我们在心脏病方面也看到了类似的假设。

另一种理论是，倾向于压抑情绪的人更容易患癌症。这种压抑可能是一种直接原因，因为它可能会影响荷尔蒙活动。

有几项研究论证了这种可能性，但每有一项实证的研究，就有另一项研究得出相反的结论。为了了解情绪模式增加癌症风险假说的证据，我们在这里仅提及几项情绪压抑引发疾病的研究。

在其中一项研究中，对一组因乳腺可疑肿块而入院进行活检（癌症检测）的女性进行了人格因素评估，这些人格因素可能与她们的活检结果为阳性或阴性有关。[20]

其中一组占原始样本 40% 的女性被发现患有恶性肿瘤；其他人的肿块是良性的。在这些活检结果出来之前，研究人员已经评估了情绪抑制的倾向性，以便观测这些特征是否能预测癌症。研究发现，倾向于抑制或否认愤怒等情绪的女性比其他女性更容易患乳腺癌。

在另一项研究中，[21] 在退伍军人管理医院对一些没有任何确诊疾病的男性样本进行了人格测试。10 年后，被试按照其医疗记录被分为患癌者和未患癌者。根据人格测试推断，患癌者组在病发前对情绪进行了抑制。这里也有证据表明，情绪抑制与患癌可能性有关。

另一方面，值得注意的是，对养老院住户的研究也获得了证据，证明那些顺从的、能适应的、不抱怨的人，无论因何而亡，都不如那些争吵和不满的人活得长。

将癌症研究和关于老年人寿命的研究结合起来看，似乎习惯表达痛苦、表现抗拒和爱提要求的人比习惯压抑消极情绪、表现愉悦和顺从的人活得更久。这里的一个问题是，我们不能判断这种差异是与情绪的实际体验有关，还是与它们的社会表达有关。我们作为作者个人来说也更喜欢这些发现，因为我们容易被激怒，并且一直喜欢迪伦·托马斯（Dylan Thomas）的一首诗，这首诗敦促我们"怒斥吧，怒斥，怒斥光的消逝"。我们也听过关于只有好人才会英年早逝这种略带讥讽的隐晦说法。

另一系列研究发现，[22] 晚期癌症患者中，那些情绪低落不接触外界的患者比那些与朋友和亲人保持积极联系的患者早逝。观察刚开始时，两组患者的病情严重程度没有差异。因此，情绪和应对因素似乎在晚期癌症患者的生存期中发挥了作用。我们尚不清楚其原因。但有可能的是，那些觉得自己活着没有意义的人会轻易放弃且不参与维持生命的活动，比如吃饭、起床、保护自己免受伤害等。

瑞士精神病学家埃德加·海姆（Edgar Heim）及其同事对乳腺癌的应对进行了一次非常系统的特别探索，他们没有选择生存率作为患者适应的指标，而是选择了针对患者、家庭和社区医疗保健提供者的一系列适应目标的心理和社会调整。[23]

他们的研究问题是，患者如何应对疾病带来的心理和医疗问题，例如重获幸福感、恢复和保持情绪平衡、全部或部分身体功能丧失后的恢复和调整，尤其当病患进入晚期时对外部威胁的掌控，以及任何情况下保持生活的意义和质量。

这些研究人员发现，患者在癌症的不同阶段采用的适应和应对策略有很大差异。患者术后几个月的适应能力往往最差，但随着时间的推移，伴随对癌症所引发问题的应对策略的学习，适应能力会有所提高。这些策略对疾病不断变化的需求非常敏感。换句话说，没有固定的应对模式，应对策略取决于当时所面临的环境。

根据患者的情绪状态以及他们如何处理疾病带来的适应任务，海姆和他的同事将"良好应对"定义为寻求和感知社会支持和情绪支持，培养对疾病淡然接受的态度。这种模式取决于费多大力气来分析并正向解决疾病带来的现实问题。另一方面，与"应对不良"相伴相随的则是放弃和宿命论、消极回避的态度，其中可能包括对情绪困扰的否认、孤立或压抑。

这些研究人员还指出，在许多研究中都可以观察到态度和应对策略之间的联系。退缩、抑郁和压抑情绪困扰被多次证明是带来损害的策略。相比之下，积极尝试解决一系列问题并维持良好的社会关系能支撑患者，并在有些研究中似乎有利于延续患者的生命。

这样的证据让我们相信，情绪以及与之相关的评估和应对过程确实是健康和疾病的一个影响因素。这一点甚至适用于最致命的疾病，如心脏病和癌症。然而，由于实证结果的相互矛盾，情绪和应对的因果意义仍在激烈争论中。

大多数研究在某种程度上都存在缺陷，这让人们对其结论总有疑虑。我们这里提到的一些研究有一大优势，即关于情绪的数据是在发现严重疾病之前获得的，例如海恩等人的研究。也就是说，这样的研究可以预测情绪的影响效果，具有前瞻性。然而，大多数研究仅仅是相关性的——所有测量通常是在同一时间进行的，没有时间跨度，很难证明其因果关系。我们稍后会更详细地讨论这个问题。

对情绪和应对的作用持怀疑态度还有一个原因，即对情绪本身及其表达的测量还有待改进。这使得那些真的相信情绪与癌症之间的联系的人和那些持怀疑态度者之间的辩论愈加激烈。

基于这类研究的现状，现在是时候探索为什么很难证明情绪与疾病之间的联系，而不是轻易对可能引发它的机制下结论。让我们先来看看如何从科学上证明疾病的起因。

如何证明可能的病因

为了帮助我们理解科学家是如何证明情绪会导致疾病的，我们可以简要回顾一下 19 世纪著名的微生物猎手的故事，那时人们还不知道是细菌引起了结核病和其他疾病。

路易斯·巴斯德（Louis Pasteur）证明肺结核是由细菌引起时，给小白鼠注射了大剂量的肺结核细菌，所有的小白鼠都被感染并死亡。未注射结核病菌的那组小白鼠健康无虞，毫无疑问，结核病病菌就是致病原因。在本例中，要证明因果关系，必须明确只有当致病因素（这里指病菌）存在的情况下，疾病才会发生，这意味着如果没有病菌，疾病就不会发生。

今天，我们知道，单一外部原因（如细菌）的概念过于简单，细菌的存在并不总是导致疾病。细菌是否致病取决于机体接触的细菌数量、所研究的动物种类以及个体的身体状况。一些物种和个体对肺结核免疫，因为他们的免疫系统中有肺结核抗体；其他的在身体状况不佳时，也就是说抵抗力较低时易感，而在身体状况良好时则不易感染。小白鼠很容易感染包括肺结核在内的许多传染病。

显然巴斯德很聪明，选用一个耐受力低的物种来证明细菌理论。人体是易感的，但不像小白鼠那么脆弱、易感。我们只有在状况很糟糕的情况下才会感染疾病，而对于结核病来说，当饮食、休息和生活条件得到改善，这种疾病就消失了。研究世界疾病模式的流行病学家认为，主要是生活条件的改善降低了肺结核以及其他许多疾病的发病率和严重程度。肺结核再次出现上升趋势，可能是因为贫困、艾滋病的增加，以及抗生素耐药菌株的发展。

因此，疾病的原因并不像我们曾经认为的那么简单。要想让我们生病，既需要易感的个体，也需要接触到大量的病菌。如果生活在市中心，会接触到许多携带病菌的人，但我们大多数人不会生病。尽管如此，即使结核杆菌不一定会使一个健壮的个体得肺结核，巴斯德的实验也成功证明了结核病病菌的感染是疾病发生的必要条件。

现在，让我们像证明细菌的作用那样进行推理，看看情绪是否会导致疾病。正如巴斯德所做的那样，为了得到有效的证据，我们需要证明，在某一疾病发生之前，目标人群中就存在某种情绪模式。此外，还需要一个对照组，对照组不存在该情绪模式，也没有生病。这样的发现将与巴斯德的细菌导致肺结核的实证旗鼓相当。

与细菌相比，情绪因素的实证更难实现。由于情绪不容易识别和控制，而且转瞬即逝，所以其研究比研究细菌更复杂，毕竟细菌可以在显微镜下看到，也易于在实验室中进行操控。

情绪致病——特殊问题

情绪和其他心理过程所特有的许多问题，使得方法上无可挑剔的研究很难完成。我们将简要列举四个主要问题。

第一，许多强大的致病因素会导致疾病。其中之一是遗传因素，它决定人的易感性。例如，患某些癌症的风险似乎在家族内更高。另一个因素包括出生时或出生后的体质因素，这些因素既受遗传因素的影响，也受妊娠和分娩条件的影响。环境毒素是另一个致病原因，尤其是在生命早期。长期的生活方式，如吸烟、酗酒、吸毒和从事高风险行为也是原因。所有这些因素对我们是否患病、患病后能否存活都有着巨大的影响，它们使导致疾病的情绪相形见绌，使得情绪在疾病中的作用更加难以分离。

第二，要证明情绪和疾病之间的因果关系，需要我们的研究对象的健康状况发生变化。要仿照巴斯德式的论证，需要的是病原体起初不存在，但当它存在时疾病就会随之而来。要定义一个发病的原因，就得有从正常到生病的健康状况的改变。

然而，我们当前的社会较为富足，尽管我们会周期性地出现轻微的、短期的感染，或时不时出现结肠炎和溃疡一类的压力障碍症状，但大多数人的健康状况相当稳定。当我们年幼的时候，我们更容易遭遇感染和事故；而当我们年老时，也许是因为免疫系统的衰减，慢性疾病，如关节炎、心血管疾病、癌症等会增加；但在我们生命中相对较长的中间阶段，健康是相当稳定的。我们需要研究那些曾经健康但现在生病的人，以及那些曾经生病但已经康复的人，这才有可能观测到重大的健康变化并找到其影响因素。

然而，这一点说起来容易做起来难。大多数时候，我们只能证明某种情绪模式与疾病之间的相关性。我们找到一个没有某种情绪模式的群体，证明其成员中很少有人患有这种疾病；我们还得确定一个确实表现出这种情绪模式的群体，并证明其许多成员患有这种疾病。这提示了某种现象，但不是证据。

第三，认为一次短暂的情绪发作会导致长期疾病是不合逻辑的，尽管它可能会在短期内增加对疾病的易感性。我们天生就能够短暂体验情绪而不受伤害，但不能长期体验强烈的情绪。我们中的许多人注意到，在出国旅行时或回家后，我们往往很容易遭遇呼吸道感染，并最终导致严重感冒、咳嗽或流感。其中一个原因是，即使我们喜欢旅行，旅行也会带来持续的生理和心理压力，我们对感染的抵抗力也会降低。

如果压力情绪有可能导致心血管疾病、癌症、糖尿病等，那么这需要长期持续的情绪困扰。动脉硬化（动脉变硬）需要数年时间发展到危险状态。肿瘤学家（癌症专家）认为，癌症在被发现之前可能已经潜伏了很长一段时间。有一种理论认为，乳腺癌的情绪起源很可能早在 20 年前就已经发生了，例如，青春期女性在性成熟过程中的激素模式的改变通常被认为是一个致病因素。

连续 5 年、10 年或 20 年对人的情绪生活进行研究不太现实，一个更实际的选择可能是对情绪模式进行短期采样，例如在一个人 30 岁的时候，我们必须假设这种模式稳定且具有持续性。如果该患者在 50 岁时，在目标疾病（如乳腺癌）的存在变得明显后，再次接受研究，我们可能可以推断该疾病与之前观察到的特定情绪模式及其对激素活动的影响有关。

第四，巴斯德有专门用于实验的动物，他可以给实验动物注射致命的细菌。这在我们对人的情绪影响的研究是不可能的。我们在心理实验室很难激发出所有的情绪。人们曾经尝试通过侮辱被试来制造愤怒，或者让他们受到威胁来制造焦虑。不过，这些实验手段的尝试都得建立在人类被试参与实验的伦理基础上，而且受制于个体易感性的差异而难以对人类情绪进行操控。

即使我们可以合法地操纵人类的情绪，我们也会发现我们并非制造了一种情绪（比如我们想要研究的愤怒），而是在不同的个体中产生了多种不同的情绪。有些人会像我们预期的那样生气，但有些人会感到焦虑、也许是内疚，或者在同一时间内经历多种情绪。控制我们所研究的情绪的局限性限制了我们对自发情绪的研究，使我们不得不依赖于对最近情绪体验的描述。这种研究就做不到像巴斯德开创性的细菌实验和其他实验研究那样精准。

尽管这些问题并非不可逾越，但对它们的了解可以帮助我们理解，开展能够明确证明情绪在健康和疾病中的作用的研究有多么困难和难得。

情绪影响健康的方式

我们到此已经谈到情绪影响健康的一些方式，总共有以下三种：（1）一个人以直接损害健康的方式应对压力情绪；（2）强大的应激激素的产生和分泌，干扰了身体的免疫功能，从而造成疾病；（3）在积极情绪（如解脱、幸福、骄傲和爱）下，相关激素可能得以产生并分泌，它们可以使机体平静，从而预防疾病或有效治愈疾病。

损害健康的应对过程

某些应对压力情绪的策略会对痛苦的现实进行曲解，影响健康，损害机体的正常功能。我们在第 8 章关于应对的内容中讨论了其中一些问题。想象一下心脏病发作的症状，比如吃了一顿大餐后晚上胸痛，症状并不明确，你听说过这可能意味着心脏病发作。你四处搜索对于不适的一些解释，然后找到一个令人安心的答案，将疼痛解释为油腻的晚餐所导致的消化不良。如果你患有消化不良，这个解释是合理的，但不确定。

在将疼痛归咎于消化不良时，你恐怕是在否认可能存在的心脏病发作的危险。无论如何，你延迟了寻求医疗帮助。如果你判断正确，疼痛可能会在你睡一觉起来的第二天早上消失；如果你的判断不正确，疼痛可能会加重，并伴有呼吸困难，这表明你患有心脏病，如果得不到帮助，你可能会因此死亡。心脏病发作的最初几分钟和几小时是最危险的，此时往往最需要紧急医疗救助。

你可能还记得第 8 章里一些男性试图证明他们所经历的症状并非源于心脏病发作。他们做俯卧撑或跑上几段楼梯来证明他们不可能是患了重病，前提是他们能做到这一点，其实这是非常危险的动作。同样，女性推迟乳房肿块的体检，否认它可能性命攸关。用否认来应对有时会危及一个人的生命。

很难责怪某人没有认真对待潜在的危险症状，这并不好判断。寻求医疗干预的费用可能会很高，而且通过必要的检验来确定你的健康状况肯定会很耗费时间。如果有严重的健康问题，你的生活将发生实质性的改变。这些过程对许多人来说也很尴尬或很机械化，等待检查结果可能会令人非常焦虑。

人们对这种情况的反应差异很大。有些人过分担心一切疼痛和症状，有些人即使在他们应该担心的时候也不担心。作为一种应对方式，否认可能会让人暂时获得内心的平静，但代价可能是无视未来的危险。对潜在危险的警惕应对方式会增加焦虑，因为这类人担心可能发生的一切。然而，当有切实可行的预防措施时，警惕应对可以保护他们免受不良后果的影响。

我们也注意到，现代人对健康的关注让警惕模式的人无路可走，令他们一直处于焦虑之中，而他们原本可以放松自己、享受生活。如今，我们以传统方式放纵自己的任何行为都被认为是不安全的。在过去，人们可以也确实可以毫无顾忌地尽享美味琼浆，而无须衡量或顾虑胆固醇。

一些应对方式会对身体造成直接伤害，导致疾病和早夭。我们此前在本章指出吸烟、酗酒、吸毒、暴饮暴食或进食过少（如厌食症）以及过度冒险是潜在的有害应对策略。从统计学上讲，这些致病的行为模式所造成的危害非常明显，因此无须对它们在疾病中的作用进行论证。

证据表明，在某种程度上，不良习惯与个人的压力水平升高有关。当压力很大时，吸烟、酗酒、饮食失调和冒险行为就会增加。就好像这些人在对自己说："我承受着巨大的压力，我需要善待自己，而不是斤斤计较于改正这些坏习惯。"人们这样做会从中获得短期的满足感，但没有从长远来防范风险。

应激激素、病痛和疾病

压力情绪如愤怒、焦虑、内疚、羞耻、悲伤、嫉羡和嫉妒，会产生强大的激素，这些激素在血液中流动，影响我们器官功能的发挥、加速或减缓。有人用颇有诗意的说法来解释，就是心灵通过情绪和这些激素的作用与身体对话。

著名的应激生理学家汉斯·塞尔耶（Hans Selye）指出，肾上腺外部分泌两种主要类型的皮质类固醇。例如，我们受伤或处于心理紧急状态时，最先出现的激素会对机体组织产生炎症作用。这就是为什么我们骨折或被蜜蜂蜇伤时，会伴随疼痛而肿胀。炎症是人体抵抗有害物质的一种防御，它帮助隔离问题区域以待治愈。具有抗炎作用的其他类固醇稍后进入血液，帮助消肿。

塞尔耶将炎症激素称为分解代谢，它们会损耗身体的资源。抗炎激素是合成代谢的，它们恢复身体所消耗的资源，使我们的身体恢复正常。如果分解代谢活动持续太久或太严重，我们会感到不舒服或生病甚至死亡。身体的防御系统——尤其是当它们击败有毒物质时——能够帮助我们生存。

这似乎是严重过敏反应时的状况。入侵异物的危险性可能被身体过度反应了。严重过敏的人被蜂蜇或吃了螃蟹，会发生气管严重肿胀和堵塞而无法呼吸。这种应急反应称为过敏性休克，患者的生命体征达到非常低的水平，如果不马上注射肾上腺素，患者可能会死亡。

注意这些例子指的是身体上的创伤，但引发愤怒或恐惧等强烈情绪的心理紧急情况也类似。在这样的情绪中，强大的激素也会分泌并产生如同塞尔耶所描述的效果。塞尔耶的分析涵盖身体出于任何原因的紧急动员及其所导致的身体失衡，无论是因为身体的伤害还是心理的威胁而产生压力的具体情况似乎无关紧要。

然而，正如我们之前所看到的，精神分析理论家指出了情绪和心身疾病之间的具体联系，最近有学者认为愤怒或对愤怒的控制容易导致心脏病，而悲伤和抑郁则容易导致癌症。许多关注情绪和健康的科学家们非常重视情绪特异性理论，即每种疾病都有其情绪引发原因，尽管精神分析的解释不再那么被广泛接受。这是那些热衷于情绪和疾病之间关系的人争论的主要内容，遗憾的是这一争论尚未被解决。

积极情绪与健康和疾病

到目前为止，我们讨论的都是压力情绪而不是积极情绪。然而，压力情绪可能会产生分解代谢或破坏激素，而积极情绪则会产生另外一些维持健康和保持幸福的激素。

这一观点最著名的例证是诺曼·考辛斯（Noman Cousins）广为人知的非凡经历。考辛斯是《星期六评论》（*Saturday Review*）中一位有影响力的编辑，他因一种可能致命的胶原蛋白疾病强直性脊柱炎住院。医生告诉他，他的康复概率是千分之二。他被认为必死无疑了。

考辛斯将医院环境视为"重病患者无法容身之地"，[24] 他开始积极控制自己的治疗，尽量避免重病带来的有害心理因素。受压力生理学两位先驱沃尔特·坎农和汉斯·塞尔耶的影响，考辛斯觉得自己肾上腺衰竭部分源自一次压力很大的国外会议。用他的话说，沮丧和强压的怒火打乱了机体的平衡智慧，他需要恢复。他认为，这项任务就是尽可能用积极的情绪代替压力情绪。关于这一点，他写道：

> 这个问题不由自主地浮现在我的脑海中。积极的情绪呢？如果消极情绪在身体中产生消极的化学变化，那么积极情绪不是会产生积极的化学变化吗？爱、希望、信念、欢笑、自信和求生的意志是否具有治疗价值？难道化学变化都是负面的？

考辛斯在医生的配合下主要做了两件事情：第一，他停止服用某些药物，比如阿司匹林，因为它可能对作为结缔组织疾病的胶原蛋白紊乱产生有害影响，并大量服用维生素 C。第二，他开始计划让电视节目如"偷拍"（Candid Camera）中制造的笑声分散注意力，给他读有趣的幽默故事书。这增加了他积极情绪的体验时间，大大提高了他安然入眠的能力。

久而久之，他的身体状况开始出现改善的迹象，最终他得以离开医院，重返工作岗位。他的身体活动能力逐年提高。这种疾病似乎已经被控制住了。考辛斯对自己的经历深为感动，他相信主要是积极情绪使他恢复了健康。后来，他在加州大学洛杉矶分校当了医学教授，继续沿着这一思路研究积极情绪对健康的作用。

他在世界各地讲述他的经历，以及后来被称为整体医学的概念。这种观点将患者作为一个整体，而不是像传统医学那样只是关注某种特定疾病。从那时起，直到他多年后去世，都在讴歌人类身心再生的能力，以及他所说的生命意志的化学作用。

我们该如何理解考辛斯的非凡故事？尽管存活率很低，但他可能就是那个千分之二能够逃脱这种罕见疾病而康复的人。毕竟，在扑克牌中直接抽到同花顺，或者在天文数字的赔率下赢得数百万美元的彩票都是有可能的。考辛斯本人也明白，一个案例不足以提供科学证据。

其他不同疾病的类似故事同样也难以解释。你会想起爱丽丝·爱泼斯坦的故事，癌症晚期似乎即将带她走向死亡（见第 4 章关于希望的讨论）。[25] 爱泼斯坦描述自己是易患癌症的性格。她放弃了部分针对癌症的医疗方案，接受了身为心理医生的丈夫和另一位执业心理治疗师的心理治疗。X 光和其他扫描检查非常清晰地看到她扩散到全身的癌细胞逐渐消失了。她的丈夫是一位意志坚定的性格心理学家，擅长研究，他相信正是性格的重大变化治好了她，尽管他也知道世人对基于心理的治愈方法持怀疑态度。

在这些故事中，我们这些作者就像诺曼·考辛斯描写他的故事时一样，担心自己所写的内容会误导那些拼命寻求治愈绝症方法的人。一方面，放弃有用的治疗去追求不太可能的治愈必然冒着极大的风险，许多人在这种抉择上很不明智；另一方面，不少人（有些是医疗工作者，有些不是）都相信各种各样令人振奋的心理帮助并提供给癌症患者。

除了极少的几个患者侥幸活了下来，或是貌似暂时甚至彻底摆脱某种并不罕见疾病的故事，并没有可靠的证据表明心理因素导致了疾病，也没有证据表明心理治疗治好了疾病。一般来说，那些提供实际治疗方案的人没有开展必要的研究来支持或反驳他们的理念。当然，由于缺乏必要的研究，你也并不能排除这种可能性。

总　结

情绪在疾病中起到因果或促成作用，这是真的吗？答案是肯定的，尤其是在传统的心身疾病和传染病领域。压力情绪产生的激素已被证明会导致心身疾病，影响免疫系统，并导致感染。鉴于现有的研究，我们认为对这些情形给出肯定的回答是合理的。

对心脏病是否也适用呢？同样，答案必须是肯定的，因为压力情绪产生的激素已被证明会影响身体运行，从而增加心脏病发作及其生理因素的可能性。然而，情绪在多大程度上引发了心脏病，这是一个更大的问题。

癌症的病例更难，因为它的病因可以追溯很长时间，可能是 20 年前。大多数癌症专家认为，这种疾病通常起源于很早以前病症尚未明显的时候。这意味着，在恶性肿瘤出现之前的很多年，身体的运行可能就受到了应激障碍及其分泌的荷尔蒙的影响。问题难在要在癌症出现后发展到当前无法治愈的时候来判断癌症形成期发生的事情。也有一些证据表明，患者应对疾病的方式可能会影响哪怕是晚期疾病的发展速度以及死亡到来的时间。

还要记住，大多数疾病都受到许多因素而非唯一因素的影响。遗传因素和个体在饮食、吸烟、酗酒等方面的生活方式似乎都起了作用。认为情绪模式是癌症形成的主要原因可能是不现实的，较合理的说法是，情绪模式与许多其他因素一起影响了癌症的生成。

每种类型的疾病都有其特定的情绪诱因吗？我们不知道，但人们大都相信这一理论。如果说像易损器官假说所主张的，具体的疾病是个体特定体质的结果，那么压力情绪会增加罹患所有类型疾病的可能性吗？我们不知道，但这个假设也有其拥趸。

积极的情绪肯定有利于人的精神或心理的健康感，也能预防疾病或增加身体健康的概率。这是否合理？这里我们也必须说是的。它们可以作为一种治疗方式吗？这也是合理的，但合理不是证据，也不能为我们提供情绪与健康之间联系的详尽知识。

无论是考辛斯的还是爱泼斯坦的煽情故事都不能为我们提供需要的证据，而且几乎没有系统的研究来检验这些叙述。像许多对人类福祉具有重大意义的其他问题一样，我们不得不寄希望于新一代的社会和生物科学家将在动听的理论和煽情故事的帮助下得到答案。与此同时，我们只能拭目以待，并对没有事实证明的说法保持警惕。

参考文献

1. See Lipowski, Z. J. (1977). Psychosomatic Medicine in the seventies: An overview. *American Journal of Psychiatry, 134,* 233-244, for a historical account.

2. Alexander, F. (1950). *Psychosomatic medicine.* New York: Norton.

3. Graham, D. T. (1962). Some research on psychophysiologic specificity and its relation to psychosomatic disease. In R. Roessler & N. S. Greenfield (Eds.), *Physiological correlates of psychological disorder.* Madison: University of Wisconsin Press. Quote on p. 237.

4. Selye, H. (1956/1976). *The stress of life.* New York: McGraw-Hill.

5. Weiss, J. H. (1977). The current state of the concept of a psychosomatic disorder. In Z. J. Lipowski, D. R. Lipsitt, & P. C. Whybrow (Eds.), *Psychosomatic medicine: Current trends and clinical applications.* New York: Oxford University Press.

6. See Jemmott, J. B., & Locke, S. E. (1984). Psychosocial factors, immunological mediation, and human susceptibility to infectious diseases: How much do we know? *Psychological Bulletin, 95,* 78-108, for a review. Also Glaser, R., Kiecolt-Glaser, J. K., Bonneau, R. H., Malarkey, W., Kennedy, S., & Hughes, J. (1992). Stress-induced modulation of the immune response to recombinant hepatitis B. Vaccine. *Psychosomatic Medicine,* 54, 22-29, for an example of some technical research.

7. Goodkin, K, Fuchs, I., Feaster, D., Leaka, J., & Rishel, D. D. (1992). Life stressors and coping style are associated with immune measures in HIV-1 infection—A preliminary report. *International Journal of Psychiatry in Medicine, 22,* 155-172.

8. Bergman, L. R., & Magnusson, D. (1979). Overachievement and catecholamine excretion in an achievement-demanding situation. *Psychosomatic Medicine, 41,* 181-188.

9. Cohen, S., Kaplan, J. R., Cunnick, J. E., Manuck, S. B., & Rabin, B. S. (1992). Chronic social stress, affiliation, and cellular immune response in nonhuman primates. *Psychological Science, 3,* 301-304.

10. KasI, S. V., Evans, A. S., & Niederman,]. C. (1979). Psychosocial risk factors in the development of infectious mononucleosis. *Psychosomatic Medicine,* 41,445-466.

11. Cohen, S., Tyrrell, D. A. J., & Smith, A. P. (1991). Psychological stress and susceptibility to the common cold. *New England Journal of Medicine,* 325, 606-612.

12. Cited in Hinkle, L. E., Jr. (1977). The concept of'stress' in the biological and social sciences. In Z.). Lipowski, D. R. Lipsitt, & P. C. Whybrow (Eds.), *Psychosomatic medicine: Current trends and clinical implications.* New York: Oxford University Press.

13. See Friedman, M., & Rosenman, R. H. (1974). *Type A behavior and your heart.* New York: Knopf.

14. Jenkins, C. D., Rosenman, R. H., & Zvzanski, S. J. (1974). Prediction of clinical coronary heart disease by a test for the coronary prone behavior pattern. *New England Journal of Medicine, 290,* 1271-1275.

15. Glass, D. C. (1977). *Behavior patterns, stress and coronary disease.* Hillsdale, NJ: Erlbaum

16. Keinan, G., Ben-Zur, H., Zilka, M., & Carel, R. S. (1992). Anger in or out, which is healthier? An attempt to reconcile inconsistent findings. *Psychology and Health, 7,* 83-98.

17. Harburg, E., Blakelock, E. H., & Roeper, P. J. (1979). Resentful and reflective coping with arbitrary authority and blood pressure: Detroit. *Psychosomatic Medicine, 41,* 189-202.

18. In my opinion, the most readable and useful book on the subject of anger and its management for laypersons is Tavris, C. (1982). *Anger: The misunderstood emotion.* New York: Touchstone.

19. See, for example, Spielberger, C. E., Krasner, S. S., & Solomon, E. P. (1988). The experience and control of anger. In M. P. Janisse (Ed.), *Health psychology: Individual differences and stress* (pp. 89-108). New York: Springer Verlag; Spielberger, C. D., Jacobs, G., Russell, S., & Crane, R. J. (1983). Assessment of anger: The state-trait anger scale. In J. N. Butcher & C. D. Spielberger (Eds.), *Advances in personality assessment* (Vol. 2, pp. 159-187). Hillsdale, NJ: Erlbaum; and Williams, R. & Williams, V. (1993). *Anger kills: 17 strategies for controlling the hostility that can harm your health.* New York: Time Books/Random House.

20. Greer, S., & Morris, T. (1978). The study of psychological factors in breast cancer: Problems of method. *Social Science and Medicine, 12,* 129-134.

21. Dattore, P. J., Shontz, F. C., & Coyne, L. (1980). Premorbid personality differentiation of cancer and noncancer groups: A test of the hypotheses of cancer proneness. *Journal of Consulting and Clinical Psychology, 48,* 388-394.

22. Weisman, A. D., & Worden, J. W. (1975) Psychosocial analysis of cancer deaths. *Omega: Journal of Death and Dying, 6,* 61-75.

23. Heim, E. (1991). Coping and adaptation in cancer. In C. L. Cooper and M. Watson (Eds.), *Psychological, biological and coping studies* (pp. 198-235) London: Wiley; also Heim, E., Augustiny, K. F., Blaser, A., Burki, C., Kuhne, D., Rothenbuhler, Schaffner, L., & Valach, L. (1987). Coping with breast cancer—A longitudinal prospective study. *Psychotherapy and psychosomatics, 48,* 44-59.

24. Cousins, N. Anatomy of an illness (as perceived by the patient). (1976). *The New England Journal of Medicine,* 295, 1458-1463. Quotes pp. 49 and 52.

25. Epstein, A. H. (1989). *Mind, fantasy, and healing: One woman's journey from conflict and illness to wholeness and health.* New York: Delcorte Press.

Passion
and
Reason
Making Sense
of Our
Emotions

第 13 章
当应对情绪问题失败时

在本章中，我们将探讨心理治疗作为一种处理问题和痛苦情绪的方法。当人们感到痛苦时，当情绪问题妨碍或干扰他们的希望和抱负时，当他们自己怎么努力都无法减轻这种痛苦和遭遇时，他们会寻求专业帮助来解决这些问题。他们可能曾经尝试过向朋友、家人或神职人员等寻求帮助，但问题并未被解决。这是一个古老的故事，可以追溯到古代的萨满巫师，他们试图传承文化，用那些药剂和强有力的观念治愈情绪问题以及与之相随的身体症状。

一个人在决定为情绪问题寻求专业帮助时，会遇到几个主要障碍：首要问题也是最严重的问题是，许多人错误地认为寻求帮助意味着他们有精神病、令人羞愧；另一个原因是不愿向他人显露自己的麻烦；还有一个障碍是负担不起或找不到合格的专业人员，这是源于不知道怎样找到合格的心理治疗师；最后，人们常常怀疑是否能得到合理的帮助，以及具体的治疗是否会有所帮助。

我们的情绪出了什么问题

我们现在必须转向此前所区分的情绪的两个过程，第一阶段即对发生的事情进行评估后产生的情绪唤起，以及第二阶段通过应对控制情绪。

在唤起阶段，出现的问题是我们对事件的评价与周围的实际状况之间存在冲突或不相匹配。我们用例子来说明：我们认为自己被冒犯了，感到愤怒，但实际上冒犯并不存在；我们认为自己处于危险之中，感到焦虑，但实际上危险并不存在；我们认为自己没有实现自我理想，感到羞愧，但失败只是我们自己的看法，别人并不这么看；我们认为自己所做的事情增强了自我形象，感到自豪，但这并没有现实的依据。凡此种种，每一种情绪都是这样。

相反的错误匹配是当我们误以为自己没有受到伤害或威胁时：我们不认为受到冒犯，没有感到愤怒，但其实我们本应该感到愤怒，因为实际上有挑衅；我们不认为自己受到威胁，也没有焦虑，但实际上存在危险；我们行为不端，但并不感到内疚，因为我们已经把这种行为合理化，认为是正当的，或者错在他人；我们看不到自己所做的事情增强了自我形象，也没觉得自豪，但其他人认为所发生的事情证明了我们的优秀品质。凡此种种，其他任何一种情绪都是这样。

情绪控制出错是由于我们表达情绪的方式与情境要求不匹配：我们感到愤怒，但为了长远利益隐忍愤怒；感到愤怒就需要表达愤怒，但我们没有表达，这就让他人错误理解了我们的感受；感到内疚就需要以某种方式道歉或赎罪，但我们没有这样做。其他情绪亦如此。

为什么会出现这些不匹配？原因有很多。其中最常见的一种情况是，人们的目标和信念导致他们对所面临的情况做出错误判断。在一厢情愿中，他们可能在情绪的激发或情绪的选择上，或者是情绪表达的社会后果上做出不切实际的评估。

他们在各种社会情境中一直这样，可以说，每个人在构建意义和展示情绪的模式中都有其独特的个人特征。例如，有些人过于需要被人认可、喜爱和欣赏，他们认为自己没有被爱或不被欣赏；有些人则认为社会是邪恶的，而自己无能为力。

这些特定的模式可能始于儿童时期，但在成年后它们表现为不适合环境的反应。过度保护和过分关心的父母可能会使孩子倾向于依赖父母的保护。对孩子保护不足的父母可能会迫使孩子在掌握必要技能之前就在人世沉浮，这往往会增加他们的恐惧感和依赖性。结果，稍不如意他们都会过度反应。他们容易焦虑、内疚或羞愧，尤其是当他们认为自己做得不好或者失败时，他们会把一切归结为自己的责任。

精神生活的四个主要组成部分——理性、动机、情绪和行动——在他们身上相互冲突。例如，他们不想要自己的所做或所感，认为这是不合适的。他们的思想分裂而不协调。他们像摔碎的蛋头先生一样四分五裂，各自为政，各部分无法朝着一致的方向协同工作，自己跟自己过不去。不论他们是谁、在哪里发生过什么事情，思维的各个组成部分必须统一才能有效地发挥作用。

由于人们的思想与行为有很大关联，因此不统一的最严重后果是思想和行为分离。思想分裂令人无法前后一致、实事求是，尤其是在需要为未来规划、实现目标和信念这样的长期过程中。这些人希望谨慎行事，但由于无法有效应对，他们往往目光短浅、冲动行事，只能获得片刻欢愉。他们无法实现生活愿望，经常在情绪上陷入困境，叹息人生。

我们能否改变情绪的构成

要想修复有问题的情绪模式，前提是我们有能力改变看待事物、行动和反应的方式。虽然我们知道这些模式很难改变，但与这些模式打交道的专业人士都相信这是可能的。

有些变化相对来说比较容易实现。当出现问题的情绪起因是知识或技能的缺乏时，人们有时可以通过学习技巧来获得帮助。出于这样或那样的原因，长期不断被生活变化带来的痛苦和问题折磨的人总是来不及学会如何思考和行动。他们的问题不是源自深层次情绪问题，而是缺乏有效应对的知识或技能。

看看那些受到生活重创的人们，比如罹患大病、亲人去世、离婚、分居或失业，这些状况无不对受创者提出了新的要求。学习如何应对这些要求将有助于缓解因无力应对而产生的愤怒、焦虑、内疚、羞愧或周期性抑郁。如果愿意，个人完全可以做出必要的改变。

应对因死亡、离婚或分居而失去爱人就是一个很好的例子。想想那些名为寡居女性生存手册的建议。[1]其中一些手册为第一次面对那些不得不面对重要的具体问题的人提供有用的信息和建议，比如处理钱财和信贷、旅行、保养汽车、管理孩子和与人共事。此外，还有关于更为错综复杂的问题的建议，如孤独和性，以及如何培养必要的社交技能来应对这些问题。

男性在这种情况下也可以从建议信息中获益。他们也可能缺乏应对新需求的知识和技能，比如自己做饭，处理妻子在婚姻期间所承担的财务工作。建立和维持社会关系通常是女性在家庭中的职责，失去社会网络的支持会令许多男性不知所措。

离婚或丧亲带来的痛苦的特点之一是，人们觉得无力应付现在必须做的事情，因此此类手册通常用鼓舞人心的思想和宽慰来让读者觉得自己可以做到。相信自己有能力应付这些需求，可以持续激发应对的动力，有利于克服创伤后的问题和痛苦情绪。

但一个长期存在情绪问题的人在遭受创伤后，尤其难以通过治疗实现改变。他们问题的深层次冲突使得学习与世界联结的新方式变得更加困难。困境中的人往往不了解这些冲突，所以他们无法理解自己许多受到困扰的反应的原因，处理得也不妥当。他们错在对自己和他人一贯错误的看法，而且应对方式也不恰当，这些都源于错误的评价。这些人通常会莫名其妙地重复这些错误。

那些过分追求认可或被爱的人并未意识到是什么给他们带来这些感受。他们不了解这些夸大的需求的根源和它们在情绪生活中所起的作用。他们只知道自己在社交关系中经历了巨大的痛苦，却对其原因浑然不知。因此，相比只是缺乏必要知识和技能的人，他们所经历的情绪更难控制或改变。未知的因素一直阻碍着他们如何应对学习。

长期存在的情绪模式，包括无意识冲突、隐藏的目标和假设，以及产生于幼年的焦虑源，可能会阻碍变革的学习，使之复杂化。然后，问题从简单的教育和培训转向更传统的人格改变治疗目标。如果没有外界的帮助来引导人们寻找真相，根深蒂固的情绪模式可能难以改变、无法逾越。他们必须找到影响他们情绪以及无效的应对方式的那个个人意义。他们必须学会认识自己的错误所在，才能有机会改变自己的情绪生活。这些通常是心理治疗的主要任务。

接下来，我们要追随一位年轻女性的治疗过程，她的困难在于让她的母亲接受她是一个独立自主的成年人。不过，在开始之前，我们想具体地展示当一个人对另一个人感情深厚的时候会如何玩沟通游戏，阻隔情绪信息，从而使正常沟通的努力大打折扣。我们最近在一篇科学期刊的文章中看到了以下交流。[2] 文章从作者引用的一本畅销书开始。[3]

> "今天很有希望，非常有希望……"
>
> 我去见我妈妈。我在飞。飞啊飞！我想让她感受到我内心迸发的光芒，让她感受到我人生的巨大幸福。就因为她是我最熟悉的人！这一刻我爱所有人，包括她。
>
> "哦，妈妈！这一天我过得真糟糕。"我说。
>
> "告诉我，"她说，"你这个月的租金有了吗？"
>
> "妈妈，听着……"我说。
>
> "你为《纽约时报》写的那篇评论，"她说，"他们肯定会付钱给你吗？"
>
> "妈，别说了。让我告诉你我的感受。"我说。
>
> "你为什么不穿暖和点？"她大声说，"快到冬天了。"
>
> 我的内心开始闪闪烁烁。墙壁向内塌陷，我感到窒息。我对自己说，慢慢咽下去。我对母亲说："你真是知道什么时候该说什么话呀。你的这份礼物真了不起，简直让我喘不过气来。"
>
> 但她不明白。她不知道我语带讥诮。她也不知道她在扼杀我。她不知道我把她的焦虑当回事，觉得自己被她的抑郁彻底摧毁了。她怎么会知道？她甚至不知道我在那里。如果我告诉她，我死定了，她也不会知道我在那里，她会用充满困惑和凄凉的眼神盯着我，这个 77 岁的小女孩，她会愤怒地喊道："你不懂！你从来都不懂！"

我们每个人都能很容易地理解和共情女儿在这种交流中的挫伤，它完美地展示了亲密关系中人与人之间的沟通是如何失控的。

一个治疗案例

在讨论心理治疗和描述治疗过程之前，先看一个具体的临床例子会很受启发。尽管这里没有给出正在接受治疗的女性患者和她关系不好的母亲之间的对话，但你可以根据刚才引用的简短小插曲想象到这种交流对她来说有多么难堪。

我们的案例是一名由于长期焦虑和内疚而接受治疗的 25 岁年轻女性，她快要分娩了。她还由于压力太大导致哮喘发作。她的母亲在电话里说要在女儿分娩前去看望并照顾她。这个消息使女儿大为震惊。她的母亲是一个非常专横的女人，女儿确信，母亲的出现会在情绪上破坏自己和新生儿以及与丈夫的关系。患者知道她的母亲会不停地告诉他们该怎么做，让他们无法自己学习。

女儿在电话中告诉母亲希望她不要马上来，她和丈夫想试着自己先搞定，然后再欢迎她来看看。母亲觉得受到了冒犯，这种反应令女儿非常内疚和焦虑，导致轻度哮喘发作而不得不进行药物治疗。母亲坚持要来，似乎在暗示没有她，女儿将无法胜任初为人母的重要任务。女儿虽然希望避免这次给她带来压力的来访，但她无法坚持。她的说辞温和而不具说服力，这次访问看起来不可避免。

在之前的治疗过程中，女儿经常谈到与母亲的问题，尤其是当她在争取独立的过程中反对母亲时所感到的内疚和焦虑。她多次试图让母亲接受她的自立，允许她自己犯点错误。结果却是她不得不屈服于母亲，自己的愿望总是无果而终。[4]

在治疗过程中，她更多地认识到自己独特的家庭情况。她的姐姐反抗母亲的专制以及由此引发的愤怒；她的父亲温文尔雅，被动接受一切；而她自己则被这些复杂情绪关系弄得头昏脑涨。

姐姐比她大五岁，肥胖超重。母亲总是徒劳无益地唠叨大女儿的体重，母女关系很糟糕。大女儿聪明好胜，被家里人贴上了不稳定的标签，爱争论，缺乏魅力，难以相处，对大多数男人来说没有吸引力。由于与母亲长期斗争，我们的患者认为姐姐是一个离经叛道、敢于反抗的人，而母亲则是家里的贱民。

相比之下，我们的年轻患者相貌姣好，人缘也好，和她姐姐一样聪明，尽管她对此有些怀疑。她性格开朗，善于交往，但父母认为她是一朵娇嫩的花，脆弱而需要呵护。父母经常比较姐妹俩，认为妹妹（也就是我们的患者）具有先天优势；姐姐则被认为生活前景暗淡，这一点在后来几年得到了证实。这种对比并非秘密。这种模式导致姐姐对受宠爱的妹妹产生敌意。两人都有这种怨恨，但妹妹的怨恨并不明显，她为自己的姐姐感到难过，为自己的社交成功感到内疚。

父亲从未站在大女儿一边反对母亲，也没有为她提供任何真正的保护。因此，他也是失望和矛盾情绪的主要来源。在家里，大女儿永远不会赢。父亲态度过于温和，逆来顺受，无法帮助女儿对付专横的母亲。虽然两个女儿都喜欢他，但他在家里怕老婆，很少在家庭决策中扮演重要角色。

当姑娘们该上大学时，家庭条件困难，只够供一个人上学。机会给了姐姐。父母觉得姐姐更需要接受教育，如果没有教育，她的前途会更渺茫。这个决定增加了妹妹的怨恨。但这并没有让姐姐心生感激，因为她看出来这个决定暗含贬义。

我们的患者因对姐姐的怨恨而深感内疚，上大学的问题多少又加剧了这种怨恨。一方面，她知道父母偏爱自己；另一方面，她本可以从高等教育中受益。对姐姐的怨恨情绪使她感到内疚和焦虑。

这位强势的母亲是我们患者情绪矛盾的根源。每当她反抗母亲的控制和过度保护时（这种情况并不经常发生），她都会为反对母亲而感到内疚。她还担心自己的反对会导致母亲不被认可，甚至被拒绝。她认为，反对母亲会危及强大的母性保护，影响对外部危险和敌对势力的抵御。一句话，她在实现自己想要的独立自主和脱离母亲生活之间陷入了巨大的矛盾。这是患者的核心问题。

后来她嫁给了一个像她母亲一样有控制欲的男人，她爱他而且尊重他。

因此，她的丈夫和母亲争夺着对她的控制权，导致丈夫和母亲之间关系紧张。这种冲突使她非常痛苦，她迫切需要独立自主生活，她也不喜欢被夹在母亲和丈夫之间的斗争中。

她在结婚的最初几年不时努力解决这场斗争。事实上，她对母亲的认同远大于父亲，这让她产生了强烈的愿望来获得婚姻的主动权。她父亲人很好，但不值得效仿。她母亲对丈夫感到失望，总是不待见他。

但首先我们的患者必须面对她的母亲，在获得自己的独立自主的同时不至于危及母女关系的积极方面。这种认识和它带来的痛苦超越了一切其他事情，促使她选择进行心理治疗。

每当她讨厌母亲时，她就感到特别不安，她感觉到自己很难摆脱对母亲的依赖。但她只是隐约意识到自己害怕被母亲否定，以及自己内疚的根基。她表面上开朗、能干，但内心却有一种力不从心的感觉。治疗开始让她了解自己的矛盾心理，了解这些冲突如何影响她的生活决策。她想改观自己的情绪生活。

现在，随着自己的孩子即将出生，她正面临着一种情况，这是摆脱母亲控制的任务的缩影。她似乎无法理直气壮地告诉母亲不要来探望，不要接管她的生活，她害怕母亲和丈夫之间起冲突。

治疗使她开始更清楚地看到家庭矛盾给她带来了什么。她获得了洞察力，意识到要成为一个独立的个体、要从母亲和丈夫那里独立出来，她就必须阻止母亲的来访。由于她还没有做好准备获得自治，所以接受这次访问是不明智的。她仍然有太多的心理工作要做，无法应对当面对抗的压力，她认为自己赢不了。

尽管她对所需要的东西有了新的见解，但在面临母亲的到访时，她仍然感到非常内疚和焦虑。她母亲和姐姐之间的关系已经令她母亲如此伤怀，她怎么能让母亲失望呢？不让母亲来访成了一种拒绝。这样做可能会招致这个厉害女人的报复。实际上，她必须彻底了解自己，知道自己想要什么，并逼迫自己顶着可能引发的痛苦情绪把它处理好。

她在与母亲的通话中试图表达自己的愿望，像预期的那样语气坚决，不通情理。她一遍又一遍地排练想要说的话。母亲坚持要来，所以第一次谈话以失败、痛苦和困惑告终。

她检视了此后的一次治疗，治疗师指出了她的矛盾情绪。通常，向患者播放语音记录是为了帮助她听到自己说了什么。这同时也是帮助她回忆自己过去的努力，这样她就会明白发生了什么。

患者知道自己必须更加坚定，她再次给母亲打电话让她取消行程。这一次，她的反对更为强劲，母亲这次表现得像个受害者。她表示女儿不让她看望第一个外孙令她很痛苦。这场争吵给患者带来了严重的情绪困扰，还引发了哮喘。这次通话闹得不欢而散，她连着好几天失眠，反反复复思考这件事，一次次地演练下次该怎么说。

此后不久母女俩又通了电话，女儿非常焦虑地重申了她不想被探视，她想要独自迎接新生儿的出生，自己应付月子，但晚些时候还是欢迎母亲来访的。没想到的是，母亲这次怒火中烧，顽固不化，迫使女儿要么完全投降，要么坚持自己的立场。女儿现在不能退缩。这次，她变得比平时坚决，她将自己的沮丧和愤怒倾泻而出，没有给母亲留余地。母亲从没见过她这般架势，选择了退缩。如你所想，在这场对峙之后，女儿既为胜利而欢欣鼓舞，又饱含内疚和焦虑。她的丈夫很支持她，并明智地没有中伤岳母。婴儿出生后，她的注意力得以从与母亲的对峙中转移开来，新生命嗷嗷待哺，新的欢乐接踵而至。

婴儿出生六个月后，我们的患者邀请母亲来访。母亲的到访是一次艰难的经历，但平安度过了。女儿开始巩固自己新获得的权力，并逐渐与丈夫形成了一种更为自主的相处模式，只会偶尔在看望父母或父母来访时才感到不适。

在此后的几年里，她还时时在与母亲、姐姐和丈夫的自主权斗争中感到内疚和焦虑。但她迈出了有力的第一步，从此走上了将在治疗中学到的知识应用于生活和人际关系的道路。最后，她开始更积极、更现实地感恩父母。

她学会了与不时出现的内疚和焦虑和平相处而不会太过痛苦而不知所措。她仍有周期性的哮喘发作，但症状似乎没有以前那么严重了。

不要以为这样的问题会完全消失。情绪的改变令人向往，但并不容易，而且容易造成损失。改变也是循序渐进，好事多磨，但只要有成功的体验，最初的痛苦就会逐渐得到控制。如同胜利的忧伤，违背母亲和丈夫以及其他人的意愿仍然总是会带来焦虑和内疚，这些情绪残余还有待处理。但我们已经知道的仍然可能是未知，在这种情况下就是情绪模式失去作用，这也是心理治疗的基本原理。

我们现在要来检视几种主要的心理治疗方法，了解情绪在不同治疗中的作用。我们首先看看所谓的以洞察力为中心的疗法，它起源于弗洛伊德精神分析学，然后是近年来兴起的短程认知疗法。我们也会谈到其他类型的治疗方法及其工作原理。

以洞察为中心的疗法

大多数心理治疗的主要目的都是帮助患者了解他们问题的根源，因为要成功改变患者情绪生活就要先弄明白哪里出了问题。虽然心理治疗不是从精神分析开始的，但它深受世纪之交之时弗洛伊德和那些追随并修正了其开创性工作的精神分析思想家们的思想影响。

精神分析

在弗洛伊德理论及其治疗策略的影响下，心理治疗在 20 世纪 30 年代前后成为欧洲和美国的一个主要行业。虽然这种治疗方式已经不再那么备受推崇，但心理治疗总体上继续蓬勃发展，其实践在很大程度上归功于精神分析。弗洛伊德对心理学的兴趣最早发端于他在巴黎与沙尔科（Charcot）一起学习催眠。催眠帮助患者释放无意识的痛苦来源，揭开这些来源可以让治疗师了解此前不为人知的东西。

弗洛伊德的早期理论重点是凸显被阻隔、被隐藏的欲望。这当然可以通过催眠来实现。这种新疗法采用了"被堵塞的锅炉中的能量随时可能爆裂"这样的比喻，现在已经弃用，新疗法采纳这个比喻的核心是释放被阻隔的产生受抑制的能量的冲动。然而，弗洛伊德很快意识到，我们需要的不仅仅是释放，或所谓的宣泄。催眠的问题在于，患者基本上仍然处于被动状态，他们并未听从催眠师的建议，去努力积极地理解问题的性质和根源。这种理解被称为洞察力。精神分析的字面意思是对心理进行分析。

弗洛伊德的主要理论假设是，有心理问题的人没有认识到他们痛苦背后的冲突，自我防御歪曲了这些冲突，使他们无法意识到。催眠患者的行为和情绪是基于他们并不了解的相互矛盾的动机。

治疗的任务应该是让这些冲突以及驱动它们的冲动和恐惧被意识到，以便采取更有效的方式处理它们。如果患者能够理解发生了什么，那么就有可能改变不适合的反应。换句话说，更有效地应对生活中的情绪状况。理想情况下，患者将了解他们为什么不断犯同样的错误，学会如何采取不同的行动和反应。

为了加强洞察力，治疗应该揭示过去的记忆，特别是早期的童年创伤、被禁止的冲动和家庭冲突，弗洛伊德认为这些是情绪问题的根源。弗洛伊德开发了一种自由联想的策略来增强这种自我理解。在这种策略中，患者被要求在没有自我审查的情况下说出任何进入他们脑海的东西。自由联想成为精神分析治疗的主要特点。事实的发现常常遭到患者的抵制，因为回忆和观察所发生的事情极易威胁患者所构建的自我认同。

患者和治疗师之间形成了一种情绪关系，称为移情。移情指的是将儿童时期对父母的态度转向治疗师，而治疗师充当一种父母角色，这也是治疗成功与否的关键所在。实际上，患者对待治疗师的方式凸显了其对待父母的方式。随着对治疗师的依赖程度越来越高，患者可能会受到激励，从而克服暴露潜在冲突的自然阻力。

通过分析与治疗师的这种关系，分析童年时期的情绪关系，可以进一步了解问题所在。它揭示了爱、恨和矛盾的心理。为了鼓励这种探索，治疗师不会去批评患者，而是予以接纳和安慰，并允许他们自由地在过往特有的相互冲突的思想和感情迷宫中寻找出路，并在可能的情况下，对这背后的意义得出新的结论。然而，即使有洞察力也是不够的。仅仅知晓正在发生的事情并不能产生治疗效果。患者有必要重新经历痛苦的情绪体验，即需要获得情绪洞察力。

这种来之不易的洞察力最终必须通过以新的方式应对恼人的生活状况来尝试。精神分析的成功取决于充分解决生活中的问题，尝试对问题赋予新的理解，采用新的思维方式和行动方式。这往往是一个艰难且令人沮丧和痛苦的过程。真正的情绪变化来之不易。

在经典的精神分析治疗中，患者持续数年每周接受三到五次治疗，每次一小时。这是一个漫长而昂贵的过程，并且无法确定患者最初寻求帮助的情绪问题是否可以因此得到纠正。

由于探索目前情绪障碍的根源既耗时又昂贵，许多治疗师开始质疑是否需要对过去久远的心理给予如此多的关注。他们开始缩短这个过程，不再那么强调童年，而是更多地强调过去对现在的影响。许多对弗洛伊德的治疗方法的修改出现，其中一些被称为新弗洛伊德精神分析疗法。[5]

精神分析学家仍然使用传统的弗洛伊德方法，或者其修改后的方法。如今，曾经主导治疗领域的精神分析学多少失去了人们的青睐，更简单的治疗方法现在大行其道。然而，它的一些主要原理仍然主导着大多数疗法，最明显的就是大家相信情绪困扰和功能障碍是愿望、需求和思考方式的结果，因为自我防御扭曲了患者对自己的认识，所以他们没有意识到这些愿望、需求和思考方式。对洞察力的探索及其在处理与外部世界有关的失调方式中的应用仍然是治疗的核心过程。

认知疗法

具有讽刺意味的是，被称为认知疗法的治疗方法最初起源于行为主义对精神分析的心理主义概念的反对，强调无意识但有影响力的精神生活。这种反对属于美国学术心理学在大约 20 世纪 20 年代到 70 年代这个阶段的一部分。在这段时间里，人们不相信关于大脑中发生了什么的猜想，因为人们认为这与科学研究不相容。

由于不信任对心理活动的推论，所以强调可以直接观察到的东西，即一个人的行为，而不是一个人的思想和感觉，也因此被称为行为主义。从行为主义者的角度来看，我们要做的是帮助人们摆脱旧模式，习得新模式，从而让人们改变自身的行为。

科学潮流和时尚不断变化。到了 20 世纪 70 年代以后，认知心理学开始取代行为主义。认知心理学强调人们的想法是他们行为和感受的基础。这一观点奠定了本书对情绪的理解方式。

认知疗法是目前世界范围内临床工作的主要方法之一。认知治疗师认为，治疗之所以有效，是因为它改变了一个人思考生活问题的方式。人们从经历了事件发生后的积极或消极后果中获得了对未来的预期。这就是所谓的学习，也就是获得期望。一个人要改变情绪，就必须改变期望。行为治疗师仍然厌恶这种思维方式，他们更喜欢避免主观的语言和关于大脑的概念。

认知治疗师继承了精神分析原则，尽管他们曾一度抵制患者需要洞察和努力才能改变情绪这一观点。然而，就像早期对弗洛伊德精神分析学的修正一样，认知疗法也更多地关注现在而不是过去。认知治疗师认为，不必执着于发现和回顾儿童时期发生的事情。

认知治疗师也舍弃了精神分析理论的许多包袱，比如对生物冲动（本能）的强调，以及临床症状源于受压的精神能量的观点。认知疗法的基础很简单，即情绪问题的根源就是我们的所思所想，包括我们的需要和期望。

因此，认知疗法的任务是改变出现问题的思维方式，使人在与外界打交道的时候能够更有效且更少被情绪困扰。患者从多种治疗策略中获得帮助，了解错误的评估和应对过程是如何扭曲了他们的情绪生活。

大多数认知治疗都是由患者和治疗师之间的一系列对话组成。谈话在一定程度上受制于临床医生的治疗策略、患者的故事以及了解问题所在的需要。这与精神分析学家的"谈话疗法"不谋而合，也是大多数精神分析治疗师的工作方式。

患者来到治疗师的办公室，被问到来求诊的原因。他们诉说自己的困扰和生活问题，描述自己的症状和情绪困扰。治疗师寻找明显情绪困扰的事件。如果焦虑是问题所在，治疗师会询问让患者感到焦虑的事件，如果是其他情绪也是同样的做法。

这有助于了解患者的情绪模式，以及可以解释这种模式的想法、信念和个人目标，例如，过分否认威胁或设法与威胁保持情绪距离。长期或反复出现的情绪困扰始终是心理治疗的核心，因为它是社会关系恶化及其背后个人意义的最佳指标之一。

治疗师还需要了解患者希望在治疗中得到什么，以及问题是否反映了眼前的危机，比如说，由损失或长期的问题模式引发的危机。慢慢地，治疗师和患者之间就治疗过程中要实现的目标达成一致。

如果患者的目标不切实际，治疗师会指出哪些可以进行合理的尝试。通常，患者对问题的看法需要重新定义，这可能需要不少时间。这在很大程度上取决于患者最初遭遇的问题，以及治疗师采用的诊疗策略。然而，在所有类型的治疗中，都需要建立一套适当的期望目标，对出现的问题进行评估，并了解问题在患者的生活中是如何体现的。

让我们来看看当下专业技术人员推出的认知疗法的几个关键主题。这种疗法有很多种版本，所以我们必须缩小范围，集中看看最突出的几种。

最早的认知疗法之一是阿尔伯特·埃利斯（Albert Ellis）在 20 世纪 60 年代开发的，它被称为理性情绪疗法（rational-emotive therapy，RET），[6] 并且仍在发展壮大。埃利斯认为，一个人在做出反应时，对情况的理解比客观事实更重要，我们也是这么做的。正如本书所持观点，对自己和世界的信念塑造了人的情绪。埃利斯专注于研究错误的想法是如何引起情绪问题的。

埃利斯力图让他的患者抛弃那些据说会让患者陷入情绪困境的非理性观念。该疗法旨在使患者思维更为清晰和灵活，从而让他们获得正常的感受，减少自我损耗的行为方式。

非理性观念分为三大类：（1）我必须做好以赢得认可，否则我就是一个废人；（2）其他人必须以我想要的方式善待我，否则他们应该受到严厉的谴责和惩罚；（3）我生活的环境必须使我能够舒适、快速、轻松地得到我想要的东西，一切如我所愿。

埃利斯说，情绪障碍所涉及的思维是自我损耗的。这种思维有四种常见类型：（1）把事情往坏处想；（2）我无法忍受它；（3）自我无价值；（4）其他从糟糕的经历中得出的不切实际的结论。

埃利斯认为，当一个人的目标受阻时，一些消极情绪（如悲伤和烦恼）是恰当的。另一些消极情绪（如抑郁和焦虑）则不恰当，因为它们发生的根源使得消极的生活条件更加糟糕。当一个人的目标实现时，一些积极情绪（如爱和幸福）是合适的。其他积极情绪（如浮夸）是不合适的，因为它们产生的根源不对。虽然在短期内它们能让人们感觉良好，但迟早会导致与他人的冲突和考虑不周的冒险行为。所有目标都是适当的，即使它们不容易实现，但绝对命令（你必须干这干那）是不适当的，属于搬起石头砸自己的脚。

治疗的任务是确定哪些非理性观念导致了患者的问题，并说服患者放弃这些观念。如果患者能够看到观念是如何产生非理性预期的，就会更容易改变错误的思维，而根植于此的问题情绪也会随之转变。患者被教导质疑那些似乎让他们过度沮丧的事情，并问自己：“为什么我必须做好某件事？哪里写着我是坏人？哪里有证据表明我不能忍受这个或那个？”等等。

艾伦·贝克（Aaron Beck）[7]的治疗方法与埃利斯有很多类似的地方，他在治疗抑郁和焦虑方面的成就也很有名。贝克认为，抑郁症患者对自己、世界和未来有五种消极和扭曲的思考方式。这些扭曲会唤起焦虑和抑郁情绪，如果长期如此，会导致很大的情绪问题。

这些扭曲的思维方式包括：（1）选择性提取，即一个人忽视对立的和更有力的证据，在孤立的负面细节的基础上形成结论；（2）在没有证据的情况下做出否定性评价的随意推断；（3）过度概括，从单一事件中得出否定结论，并不适当地应用于其他情况；（4）放大（有时被称为灾难化），即负面事件的重要性被高估或放大；（5）非黑即白，即绝对化思维，认为任何事情要么是好的，要么是坏的，主要是后者。请注意，这些观点与埃利斯关于非理性观念和错误思维的理论是多么地相似。

与埃利斯一样，贝克设定的治疗任务是帮助患者放弃这些有害的观念，这些观念被认为是反复出现焦虑或抑郁的原因。与大多数其他现代认知疗法一样，患者的情绪洞察力是改变的关键。例如，抑郁症患者认为自己的处境毫无希望。因此，为了克服抑郁倾向，患者必须发现核心的错误思维，正是它令患者的错误思维模式反复出现，重复同样的问题情绪模式。

这里需要一些限定条件。对于由于客观原因感到抑郁的人来说，例如有的人因突发疾病身体状况急剧恶化，帮助他们缓解抑郁就要求他们学会尽力而为，他们仍然可以在有限的珍贵生命馈赠中获得重要、积极的目标和乐趣。我们不得不再次强调，这个说起来容易做起来难。

然而，在这种模式下他们很可能感觉很不好，治疗不能解决错误的思维，也不能帮助他们完全认识到如下事实：生命短暂，受害者的感觉无法带来持续的满足感，抑郁没有好处，虽然身体不好但其他方式可能可以提高生活质量。所以，我们仍然在谈论改变思维方式。

我们的两个朋友就是这种情况，其中一位看起来健康而精力充沛的男士最近接受了冠状动脉阻塞的搭桥手术，术后遭遇一系列令人痛苦的副作用，他不得不多次接受手术，一年多的时间里他都很痛苦，无法进食，体重和体力下降，筋疲力尽，无法维持他热爱的工作。另一位是名三十多岁的年轻女性，可能是由于医疗技术落后导致她完全失明，她对自己的处境既愤怒又沮丧。

如果治疗能够帮助这两位不幸命运的受害者利用他们的潜能，那么不幸的未来岁月可能会有所改观。如果他们仍然沉溺于自己的不幸，找不到其他方式来培养动机并进行应对，这些就不可能发生。而剩下的就只有来自家人和朋友的同情，这当然也是有价值的，但不足以代替这些不幸的人掌控自己的生活，活出精彩的人生。

其他认知疗法治疗师尽管也关注错误推理如何激发情绪，但他们主要关注应对技能的发展。其中一种方法是唐纳德·梅钦鲍姆（Donald Meichenbaum）的压力接种培训计划。[8]患者意识到了自己的负面自我形象和自我判断。他们获得帮助，了解在问题情境中会发生什么，培育积极的自我判断，并学习如何更有效地应对压力情境。

梅钦鲍姆也使用"认知重建"这个术语来明确治疗的目的。患者开始以不同以往的、更有效的方式来理解事物。⁹认知重建的含义类似于我们所使用的"重新评估"一词。

压力接种培训的创始人梅钦鲍姆和在警方使用过这一培训的雷·诺瓦科（Ray Novaco）¹⁰对压力接种培训的定义就是获得新知识和应对技能，以应对预期的压力。警察遇到罪犯的情形往往升级为暴力冲突。警方认为，这种暴力升级是不专业的，不希望它发生，尤其是有时候警察的出现会引发暴力，他们不想看到这种情况。这种培训据说可以让他们预防可能的不幸场面。诺瓦科还培训了缓刑律师应对客户的愤怒和攻击。

以警察培训为例，培训项目分为三个阶段。阶段一，向一组警官讲授压力和悲伤情绪是如何形成的。在这个教学过程中小组成员之间也会相互交流，介绍他们经历过的糟糕情形，分享他们失败和成功的处理经验。该小组还学习了一些自我告诫方法，帮助他们控制失控的想法和行为。例如，提醒自己慢下来，在罪犯挑衅时压住心中怒火。阶段二，演练处理可能的对抗情形。阶段三，在现实生活中尝试使用所学方法，然后在小组讨论中进行评价。

这种培训计划的亮点在于教学过程中警察认识并讨论他们对压力条件下的不良情绪反应。这可能会让他们感到惊讶，例如，罪犯竟然能如此激怒他们，又如此轻易地操纵他们的愤怒。他们的自尊很容易受到激怒的威胁。因为他们很容易失去冷静，对抗往往升级为暴力，从而需要武力来控制。

了解自己的情绪问题及其对工作的影响有助于他们认识到自己的错误。如果没有这种洞察力，他们很难在未来避免类似的错误。

这一方法展示了我们之前说过的心理过程，这种心理过程来自人的内心，激化了失控的情绪，阻碍了对必要的应对技能的学习。问题不仅在于获取信息，还在于洞察自己在事情发生过程中的情绪。当破坏性冲突和错误的评估激发了失控的情绪时，尤其是当这个当事人还不了解情绪失控的根源时，简单地教授不同的处理技能，例如按图索骥地查询信息或在小组中发言，往往收效甚微。

一个很好的例子来自对女性在社交场合自信的训练，它说明根深蒂固的性格特征可以使得学习技能的努力功亏一篑。虽然这些自信训练项目主要是针对女性的，但不够自信果断的男性也可以从这样的项目中获益。随着现代女权主义者倡导女性在学校和工作中更加自信，许多女性接受了这种培训。假设大多数传统榜样认为妇女在社会关系中应该是附和者而不是竞争者和主导者，女性在这种影响下长大从而缺乏自信。该培训计划的目的是教会受训者如何保持坚定自信又不表露敌意。

有一项很有意思的研究表明，参与项目的女性必须学习的内容很多，不仅仅学习如何说话。培训结束后，学员要展示所学技能并被评估。尽管她们在展示中遵循指令，但评估者仍然认为其中许多人并不自信。[11] 她们根深蒂固的顺从表达模式压倒了她们学到的语言和举止，评估者透过这些表层的言行看到了根植于心的模式。这些女性需要在态度上做出更深刻的改变，才能真正做到自信。如果没有更根本的变化，技能培训永远都不能起作用。这就是所有洞察疗法的基本理论。

非洞察疗法

替代洞察疗法的主要方法是基于这样一种信念，即包括失控情绪在内的不良习惯是有条件的和去条件的。读者应该把"条件"视为学习的专业术语，让我们以习得为中心的疗法为例来说明这种方法。

以习得为中心的疗法

在以习得为中心的疗法中，有两种条件作用，在技术上称为经典条件作用和工具条件作用。在经典条件作用中，像愤怒和焦虑这样的情绪被唤起，并与某种中性刺激相匹配，当类似刺激再次出现时，这些情绪又会出现。

比如，我们曾经在一个留着小胡子的陌生人出现时感到恐惧，于是这种幻象成为对恐惧的条件反射。此后，我们看到留胡子的男人就会害怕。这种习得的前提是恐惧和胡子需要多次匹配，但是如果所涉及的情绪够强烈，比如在创伤性事件中，仅仅匹配一次也足以在中性刺激（胡子）和配对的情绪反应（恐惧）之间建立心理联系。当事人可能对这种匹配有所知觉也可能毫无知觉，不过，由于人可以用语言表达心中的期望，有所知觉是有助于习得的。

多年前，苏联生理学家伊万·巴甫洛夫（1849–1936）偶然发现了这种习得方式。巴甫洛夫把狗拴起来研究唾液和消化，他注意到不仅狗嘴里的食物本身会促使唾液分泌，仅仅看到食物也会促使唾液分泌。唾液对食物的反应是与生俱来的，但这种反应已经与食物的形象联系起来。

在他的实验中，巴甫洛夫还发现，如果唾液分泌和某种本来无法引发唾液分泌的刺激之间建立了联系，这种刺激（例如铃声）也会使狗分泌唾液。在巴甫洛夫的实验中，铃声最初不能引起唾液分泌。当然，食物是会使狗分泌唾液的。所以，如果铃声与唾液分泌建立了联系，铃声一响狗就会流口水。这条在无意中发现的具有重大意义的学习原则使巴甫洛夫成为有史以来最有影响力的心理学家之一。

后来有人证明，像恐惧这样的情绪也可以通过这种方式习得。我们在这里使用"恐惧"这个词，而不是"害怕"或"焦虑"，因为这是条件反射理论家通常给情绪贴上的标签，尽管我们更愿意使用"焦虑"和"害怕"这样的词（参见第 3 章）。

在好几代心理学教科书中都提到了 20 世纪 20 年代进行的一项与恐惧条件反射有关的著名实验。在实验中，一个名叫阿尔伯特的男婴看到白鼠和其他毛茸茸的动物就会害怕，因为白鼠曾经出现在一种令他恐惧的环境中。[12]

一个巨大的噪音和白鼠同时出现，用来引发恐惧。后来，当白鼠在没有巨大噪音的情况下出现时，孩子也会做出恐惧的反应。孩子学会了把恐惧和白鼠联系起来。这种条件作用的本质是当一种本来不令人害怕的刺激（白鼠）[13]与另一种本来就令人害怕的刺激（巨大噪音）反复匹配时，它也会激发恐惧，这就像巴甫洛夫研究中的铃声一样。

这项实验很快就引出了一个重要的治疗理念，即不想要的情绪可以像它被习得的那样被忘却或去条件化。例如，一位名叫约瑟夫·沃尔普（Joseph Wolpe）[14]的精神病医生发明了一种疗法，他将引发患者恐惧的刺激分级别呈现，从不引发或略微引发恐惧到逐渐增强的等级。等到患者不再对轻微刺激感到恐惧时，治疗师才继续治疗下一个更为强烈的刺激。一些熟悉的令人放松的事物或活动被用来帮助消除这些引发恐惧的刺激和恐惧之间的条件关系，例如一顿美食。

第二种条件作用在技术上被称为工具性调节。这是另一种方式的刺激条件安排，也有利于习得。我们常常用工具性调节来训练动物。例如，当我们教狗学习"待着"或"来"的命令时，由于它自己的原因，狗必须在我们发出信号或命令时立马完成动作。狗最终学会了将执行动作与命令联系起来，命令就此成为发生所需行为的工具。它学会这样做是因为我们在动作完成后会给它一点食物或爱抚，这是它想要的回报。

一种不想要的情绪可以采取同样的方式被联系到一种通常不会引发它的动作上，方法是该动作之后紧随一件倒胃口或不愉快的事件，例如惩罚。当动作和情绪之间的联系建立后，我们一做这个动作就会体验这种情绪。这样，当我们生气时，我们已经知道另一个人（比如父母或老板）会以生气来回应，这可能是危险的。因此，我们表达愤怒时也会感到焦虑，因为可能会发生危险的回应。愤怒和焦虑之间的这种联系可以被认为是一种发生在行为和威胁之间的工具性条件作用的例子。

20世纪70年代，我们对条件作用过程的理解方式发生了一个重要的理论变化，认知疗法因而兴起。我们现在知道，所习得的是在一个动作或条件信号之后有害或有益后果的预期。

巴甫洛夫的狗学会的是，本来没有特殊意味的刺激（如铃声）将带来食物奖励或惩罚。从认知上来解释，它们习得了一种期待。一只会听命令的狗已经习得了期待得到食物奖励或主人的认可。那些在表露愤怒时感到焦虑的人则预期会得到惩罚性的回应。

认知治疗师认为，习得是获得对某种伤害或益处的期望。这实际上就是评估事件对人的福祉的意义，它不仅是一种评估，还总结或创造了对后续发展的预期。要想消除有害情绪反应，就得教导当事人重新评估引发这一有害情绪的条件。换句话说，改变这种评估和对将要发生的事情的预期。

放松、冥想、催眠和生物反馈

虽然有些简单的做法并非以洞察力或期望改变为基础，但也可以帮助缓解焦虑和其他痛苦情绪。最古老、最简单的做法是系统的放松练习，它力图让被情绪困扰的身体平静下来。例如，在渐进式放松中，一个人依次使身体的各个主要肌肉群绷紧再松弛，从而达到放松的目的。

与此相关的一种方法是模仿佛教徒打坐的冥想。正如哈佛医学院著名心脏病学家赫伯特·本森（Herbert Benson）所倡导的，坚持每天一到两次，每次 10 到 20 分钟，非常简单。在本森的方法中，冥想行为并不包含任何宗教内涵。[15]

患者选择一个单词或简短的短语，例如"一"，静静地坐在舒适的位置上，闭上眼睛，放松肌肉，有规律地缓慢呼吸，反复默念"一"。如果有其他念头进入脑海，患者应不予理会，而是继续回到这个不含意义的单词或短语，努力排除其他想法。在冥想结束时，患者安静地坐个几分钟，然后恢复正常活动。不断的练习会使人更加熟练。

听起来很有道理，人们很早就知道放松和冥想可以帮助一些人减轻令人疲惫的压力。然而，正如我们在第 12 章中所指出的，我们需要对它有更深入的了解，才能判断它对谁有用，在什么情况下有用，能起多少作用。

这类做法的优点之一是不太可能造成太大伤害。另一个好处是，它可以在没有专业干预的情况下在家里完成，尽管经常会有从业者进行指导。它的一个弱点是无法触及困扰问题的核心，也无法提供任何关于焦虑的原因的见解。

催眠至今仍被用于心理治疗。它在洞察力疗法中的传统用途是暴露隐匿的冲突，以便在有意识状态下更系统地进行探索。因此，催眠是洞察力疗法的一种辅助手段。

它还作为一种极易受暗示的状态被使用，在催眠状态下提出的建议，比如戒烟或精神放松，可以帮助一些人克服不必要的依赖，并缓解其紧张状态及其生理症状。催眠有时也被用来减少头痛的频率和强度，缓解因焦虑而窒息的哮喘发作的严重程度，并控制焦虑本身。

与放松和冥想的情况一样，催眠的方法也并不触及患者问题的核心，也不会通过揭示问题的原因来增进认知，因此它只是一种浅表性的治疗，或者是洞察力疗法的辅助手段。

最后，一种被称为生物反馈的方法为当今很多专业人士青睐，它被用来减缓紧张性头痛和情绪困扰的其他生理症状的频率或强度。电子设备被连接到期望缓解压力的患者身上，以监测其心率、皮肤阻力或肌肉活动。横穿眉毛的额肌与紧张性头痛有关，是常见的生物反馈靶点。

生物反馈方法对患者身体的自动反应进行主动控制，该方法依赖于对生理活动的变化进行图像或音像的记录，这些变化转化为患者可以观察到的视觉或听觉检测器上的读数。实际上，有关生理反应的信息会反馈给患者，以便他们可以观测到自己对它的控制。某些思维方式有助于放松，而有的思维方式则不能，因此如果患者不经意间遇到了有用的方法，他们就可以学着对通常不能主动控制的身体反应进行有限的调控。

没有人确切知道患者的哪些具体想法或行为改变了他们的生理活动，关于这种对生理状态的有效控制始终存在争议。一种理论认为，控制是间接的。也就是说，它是由患者在监测生理状态变化时的想法和行为产生的。[16] 生物反馈可能再次证明了患者对发生的事情的理解方式有多重要，这种理解方式影响了情绪及其相关生理反应。与本节中的其他方法一样，这种治疗方法是表层的，因为它不会向患者指明引发身体紧张的心理原因，而是指导患者控制其生理症状。

心理治疗中的情绪

治疗方法在对待情绪的方式上有所不同。所有的治疗师都认同情绪的重要性，它既是痛苦和障碍的根源，也是患者生活中出现问题的实例。他们将情绪当作关键的治疗工具。率先研究情绪在心理治疗中的作用的莱斯利·S. 格林伯格（Leslie S. Greenberg）和杰里米·D. 沙弗安（Jeremy D. Safran）提出了以下原则：[17]

> 我们必须搞定情绪在治疗中的作用，否则，我们就无法拥有使心理治疗发挥其强大的改变潜力的关键要素，我们也无法理解人类的改变过程。

继弗洛伊德之后，精神分析学家首先将情绪视为先天冲动（或未满足的目标）受阻的症状。治疗方法是清除制造压力的紧张情绪，这一过程通常被称为宣泄。患者谈论困扰他们的事情，说出沮丧和痛苦，表达被压抑的感觉，从而得到宣泄。人们认为这种方式清理了干扰患者生活的毒素，就像泻药可以清除消化过程中的废物一样。

弗洛伊德后来修正了这一观点，严重情绪障碍者（他称之为神经症）的问题在于一种威胁性的冲动被抑制了。对威胁的防范令人无法认知真相，所以问题在于防御，而不是被阻止的冲动。这种转变带来了不再将心理治疗看成宣泄的新视角。新的观点强调对防御机制的揭示和洞察，人们认识到关键并不在于在治疗中宣泄或释放堵塞的能量。

遗憾的是，将情绪与堵塞的能量联系起来在精神分析理论上表达了一种病态的含义。正如我们所看到的，这是错误的，因为情绪不仅是阻碍目标也是满足目标的适应性结果。当情绪源于不恰当的评估和应对过程，它们才会出现问题，才算是病态，需要得到矫正。问题的关键应该是当事人如何评估正在发生的事情，以及这种评估如何适得其反，导致无效的应对方式。

要治疗由自我防御引起的情绪问题，就得揭开患者的防御，看清受阻的冲动，有意识地对错误的评估和应对过程加以改变。但这种洞察力必须通过以行动为中心的情绪对抗来检验，我们之前称之为"闯关"。只有经历过痛苦的情绪体验，又尝试过新的应对方式，人的内心才能发生根本性的变化。

行为治疗师很少提及一个人在对有害情绪进行去条件的过程中如何评估正在发生的事情。要想奏效，治疗必须让患者面对情绪困扰源。在治疗之前，患者是逃避这些困扰源的。

治疗任务是忘却习得，这样患者在做某个动作或看到某个联想到恐惧的物体时就不会恐惧。患者必须在事件和痛苦情绪的对仗中发现痛苦并不会如影随形。例如，那位无力反驳母亲的患者必须了解，如果她自作主张，会激怒她的母亲，但预期的灾难并不会降临。恐惧的人必须知道他们对恐惧的预期是错误的。要了解这一点，他们就得不再躲避那种总是带来恐惧的行为，而是去做那个自己担忧其后果的动作。比如驾车过桥去附近的一座城市，这使得人们有可能发现，他们并不会因为驾车过桥而受到伤害。治疗提供了一个机会，让人们发现并利用它来改变自己的生

活方式。请注意，这种发现也可以被称为洞察。下面引用的两位行为治疗师的话表述了这一观点：[18]

> 焦虑症患者总是不断地躲避面对引发恐惧的治疗方案……事实上，如果神经质患者采取逃避的策略，无法识别且／或无法从引起不适的自身或环境的信息中全身而退，那么心理治疗可能可以被认为是提供了一种环境，促使患者面对这些信息，从而使问题（情绪）发生变化。

认知治疗师认为痛苦和不正常的情绪是负性事件所建构的个人意义的结果。他们的治疗目标是改变这些个人意义和形成它们的思维方式。然而，治疗不仅仅是对问题的知识探索，还包括体验与之前病态的思维方式相关联的情绪以及与新的更为现实的方式相关联的情绪。

解决问题的要旨体现在认知治疗师所说的情绪与理性的结合，这是另一种强调情绪洞察而非智力洞察的方式。例如，心理治疗师唐纳德·梅钦鲍姆和罗伊·卡梅隆（Roy Cameron）[19] 在讨论压力免疫的时候，这样描述在治疗中使用的自述令人联想到艾米尔·库伊（Emil Coue）的祷告，"每天我都在以各种方式变得越来越好"。

> 重要的是你得理解，（自述）并不是作为时髦用语或是可以无意识重复的口头安慰剂。鼓励使用范式或心理学的套话会导致死记硬背和毫无情绪的一些状况，与作为压力免疫培训目标的解决问题的思维不是一回事。过于笼统的范式思维往往被证明是无效的。

认知治疗师阿尔伯特·埃利斯[20] 就思维、情绪和动机的统一提出了相关观点：

> 理性情绪疗法认为，人类的思维和情绪并不是两个完全不同的过程，两者相互重叠，从某些方面来说其实际目标本质上是一回事。就像感知和移动这两个基本的生命过程一样，两者相互融合，永远不能完全分开……因此，与其说"史密斯思考这个问题"，不如说"史密斯感知－行动－感知－思考这个问题"。

另一种认知疗法的创始人亚伦·贝克（Aaron Beck）略微偏离了理性和情绪之

间的关系，指出没有思考和理解的情绪宣泄也不足以产生变化：[21]

> 如果宣泄……或者情绪体验具有治疗效果，那么某些知识结构就具有重要意义。很明显，人在一生中不断经历宣泄和发泄……却没有任何益处。治疗环境似乎提供的是患者同时体验"热认知"（高度情绪化的想法）和后退一步即客观审视这一体验的能力……不管治疗师是采用精神分析法、行为治疗法还是认知治疗，当治疗有效时，关键的组成部分是治疗结构中"热认知"的产生……以及来检查这些认知的（真实性）的机会。

还有一种我们尚未提及的洞察疗法，它名为体验式生存疗法，其中心是生命的意义，这个生命的意义患者可能是丧失了，或者从未充分探索过。[22] 这种疗法看起来很像精神分析，只是它主要关注的是作为美好生活基础的根本意义没有得到构建或维持。

体验式生存治疗师将情绪视为出现问题的关键，就像 20 世纪 60 年代的反文化一样，他们认为出问题的人需要被触及情绪。患者的任务是多了解通过情绪所表达的个人意义，并对它们做出更积极的反应。据说，在这种治疗方法中，情绪的体验和表达是发生改变的必要条件。

因此，不同的心理治疗学派之间有着惊人的一致性。大家都认为，对痛苦情绪的逃避会妨碍人们理解生活中发生的事情。无论是焦虑、愤怒、内疚还是羞耻感，坦然面对情绪以及引发情绪的情境是洞察和改变的必要条件。所有的疗法都认为情绪和理性是统一的，两种理念在此汇合——思维模式奠定了情绪的基础，患者必须在生活和体验中将两者结合起来，而不是防御性地试图将两者隔离开来。

行动、感觉、思考、渴望和对社会环境的感知都在治疗中被关注，目的是消除这些心理活动之间的冲突。没有思维的感觉在这方面于事无补，光有思维而没有感觉、行动或维续生命的动机也无济于事。在治疗中，所有这些多样但相互依存的心理活动都必须由患者整合在一起，以形成足够完整的精神状态，这就是改造情绪的可能方式。

参考文献

1. See, for example, Yates, M. (1976). *Coping: A survival manual for women alone.* Englewood Cliffs, NJ: Prentice-Hall, as one of many examples.

2. Hatfield, E., Cacioppo, }. T., & Rapson, R. L. (1993). Emotional contagion. *Current directions in psychological science, 2,* 96-99.

3. Gornick, V. (1987). *Fierce attachments.* New York: Simon & Schuster.

4. Isn't "smothered" a striking word in this context! It links "mother" with not being allowed to breathe. It is noteworthy that early psychoanalytic pioneers in psychosomatic medicine regarded the conflict between wanting independence and fearing it as the psychological basis of asthma.

5. One school of neo-Freudians took root in Chicago and was dominated for a time by the ideas of Karen Horney; see Horney, K. *The neurotic personality of our times.* New York: Norton. Other neo-Freudians, who deviated sharply from many of the Freudian concepts, included now famous figures who had earlier belonged to the Freudian group. They were Jung, C. G. (1916). *Analytic psychology.* New York: Moffat, Yard; Adler, A. (1927). *The practice and theory of individual psychology.* New York: Harcourt; Sullivan, H. S. (1953). *The interpersonal theory of psychiatry.* New York: Norton. Today there are additional offshoots too numerous to mention that have gained prominence in psychoanalytic thought.

6. Ellis, A. (1962). *Reason and emotion in psychotherapy.* New York: Lyle Stuart. See also Ellis, A., & Grieger, R. (Eds.). (1977). *Handbook of rationalemotive therapy.* New York: Springer; and Bernard, M. E., & DiGiuseppe, R. (Eds.). (1989). *Inside rational-emotive therapy.* San Diego, CA: Academic Press.

7. Beck, A. T. (1976). *Cognitive therapy and the emotional disorders.* New York: International Universities Press. See also Beck, A. T., & Emery, G., with Greenberg, R. L. (1985). *Anxiety disorders and phobias: A cognitive perspective.* New York: Basic Books.

8. Meichenbaum, D. (1977). *Cognitive-behavior modification: An integrative approach.* New York: Plenum.

9. See also Goldfried, M. R., & Goldfried, A. P. (1975). Cognitive change methods. In F. H. Kanfer & A. P. Goldstein (Eds.), *Helping people change.* New York: Pergamon. Also Goldfried, M. R. (1980). Psychotherapy as coping skills training. In M. J. Mahoney (Ed.), *Psychotherapy process: Current issues and future directions.* New York: Plenum.

10. Novaco, R. W. (1979). The cognitive regulation of anger and stress. In P. C. Kendall & S. D. Hollon (Eds.), *Cognitive-behavioral interventions: Theory, research, and procedures.* New

York: Academic Press. See also Novaco, R. W. (1980). Training of probation counselors for anger problems. *Journal of Consulting Psychology, 27,* 385-390.

11. McFall, R. M., & Twentyrnan, C. T. (1973). Four experiments on the relative contribution of rehearsal, modeling and coaching to assertion training. *Journal of Abnormal Psychology, 81,* 199-218.

12. See Watson, J., & Rayner, R. (1920). Conditioned emotional reactions. *Journal of Experimental Psychology, 3,* 1-14. See also Watson, J. B., & Watson, R. R. (1921). Studies in infant psychology. *Scientific monthly, 13,* 493-515. Also Jones, M. C. (1924). A laboratory study of fear: The case of Peter. *Pediatrics Seminar, 31,* 308-315.

13. A white rat could create fear in an adult who believed it carried germs and liked to bite people; however, this belief itself is conditioned.

14. Wolpe, J. (1958). *Psychotherapy by reciprocal inhibition.* Stanford, CA: Stanford University Press.

15. Benson, H. (1984). *Beyond the relaxation response.* New York: Times Books. See also Benson, H. (1978). *The relaxation response.* New York: Avon.

16. Andrasik, F., & Holroyd, K. A. (1980). A test of specific and nonspecific effects in the biofeedback treatment of tension headache. *Journal of Consulting and Clinical Psychology, 48,* 575-586. See also Lazarus, R. S. (1975). A cognitively oriented psychologist looks at biofeedback. *American Psychologist, 30,* 553-561.

17. See Greenberg, L. A., & Safran, J. D. (1989). Emotion in psychotherapy. *American Psychologist,* 44, 19-29.

18. Foa, E., & Kozak, J. J. (1986). Emotional processing of fear: Exposure to corrective information. *Psychological Bulletin,* 99, 20-35. Quote on p. 20. 19. Meichenbaum, D., & Cameron, R. (1983). Stress inoculation training: Toward a general paradigm for training coping skills. In D. Meichenbaum & M. E. Jaremko (Eds.), Stress *reduction and prevention.* New York: Plenum Press. Quote on p. 141.

20. Ellis, A. (1984). Is the unified-interaction approach to cognitive-behavior modification a reinvention of the wheel? *Clinical Psychology Review,* 4, 215-218. Quote on p. 216

21. Beck, A. T. (1987). Cognitive therapy. In J. Zeig (Ed.), *Evolution of psychotherapy.* New York: Brunner/Mazel. Quote on p. 32

22. See Bugental, J. F. T. (1990). *Intimate journeys: Stories from life-changing therapy.* San Francisco: Jossey-Bass, for an example of experiential-existential therapy.

Passion
and
Reason
Making Sense
of Our
Emotions

第14章
结语

　　我们在前言中强调了两个要点。第一，情绪是个人意义的产物，它取决于那些对我们至关重要的东西——我们的目标以及我们对自己和所生活的世界的信念。第二，每种情绪都有其戏剧性情节或故事，由我们赋予体验的个人意义来定义。要理解我们的情绪，就需要了解这些情节。本书从头至尾都围绕这些内容进行详细阐述，研究了情绪的其他问题和特征，并提供案例来具体说明。

　　现在，我们回到这些话题上来，梳理我们探究情绪所发现的主要教训。令人印象深刻的是，从事心理治疗的临床医生认识到情绪在患者日常生活中的重要性（参见第13章）。作家和编剧也很清楚，人们在生活中成功与否都反映在情绪上，而情绪反过来又集中体现了人们的满足、痛苦和问题，这并非巧合。治疗师力图让患者审视自己的情绪和激发情绪的情境，以便指出他们生活中的错误和正确之处。然而，即使不接受治疗，你也可以将这本书中的经验应用到自己的生活中，从而获得心理治疗可能带来的一些好处。现在我们来看看这些你可能愿意记住并思考的锦囊。

激情和理性是无法分开的

传统社会一直试图将激情与理性或者说心灵和头脑分开。你现在应该知道，情绪并不是这样的，无论是在被唤起的时候，还是在社交生活中被控制的时候，情绪总是依赖于理性，二者在本质上不能分离，除非出于分析的目的。这是我们要上的最为重要的第一课，它对理解和应对我们的情绪生活意义重大。

我们必须纠正一个由来已久的习惯，那就是认为情绪是非理性的，是与我们的思维方式无关的；恰恰相反，构成我们所经历的每一种情绪的主要原因，就来自对我们日常生活中发生的事情及其事关存在的广泛意义的评估。要弄清为什么会感受到某种情绪，就得弄清我们从带来这种情绪的生活事件中所获得的个人意义。我们在本书中用评价来作为指代这些评估的术语。评价也会影响我们以何种方式应对引发情绪的事件，以及我们如何控制情绪的表达。

此外，我们如何应对生活中的情绪状况，以及这种应对行动如何适应我们所处环境的要求，对于我们有效管理日常生活并完成生活中各种高压力的任务非常重要。应对所依赖的评价的准确性及其智慧，与包括幸福感和不幸福感在内的我们的身体和心理健康，都有很大关系。

情绪取决于我们的个人经历

作为人类的一员，我们彼此有很多共同之处（如我们的生理和心理能力以及我们生存和繁衍的必需品），但我们的生理和心理构成也存在巨大的个体差异。有些人高，有些人矮；有的瘦，有的胖；有些人动若脱兔，有些人静若处子；有些人天生急腹痛、容易发怒、极度紧张，有些人则生来平静快乐；有的聪明、活泼、才华横溢，有的则沉闷乏味。凡此种种，以及我们其他的各种基本特质，对我们的情绪有着重要的影响。

我们的个人生活史也同样千差万别。我们生活在国家的不同地区，操着不同的方言或口音，归属不同的亚文化、种族和宗教，有不同的父母，上不同的学校，接受不同的老师的教育，与不同的兄弟姐妹一起长大，等等。有的人穷，有的人富；有的人父母恩爱，有的人父母离异或者从小就失去了父母一方或双方的陪伴；有人父母可能刻薄、冷漠、麻木不仁甚至粗鄙恶劣，而有人父母则热情、聪明、富有教养。

所有这些生物学和社会经验上的差异，都与情绪模式的个体差异有很大关系。随着我们从童年到成年的发展，我们了解到有关生活本质的方方面面，学会如何身处其中。虽然我们大都有着相同的人生目标，但其中某些目标对有的人来说更为重要。对于有些人来说，成功是人生最重要的目标；而对于有些人来说，成就事业意义不大，而拥有温暖、友好的社会关系是最重要的。

人们对自己和世界的理念也各不相同。他们习得了不同的评价和应对方式，他们必须承受不同的压力，并从中学习如何应付。其中一些差异源于出身的随机性，以及他们早期对教育、职业、婚姻家庭和居住地所做的决定。

这种差异意味着每个人都会产生一套相对独特的情绪模式，要理解它，你必须在两件事情上了解自己与他人的不同。其一，你拥有的价值观和目标，以及你对自己和世界的信念与他人不同。其二，你所处的实际环境对你来说是独一无二的，它具体要求着你的所有，约束你的生活和行为方式，也给你提供不同的机会。

尽管情绪过程的规则对我们大家来说并不复杂，但你自己的性格在你所遇到的特定环境中所形成的要求、约束和机会，在你的一生纷至沓来，日复一日，使你的情绪模式与众不同。你的环境，尤其是你所处的社会环境，也就是要打交道的人，在你一生中不断变化，而你也在变化。情绪对这些不断变化的情形非常敏感，正如我们多次说过的，情绪是你人生发展的有效指标。

举例说明我们人生的各种改变，无论你现在是处于青年、中年还是老年，你的期望和信念都不再是小时候那样的了。年轻的时候，你必须选择自己的人生方向，并做出与之相关的选择；到了中年，个人问题涉及目前的工作或职业、孩子的抚养、未来的经济保障的改善；到了老年，对大多数人来说，工作和职业不再居首位，健康和养生才是最重要的。这里的关键是，随着世界的变化，在人生的不同阶段，这些不同的目标、思维方式、面临的压力和机会、个人的努力及对现在和未来的感知，昭示着不同的情绪模式和应对人生挑战的方式。

人们主动地塑造着自己的生活

我们还有一个重要的发现，那就是人们不会坐等事情发生在自己身上。他们会寻找实现目标的有利条件，尽量避免不利条件，并努力应对必须面对的所有事情。我们中的一些人可能比其他人更容易察觉到这些选择。但显然这些选择是我们一生中必须要面临的。

把一个还不会爬或走路的婴儿放在某个地方，婴儿无法移动到更舒适、更安全或可以更专注的地方。要改变婴儿的周边环境和心理状况，就得保育员出手干预才行。然而，婴儿并非完全被动，因为他可以通过哭泣、移开视线、满意地微笑以及其他越来越丰富的方式来表达他的困境。随着年龄的增长，他越来越有能力应对环境。到成年时，我们在生理上和心理上都已经足够成熟，可以解决自己的需求，并应对必须面对的状况。

在面临生活中的选择时，我们不断评估正在发生的事情、我们正在做的事情、我们的反应以及其他人的反应或将要做出的反应的意义，尽量把手上的牌打好。即使我们没有意识到我们构建的个人意义，这种评估（和重新评估）的过程一直都在进行，它指导我们如何打这些牌。

虽然我们通常不太可能改变现状，但那些干得好的人会积极努力，尽可能改变不好的境遇，为必须面对的事情做好准备，并在无能为力时尽力而为。这里值得注意的是，即使在非常困难或糟糕的情况下，大多数人还是能抖擞精神，保持乐观。生为人类，我们注定要努力奋斗，体验快乐和幸福，也要品尝失落、痛苦和艰辛。情绪从不缺席人生的这些场景。

理解我们的情绪

我们的第四个锦囊是每种情绪都有其独特的情节，包括揭示特定个人意义的评价。愤怒有它自己的戏剧性场景，焦虑、内疚、骄傲、爱等也是如此。

正如我们在前言中所阐述的，了解每种情绪的情节可以很好地帮助我们理解自己和他人。我们从很小的时候就开始学习和欣赏这些故事。因为我们所经历的每一种情绪都有其固有的逻辑，如果我们了解这个逻辑，我们就能破译自己、爱人和敌人所经历、所表现的情绪模式。

所以，比如我们感到愤怒，或者看到别人生气时，我们可以了解其原委。就愤怒而言，我们知道那是因为某件事情、偶然事件或某人的作为或不作为被理解为对内在自我的侮辱。对于每一种情绪，我们通常都可以整合出一个有意义的情节。

到目前为止，我们应该已经清楚，人类可以在自己和他人的生活中解读这些情节。它们是我们日常生活中反复出现的主题，以我们的构建方式为基础，通过我们自己和他人的情绪探知所发生的事情被赋予的意义。

值得重复的是，我们是丛林中最情绪化的动物。我们的面部表情、姿势、音量、语言和行动都是由情绪锻造而成的。根据对进化论的了解，我们只能得出这样的结论：这种情绪生活帮助我们适应不断变化的环境。情绪使我们对环境有所反应，而且是灵活地做出反应。正如我们之前所说的，情绪和理性并非各自为政，而是并肩作战。事实上，它们是不可分割的。我们要是说激情和理智或者心灵和思想之间真的存在着巨大的鸿沟，那么我们要么在说谎，要么患有精神疾病。

情绪的唤起和控制是情绪过程中的不同阶段

我们还有一个锦囊就是，情绪的唤起在某种程度上只是情绪过程的第一个阶段、一个不同于情绪表达的阶段。例如，有时我们会感到愤怒，并清楚地认识到是什么让我们如此愤怒。我们把自己所经历的轻慢归咎于他人，这可以解释我们的愤怒。然而，这并不意味着我们必须通过反击来表达情绪。被唤起的情绪不一定要变成一个完整的情绪事件。

第二个阶段（当然各阶段之间不应该分得那么清晰，因为两者有机地构成整个情绪过程）包括如何处理被唤起的情绪和唤起情绪的事件。这一阶段就是我们在本书中所说的应对阶段。每一种情绪状况都需要应对，需要考虑其他人对所发生的事情和我们所表现出的情绪的反应。

我们可能会想:"应该杀杀这个人的威风,或者让他看到自己的错误。"或者"我想知道如果我表达愤怒或大发雷霆,对方以及旁人会怎么想? 对方会不会反击? 我应该为情绪失控而感到羞耻吗?"即使是幸福或骄傲,不过分表露是谨慎的或仁慈的方式,谨慎是因为一个境遇不如我们的人可能会惩罚我们的好运气,仁慈是因为另一个人可能正遭遇不幸,而我们的幸福可能会令其雪上加霜。

相比控制最初的情绪唤起,控制我们在情绪遭遇中的行为可能更容易。在很大程度上,生物原理塑造了人们理解情境个人意义的情绪反应。如果我们被轻侮,我们会感到愤怒;如果我们面临不确定的威胁,我们会感到焦虑;如果我们善用资源推进了目标的实现,我们会感到快乐。

然而,这些个人意义和被唤起的情绪之间的联系并不是完全固定或预先设定的,被唤起的情绪是可以改变的。我们已经看到,我们可以通过多种应对方式来改变情绪。我们有时可以选择自己的生活环境来避免有害结果和它们引发的情绪。我们至少可以在无可避免之前不去想它,或者通过愉快的活动分散我们的注意力来应对不利情况。在某种程度上,我们可以根据自己的需求、个人条件和性格选择职业,有时我们也可以选择换个工作。

别忘了,通过以良性而非心绪不宁的方式重新评估正在发生的事情,我们可以对消极情绪(如愤怒)拥有巨大的影响力。我们可以为那些可能激怒了我们的人找借口,这样原来预期的愤怒就不会到来。事实上,我们可以学着以这种方式去看待某些人和情况,这样我们就会习惯性地几乎不需要或根本不需要愤怒、嫉妒或嫉羡。

当陷入一种必然被唤起而且可能会危害社会的情绪中,我们可以抑制这种情绪的表达。一种重要的适应方法是提前考虑他人会对我们的行为做出怎样的反应。尽管长期以来人们一直认为,在任何特定场合压制怒火中烧时的语言或身体攻击不一定带来危害(当然长期或反复的压抑可能是有害的),但这并不是因为压抑的情绪可能会爆发,而是抑制情绪使我们无法了解自己。我们控制了情绪的表达并不意味着我们不会体验它,情绪是我们心理体验的自然特征,我们应该关注它。

此外,基于文化的社会规则和价值上的差异,具有不同文化背景的人在形成评价并唤起某种情绪时也存在差异。然而，无论文化如何，我们所经历的情绪都取决于我们学会了想要什么、相信什么，以及对某种情形的意义做何评价。我们不必成为自己情绪的受害者，但如果我们了解是什么唤起了情绪，以及情绪如何影响他人，我们大可对情绪进行重塑和改观。

理解和改变我们的情绪模式

并非所有的情绪模式都需要改变。情绪反映我们生活的现实，是生活的有机成分，而且举足轻重。而我们的最后一个锦囊就是，如果我们不喜欢那些似乎控制着我们生活的情绪模式，我们可以通过了解它们发生的规律来改变我们的反应方式。我们可能仍然感觉到同样的情绪，但我们可以更好地应对这种情绪。

就像我们在第 13 章的心理治疗案例中看到的那样，想要产生变化，有两件事需要做。一是，我们必须系统地关注我们的日常情绪，尤其是那些我们不想要的、阻挡我们走向美好生活的情绪。愤怒、焦虑、内疚、羞耻、嫉妒和嫉羡都属于那种给人带来痛苦的情绪。如果我们有勇气和毅力去关注它们，我们就能慢慢发现自己在情绪反应中所经历和表现出的典型模式。

例如，我们了解到，在某些情况下，抑制并否认情绪冲动或隔离情绪冲动的应对方式会带来麻烦，尽管它们可能也是有效的应对方式。当我们对所发生的事情茫然不知，被现实所愚弄时，我们在生活中的决定可能是错误的甚至具有自我毁灭性。

二是，我们还应该关注在情绪发生之前和发生之时自己的想法。这些想法说明了我们如何看待正在发生的事情，我们认为什么是重要的目标，是什么观念造就了激发情绪的个人意义，以及我们必须应对的环境压力和机遇意味着什么。

当我们对某种情绪的原因不甚明了时，我们必须做好准备迎接挑战，去探究事情的原委。也许我们此前关注不够。当事情有了足够的重要性，我们就会去克服这种疏忽，从而了解自己，而此前这几乎是不可能的。

也许我们对很多情绪体验的原因仍然不甚明了，是因为我们宁愿不去了解真相，因为它违背了我们珍视的、对自己的身份和形象的看法。我们常常宁愿在自己的愿望和观念上自欺欺人，以免它们损坏我们想要维持的自我形象。我们花费大量精力来保护这种自我形象，为自己的行为和反应辩护。

我们还花费大量精力试图欺骗他人，让他们相信这个理想的自我形象，让我们表现得极其诚实、坚强、自主、正派、关心他人、聪明，等等。尽管我们这样做的时候可能也会怀疑这种自我形象的真实性，但我们往往会变成自己所希望他人看见的那样的人。这种自我防御，无论是对他人还是对自己，都会破坏对我们真实形象的正确理解。寻求并接受自己的优缺点的真相通常需要相当大的勇气。

在本书介绍的许多案例研究中，由于缺乏对思想和情绪及其关系的关注和洞察，我们的主人公很难或不可能很好地了解自己的情绪，尤其是那些反映出与他人的关系问题的情绪。

然而，你要相信，发现真相和改变情绪模式并非遥不可及。心理治疗是在有经验的专业人士帮助下寻求真相的一种方法。但是，即使没有专业帮助，你也可以通过基本常识和情绪如何被唤起和被控制的知识，特别是每种情绪的通用逻辑，来帮助你了解自己的情绪。要做到这一点，不仅需要勇气，还需要强烈的动机去检视身边的社会关系，以及内省自己进行思考和感受的能力。

当你在某种情况下莫名其妙地闹起情绪来，可以静静地坐下来问问自己"为什么会感受到这种情绪，为什么它反复出现"。先努力识别你在这种情景下对个人意义的定义，然后继续。例如，当你生气的时候，一定是发生了什么事情让你感到被轻视。那会是什么？如果你发现自己总是处于愤怒中，你要么长期处于一种被贬损的生活状态，要么你有个性弱点致使你对愤怒做出不适当的反应。其他情绪也适用类似的推理。

你可以利用同样的方法来推断对你很重要的他人——一个总是生气、焦虑、内疚或嫉羡的儿子、女儿或配偶。他们所展示的情绪模式揭示了他们有时候是执拗地将意义反复赋予生活中出现的事件。在本书的案例故事中我们明确指出了这些意义。

　　读到这里，我们希望你已经开始将情绪视为复杂的，但并不是你曾以为的不可理解或非理性的现象；恰恰相反，如果你能理解这些情绪产生的意义，你可以理解并控制它们。我们希望，这本书或许能够帮助你更好地理解情绪是如何影响你的生活质量的。

北京阅想时代文化发展有限责任公司为中国人民大学出版社有限公司下属的商业新知事业部，致力于经管类优秀出版物（外版书为主）的策划及出版，主要涉及经济管理、金融、投资理财、心理学、成功励志、生活等出版领域，下设"阅想·商业""阅想·财富""阅想·新知""阅想·心理""阅想·生活"以及"阅想·人文"等多条产品线，致力于为国内商业人士提供涵盖先进、前沿的管理理念和思想的专业类图书和趋势类图书，同时也为满足商业人士的内心诉求，打造一系列提倡心理和生活健康的心理学图书和生活管理类图书。

《妙趣横生的认知心理学》

- 这是一本通俗易懂且知识点较全面的认知心理学入门读物，作者深入浅出地剖析了人类认知加工的注意力、情绪力、记忆力和思考力，理论介绍和实操方法完美结合，为读者提升学习和工作效率提供了认知心理学的核心路径。
- 中国科学院心理研究所所长傅小兰、北京大学心理与认知科学学院教授苏彦捷、复旦大学心理学系教授张学新、北京大学心理与认知科学学院副教授陈立翰、中国指挥与控制学会认知专委会常委林思恩联合推荐。

《说谎心理学：那些关于人类谎言的有趣思考》

- 樊登读书 2018 年度好书《好奇心》作者又一力作。
- 多视角剖析说谎行为在人类进化史中的作用与意义。
- 有趣有料，彻底颠覆你对人为什么要说谎这件事的认知。